关东升◎编著

Android

从小白到大牛

（Kotlin版）

清华大学出版社
北京

内 容 简 介

本书是一部介绍如何使用Kotlin语言开发Android应用的教程，旨在帮助读者全面掌握Android开发技术，学习独立开发Android应用项目。

本书主要介绍Android应用开发技术，分为22章，包括开篇综述、Kotlin语言基础、Android开发环境的搭建、第一个Android应用程序、Android界面编程基础、Android界面布局、Android基础控件、Android高级控件、活动、碎片、意图、数据存储、使用内容提供者共享数据、Android多任务开发、服务、广播接收器、多媒体开发、网络通信技术、百度地图与定位服务、Android绘图与动画技术、手机电话功能开发、项目实战——"我的备忘录"云服务版。

本书采用案例驱动式展开讲解，为便于读者高效学习，快速掌握使用Kotlin语言开发Android应用的方法，本书提供完整的教学课件、源代码、视频教程以及在线答疑服务等配套资源。本书既可作为高等学校计算机软件技术课程的教材，也可作为社会培训机构的培训教材，还可作为广大Android初学者和Android应用开发程序员的参考书。

本书封面贴有清华大学出版社防伪标签，无标签者不得销售。
版权所有，侵权必究。举报：010-62782989，beiqinquan@tup.tsinghua.edu.cn。

图书在版编目（CIP）数据

Android从小白到大牛：Kotlin版 / 关东升编著. —北京：清华大学出版社，2022.10（2023.1重印）
ISBN 978-7-302-60445-7

Ⅰ.①A… Ⅱ.①关… Ⅲ.①移动终端—应用程序—程序设计 Ⅳ.①TN929.53

中国版本图书馆CIP数据核字（2022）第052845号

策划编辑：	盛东亮
责任编辑：	钟志芳
封面设计：	李召霞
责任校对：	时翠兰
责任印制：	曹婉颖

出版发行：	清华大学出版社		
	网　　址：http://www.tup.com.cn, http://www.wqbook.com		
	地　　址：北京清华大学学研大厦A座	邮　编：	100084
	社　总　机：010-83470000	邮　购：	010-62786544
	投稿与读者服务：010-62776969，c-service@tup.tsinghua.edu.cn		
	质　量　反　馈：010-62772015，zhiliang@tup.tsinghua.edu.cn		
	课　件　下　载：http://www.tup.com.cn, 010-83470236		
印 装 者：	三河市铭诚印务有限公司		
经　　销：	全国新华书店		
开　　本：	203mm×260mm　　印　张：24.5　　字　数：705千字		
版　　次：	2022年10月第1版　　　　　　　印　次：2023年1月第2次印刷		
印　　数：	2001～3500		
定　　价：	89.50元		

产品编号：093546-01

前言 PREFACE

2017年5月19日谷歌I/O大会上,谷歌公司宣布Kotlin语言作为Android应用开发一级语言。由于工作的需要,我在2015年就接触到Kotlin语言,被它的简洁深深吸引。我将以前用Java编写的QQ聊天工具用Kotlin语言重新编写,代码减少了30%。设计者设计Kotlin语言的目的是取代Java。诞生了二十多年的Java虽然还是排名第一的语言,但Java语言有很多诟病。经过几年的发展,Kotlin语言越来越成熟。更多的Android开发人员转而使用Kotlin语言开发Android应用。

另外,基于Android系统的移动应用开发也是立志从事移动开发或学习移动开发的人士必须掌握的技能。基于这些需求和原因,我们精心编写了本书。

立体化图书

本书继续采用立体化图书概念编写,所谓"立体化图书"就是包含图书及配套视频、课件、源代码、服务等内容。

本书读者对象

本书是一本基于Kotlin语言版本的Android应用开发图书。无论您是计算机相关专业的大学生,还是从事软件开发的工程师,都可以从本书入门,成为使用Kotlin语言开发Android应用的程序员。

使用书中源代码

本书包括100多个完整实例和1个完整项目的源代码,读者可以到出版社网站本书页面下载。

下载本书源代码并解压,会看到如图1所示的示例源代码文件夹。打开其中文件夹可见对应章节的示例源代码,如图2所示是第8章中示例源代码文件夹。

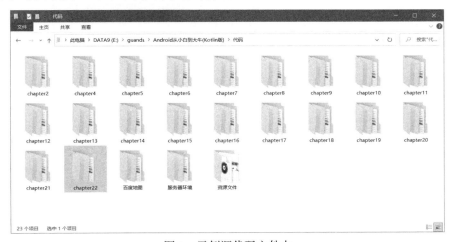

图1 示例源代码文件夹

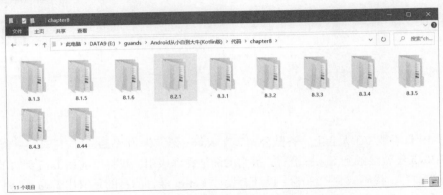

图 2　第 8 章示例源代码文件夹

　　配套源代码大部分是通过 Android Studio 工具创建的项目，可以通过 Android Studio 工具打开这些源代码。如果 Android Studio 工具处于如图 3 所示的欢迎界面，则选择 Open an Existing Project 选项，打开如图 4 所示 Open File or Project（打开文件或项目）对话框，找到 Android Studio 项目文件夹，即 <image /> 图标的文件夹。如果读者已经进入 IntelliJ IDEA 工具，可以通过菜单 File→Open 命令打开如图 4 所示的 Open File or Project 对话框。另外，在打开过程中有可能出现如图 5 所示的 Sync Android SDKs（SDK 变更提示）对话框。这是因为笔者设置的 SDK 路径与读者的不同，因此会有该提示对话框，不必担心，继续打开项目即可。

图 3　欢迎界面

图 4　Open File or Project 对话框

图 5　Sync Android SDKs 对话框

致谢

在此感谢清华大学出版社的盛东亮编辑给我们提供了宝贵的意见。感谢智捷课堂团队的赵志荣、赵大羽、关锦华、闫婷娇、刘佳笑和赵浩丞参与部分内容的写作。感谢赵浩丞手绘了书中全部草图,并从专业的角度修改书中图片,力求奉献给广大读者更加真实完美的图片。感谢我的家人容忍我的忙碌,以及对我的关心和照顾,使我能抽出这么多时间,投入全部精力专心地编写此书。

由于 Kotlin 语言不断更新迭代,加之作者水平有限,书中难免存在疏漏之处,恳请广大读者提出宝贵意见,以便再版改进。

关东升

2022 年 7 月

知识图谱
MAPPING KNOWLEDGE DOMAIN

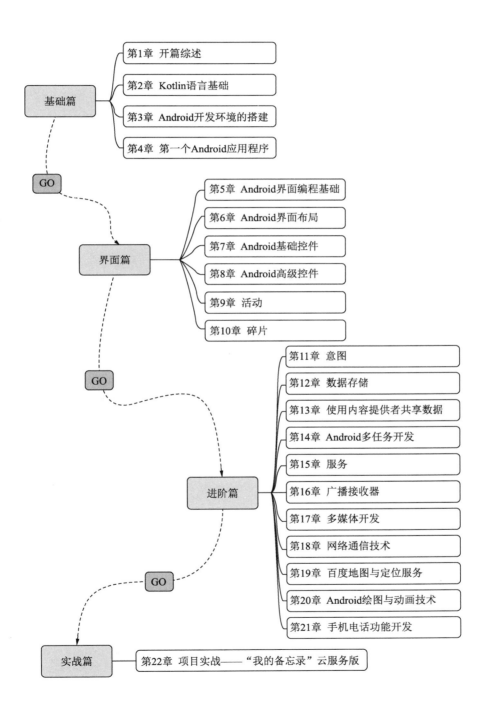

目录

基 础 篇

第 1 章 开篇综述 ... 3
- 1.1 Kotlin 语言简介 ... 3
  - 1.1.1 Kotlin 语言设计目标 ... 3
  - 1.1.2 Kotlin 语言特点 ... 3
- 1.2 Android 移动操作系统概述 ... 4
  - 1.2.1 Android 历史介绍 ... 4
  - 1.2.2 Android 架构 ... 5
  - 1.2.3 Android 平台介绍 ... 6
- 1.3 本章总结 ... 7

第 2 章 Kotlin 语言基础 ... 8
- 2.1 Kotlin 语言学习环境的搭建 ... 8
- 2.2 JDK ... 8
  - 2.2.1 JDK 的下载和安装 ... 8
  - 2.2.2 设置环境变量 ... 9
- 2.3 IntelliJ IDEA 开发工具 ... 11
  - 2.3.1 创建第一个 IntelliJ IDEA 项目 ... 12
  - 2.3.2 编写 Kotlin 源代码文件 ... 14
  - 2.3.3 运行程序 ... 15
- 2.4 变量与常量 ... 16
- 2.5 Kotlin 数据类型 ... 17
  - 2.5.1 基本数据类型 ... 17
  - 2.5.2 可空类型 ... 18
- 2.6 字符串 ... 21
  - 2.6.1 字符串表示形式 ... 21
  - 2.6.2 字符串模板 ... 22
- 2.7 Kotlin 中的函数 ... 23
  - 2.7.1 函数声明 ... 23
  - 2.7.2 使用命名参数调用函数 ... 24
  - 2.7.3 参数默认值 ... 24
  - 2.7.4 表达式函数体 ... 25

2.8 Kotlin 函数式编程 ····· 25
2.8.1 函数类型 ····· 26
2.8.2 Lambda 表达式 ····· 26
2.9 Kotlin 面向对象编程 ····· 28
2.9.1 类声明 ····· 28
2.9.2 构造函数 ····· 29
2.9.3 属性 ····· 30
2.10 数据类 ····· 32
2.11 嵌套类 ····· 32
2.11.1 声明嵌套类 ····· 32
2.11.2 内部类 ····· 34
2.11.3 对象表达式 ····· 35
2.12 抽象类与接口 ····· 37
2.12.1 抽象类声明及实现 ····· 37
2.12.2 接口声明及实现 ····· 39
2.13 数据容器 ····· 40
2.13.1 数组 ····· 41
2.13.2 set 集合 ····· 44
2.13.3 List 集合 ····· 48
2.13.4 Map 集合 ····· 51
2.14 本章总结 ····· 55

第 3 章 Android 开发环境的搭建 ····· 56
3.1 下载和安装 Android Studio ····· 56
3.2 安装 Android SDK ····· 57
3.2.1 配置 Android SDK 环境变量 ····· 58
3.2.2 变更 Android SDK 的安装路径 ····· 59
3.3 创建 Android 模拟器 ····· 60
3.4 本章总结 ····· 62

第 4 章 第一个 Android 应用程序 ····· 63
4.1 通过 Android Studio 工具创建项目 ····· 63
4.2 Android 项目剖析 ····· 65
4.2.1 Android 项目目录结构 ····· 65
4.2.2 活动文件 MainActivity.kt ····· 65
4.2.3 activity_main.xml 布局文件 ····· 66
4.2.4 AndroidManifest.xml 文件 ····· 66
4.3 运行项目 ····· 67
4.4 学会使用 Android 开发者社区帮助文档 ····· 68
4.4.1 在线帮助文档 ····· 68
4.4.2 Android SDK API 文档 ····· 68

4.4.3　Android SDK 开发指南 ··· 69
　4.5　本章总结 ·· 69

界　面　篇

第 5 章　Android 界面编程基础 ·· 73
　5.1　Android 界面组成 ·· 73
　　　5.1.1　视图 ·· 73
　　　5.1.2　视图组 ·· 73
　5.2　Android 应用界面构建 ··· 74
　　　5.2.1　使用 Android Studio 界面设计工具 ·· 74
　　　5.2.2　LabelButton 实例：界面布局实现 ·· 74
　5.3　事件处理模型 ··· 78
　　　5.3.1　活动作为事件监听器 ·· 78
　　　5.3.2　对象表达式作为事件监听器 ·· 80
　　　5.3.3　Lambda 表达式作为事件监听器 ·· 80
　5.4　屏幕上的事件处理 ·· 81
　　　5.4.1　触摸事件 ··· 81
　　　5.4.2　实例：屏幕触摸事件 ·· 82
　　　5.4.3　键盘事件 ··· 84
　　　5.4.4　实例：改变图片的透明度 ·· 84
　5.5　本章总结 ·· 86

第 6 章　Android 界面布局 ··· 87
　6.1　Android 界面布局设计模式 ·· 87
　　　6.1.1　表单布局模式 ·· 87
　　　6.1.2　列表布局模式 ·· 88
　　　6.1.3　网格布局模式 ·· 88
　6.2　布局管理 ·· 89
　　　6.2.1　帧布局 ·· 89
　　　6.2.2　实例：帧布局 ·· 89
　　　6.2.3　线性布局 ··· 91
　　　6.2.4　线性布局实例：构建登录界面 ··· 91
　　　6.2.5　相对布局 ··· 94
　　　6.2.6　相对布局实例：构建查询功能界面 ·· 94
　　　6.2.7　网格布局 ··· 96
　　　6.2.8　网格布局实例：构建计算器界面 ·· 96
　　　6.2.9　布局文件嵌套实例：构建登录界面 ·· 98
　6.3　Android 约束布局 ·· 100
　　　实例：使用约束布局重构 LabelButton 界面 ·· 100

第 7 章 Android 基础控件

6.4 本章总结 ... 103

第 7 章 Android 基础控件 ... 104

7.1 按钮 ... 104
 7.1.1 Button ... 104
 7.1.2 ImageButton ... 104
 7.1.3 ToggleButton ... 105
 7.1.4 实例：ButtonSample ... 106

7.2 标签 ... 107

7.3 文本框 ... 108
 7.3.1 文本框相关属性 ... 108
 7.3.2 实例：用户登录 ... 109
 7.3.3 实例：文本框输入控制 ... 110

7.4 单选按钮 ... 113
 7.4.1 RadioButton ... 113
 7.4.2 RadioGroup ... 114
 7.4.3 实例：使用单选按钮 ... 114

7.5 复选框 ... 116
 7.5.1 CheckBox ... 116
 7.5.2 实例：使用复选框 ... 117

7.6 进度栏 ... 119
 7.6.1 进度栏相关属性和函数 ... 119
 7.6.2 实例：水平条状进度栏 ... 120
 7.6.3 实例：圆形进度栏 ... 124

7.7 拖动栏 ... 125
 7.7.1 SeekBar ... 126
 7.7.2 实例：使用拖动栏 ... 126

7.8 本章总结 ... 128

第 8 章 Android 高级控件 ... 129

8.1 列表类型控件 ... 129
 8.1.1 适配器 ... 129
 8.1.2 Spinner ... 129
 8.1.3 实例：使用 Spinner 进行选择 ... 131
 8.1.4 ListView ... 132
 8.1.5 实例：使用 ListView 实现显示文本 ... 133
 8.1.6 实例：使用 ListView 实现显示文本+图片 ... 134

8.2 Toast ... 138
 实例：文本类型 Toast ... 138

8.3 对话框 ... 139
 8.3.1 实例：显示文本信息对话框 ... 139

		8.3.2	实例：简单列表项对话框	141

        8.3.2　实例：简单列表项对话框·······141
        8.3.3　实例：单选列表对话框·······142
        8.3.4　实例：复选列表对话框·······144
        8.3.5　实例：复杂布局对话框·······146
  8.4　操作栏和菜单·······148
        8.4.1　操作栏·······148
        8.4.2　菜单编程·······149
        8.4.3　实例：文本菜单·······149
        8.4.4　实例：操作表按钮·······151
  8.5　本章总结·······152

第 9 章　活动·······153
  9.1　活动概述·······153
        9.1.1　创建活动·······153
        9.1.2　活动的生命周期·······155
        9.1.3　实例：Back 和 Home 按钮的区别·······156
  9.2　多个活动之间的跳转·······161
        9.2.1　用户登录·······161
        9.2.2　启动下一个活动·······162
        9.2.3　参数传递·······164
        9.2.4　返回上一个活动·······165
  9.3　活动任务与返回栈·······166
  9.4　本章总结·······167

第 10 章　碎片·······168
  10.1　界面重用问题·······168
  10.2　碎片技术·······169
  10.3　碎片的生命周期·······169
  10.4　使用碎片开发·······171
        10.4.1　碎片相关类·······171
        10.4.2　创建碎片·······172
        10.4.3　静态添加碎片到活动·······173
        10.4.4　动态添加碎片到活动·······174
        10.4.5　管理碎片事务·······175
        10.4.6　碎片与活动之间的通信·······175
  10.5　实例：比赛项目·······176
        10.5.1　创建两个碎片·······177
        10.5.2　创建 MainActivity 活动·······181
        10.5.3　点击 Master 碎片列表项·······183
        10.5.4　数据访问对象·······186
  10.6　本章总结·······187

进 阶 篇

第 11 章 意图 ... 191
11.1 意图概述 ... 191
11.1.1 意图与目标组件间的通信 ... 191
11.1.2 意图对象包含的内容 ... 191
11.2 意图类型 ... 192
11.2.1 显式意图 ... 192
11.2.2 隐式意图 ... 193
11.3 匹配组件 ... 193
11.3.1 动作 ... 194
11.3.2 数据 ... 195
11.3.3 类别 ... 196
11.4 实例：Android 系统内置意图 ... 197
11.5 本章总结 ... 199

第 12 章 数据存储 ... 200
12.1 Android 数据存储概述 ... 200
12.2 本地文件 ... 200
12.2.1 沙箱目录设计 ... 200
12.2.2 访问应用程序 files 目录 ... 201
12.2.3 实例：访问本地 CSV 文件 ... 201
12.3 SQLite 数据库 ... 205
12.3.1 SQLite 数据类型 ... 205
12.3.2 Android 平台下管理 SQLite 数据库 ... 206
12.4 SQLite 数据存储实例：我的备忘录 ... 207
12.4.1 我的备忘录 App 概述 ... 207
12.4.2 数据库设计 ... 208
12.4.3 SQLiteOpenHelper 帮助类 ... 208
12.4.4 数据查询 ... 209
12.4.5 数据插入 ... 213
12.4.6 数据删除 ... 214
12.5 使用 SharedPreferences ... 217
实例：读写 SharedPreferences ... 217
12.6 本章总结 ... 219

第 13 章 使用内容提供者共享数据 ... 220
13.1 内容提供者概述 ... 220
13.2 Content URI ... 221
13.2.1 Content URI 概述 ... 221
13.2.2 内置 Content URI ... 222

13.3 实例：访问联系人信息 ···223
  13.3.1 查询联系人···223
  13.3.2 运行时权限···227
13.4 实例：查询联系人 Email ···229
13.5 实例：查询联系人电话 ···231
13.6 实例：访问通话记录 ··232
13.7 本章总结 ···237

第 14 章 Android 多任务开发 ···238
14.1 Android 中使用 Kotlin 协程 ···238
  14.1.1 在项目中添加协程库···238
  14.1.2 第一个 Android 协程程序···240
14.2 案例：协程实现计时器 ··241
  14.2.1 主线程更新 UI 问题··242
  14.2.2 协程解决更新 UI 问题··242
14.3 本章总结 ···243

第 15 章 服务 ···244
15.1 服务概述 ···244
  15.1.1 创建服务···244
  15.1.2 服务的分类···245
15.2 启动类型服务 ···246
  15.2.1 启动类型服务生命周期···246
  15.2.2 实例：启动类型服务···247
15.3 绑定类型服务 ···248
  15.3.1 绑定类型服务生命周期···248
  15.3.2 实例：绑定类型服务···249
15.4 本章总结 ···252

第 16 章 广播接收器 ···253
16.1 广播接收器概述 ··253
16.2 编写与注册广播接收器··253
  16.2.1 编写广播接收器··253
  16.2.2 注册广播接收器··254
  16.2.3 实例：发送广播··255
16.3 系统广播 ···257
  16.3.1 系统广播动作···257
  16.3.2 实例：Downloader ···257
16.4 通知 ··262
  发送通知实例：NotificationSample ···262
16.5 本章总结 ···265

第 17 章 多媒体开发 ··· 266
17.1 多媒体文件概述 ··· 266
17.1.1 音频文件 ··· 266
17.1.2 视频文件 ··· 267
17.2 Android 音频/视频播放 API ··· 267
17.2.1 核心 API——MediaPlayer 类 ··· 268
17.2.2 播放状态 ··· 268
17.3 音频播放实例：MyAudioPlayer ··· 270
17.3.1 资源音频文件播放 ··· 270
17.3.2 本地音频文件播放 ··· 274
17.4 Android 音频/视频录制 API ··· 277
17.5 音频录制实例：MyAudioRecorder ··· 278
17.6 视频播放 ··· 281
17.6.1 VideoView 控件 ··· 281
17.6.2 实例：使用 VideoView 控件播放视频 ··· 281
17.7 本章总结 ··· 283

第 18 章 网络通信技术 ··· 284
18.1 网络通信技术概述 ··· 284
18.1.1 Socket 通信 ··· 284
18.1.2 HTTP ··· 284
18.1.3 HTTPS ··· 285
18.1.4 Web 服务 ··· 285
18.1.5 搭建自己的 Web 服务器 ··· 285
18.2 发送网络请求 ··· 287
18.2.1 使用 java.net.URL ··· 288
18.2.2 重构实例："我的备忘录" App ··· 291
18.2.3 使用第三方请求库 OkHttp4 ··· 293
18.2.4 OkHttp4 发送 Post 请求实例："我的备忘录" App ··· 293
18.2.5 实例：Downloader ··· 295
18.3 本章总结 ··· 296

第 19 章 百度地图与定位服务 ··· 297
19.1 使用百度地图 ··· 297
19.1.1 获得 Android 签名证书中的 SHA1 值 ··· 297
19.1.2 搭建和配置环境 ··· 298
19.1.3 实例：显示地图 ··· 301
19.1.4 实例：设置地图状态 ··· 304
19.1.5 实例：地图覆盖物 ··· 306
19.2 定位服务 ··· 308

   19.2.1 定位服务授权 ··· 308

   19.2.2 位置信息提供者 ··· 309

   19.2.3 管理定位服务 ··· 310

   19.2.4 实例：MyLocation ·· 311

   19.2.5 测试定位服务 ··· 314

  19.3 定位服务与地图结合实例：WhereAMI ·· 317

  19.4 本章总结 ·· 321

第 20 章 Android 绘图与动画技术 ··· 322

  20.1 Android 2D 绘图技术 ··· 322

   20.1.1 画布和画笔 ··· 322

   20.1.2 实例：绘制点和线 ·· 323

   20.1.3 实例：绘制矩形 ·· 324

   20.1.4 实例：绘制弧线 ·· 326

   20.1.5 实例：绘制位图 ·· 327

  20.2 位图变换 ·· 328

   20.2.1 矩阵 ··· 328

   20.2.2 实例：位图变换 ·· 328

  20.3 调用 Android 照相机获取图片 ··· 329

   20.3.1 调用 Android 照相机 ··· 329

   20.3.2 调用 Android 照相机实例：CameraTake ·· 330

  20.4 Android 动画技术 ·· 334

   20.4.1 渐变动画 ··· 334

   20.4.2 实例：渐变动画 ·· 335

   20.4.3 动画插值器 ··· 339

   20.4.4 使用动画集 ··· 340

   20.4.5 帧动画 ··· 340

  20.5 本章总结 ·· 342

第 21 章 手机电话功能开发 ·· 343

  21.1 拨打电话功能 ·· 343

   21.1.1 拨打电话功能概述 ·· 343

   21.1.2 实例：拨打电话 ·· 344

  21.2 访问电话呼入状态功能 ·· 346

   21.2.1 呼入电话状态 ··· 346

   21.2.2 实例：电话黑名单（Blacklist） ·· 347

  21.3 本章总结 ·· 351

实 战 篇

第22章 项目实战——"我的备忘录"云服务版 355
22.1 应用分析与设计 355
22.2 编码实现过程 356
22.2.1 用 Android Studio 创建项目 356
22.2.2 查询备忘录功能 357
22.2.3 增加备忘录功能 362
22.2.4 删除备忘录功能 366
22.3 Android 设备测试 368
22.4 还有"最后一公里" 369
22.4.1 添加图标 369
22.4.2 生成数字签名文件 369
22.4.3 发布打包 370

基础篇

第 1 章 开篇综述
第 2 章 Kotlin 语言基础
第 3 章 Android 开发环境的搭建
第 4 章 第一个 Android 应用程序

第 1 章 开篇综述

Kotlin 语言诞生之前,Android 应用开发主要使用 Java 语言,但由于历史的原因 Java 语法有些烦琐、冗余,而本书主要介绍基于 Kotlin 语言的 Android 应用开发。

1.1 Kotlin 语言简介

Kotlin 语言是 JetBrains 公司[①]开发的。JetBrains 公司是著名的计算机语言开发工具提供商,其推出的最著名的开发工具当属 Java 集成开发工具 IntelliJ IDEA。JetBrains 对于 Java 语言有着深入的理解,有着迫切化繁为简的需求。JetBrains 从 2010 年开始构思推出一种新语言,2011 年推出 Kotlin 项目;2012 年将 Kotlin 项目开源;2016 年发布一个稳定版 1.0;2017 年谷歌 I/O 全球开发者大会上,谷歌公司宣布 Kotlin 语言成为 Android 应用开发一级语言。

至于这种新语言为什么被命名为 Kotlin?这是由于该语言是由 JetBrains 的俄罗斯圣彼得堡罗斯团队设计和开发的,他们想用一个岛来命名新语言,或许因为 Java 命名源自爪哇(Java)岛,这里盛产咖啡。他们找到了位于圣彼得堡以西约 30 公里处芬兰湾中的一个科特林岛,科特林的英文是 Kotlin,因此将新语言命名为 Kotlin。

1.1.1 Kotlin 语言设计目标

Kotlin 语言首先被设计为用来取代 Java 语言。目前主要应用在以下场景。
(1)服务器端编程。基于 Java EE 的 Web 服务器端开发和数据库编程等。
(2)Android 应用程序开发。替代 Java 语言编写 Android 应用程序。

Kotlin 这两种应用场景都需要 Java 虚拟机(Java Virtual Machine,JVM)。本书重点介绍基于 Kotlin 语言的 Android 应用程序开发。

1.1.2 Kotlin 语言特点

Kotlin 具有现代计算机语言的特点,如类型推导、函数式编程等。

---

① JetBrains 是一家捷克的软件开发公司,该公司位于捷克的首都布拉格,并在俄罗斯的圣彼得堡和美国的波士顿设有开发团队。

1. 简洁

简洁是 Kotlin 语言最主要的特点，实现同样的功能，用 Kotlin 语言编写的代码量会比用 Java 语言编写的代码量缩减很多。Kotlin 中数据类、类型推导、Lambda 表达式和函数式编程都可以大大减少代码行数，使代码更加简洁。

2. 安全

Kotlin 可以有效地防止程序员因疏忽而导致的类型错误。Kotlin 与 Java 一样都是静态类型语言[①]，编译器会在编译期间检查数据类型，这样程序员会在编码期间发现自己的错误，避免错误在运行期发生而导致系统崩溃。另外，Kotlin 与 Swift[②]类似，支持非空和可空类型，默认情况下 Kotlin 与 Swift 的数据类型声明的变量都是不能接收空值（null）的，这样的设计可以防止试图调用空对象而引发的空指针异常（Null Pointer Exception），空指针异常也会导致系统崩溃。

3. 类型推导

Kotlin 与 Swift 类似，都支持类型推导，Kotlin 编译器可以根据变量所在上下文环境推导出它的数据类型，这样在使用变量时可以省略指定数据类型这一步。

4. 支持函数式编程

作为现代计算机语言，Kotlin 支持函数式编程，函数式编程的优点是：代码简洁、增强线程安全和便于测试。

5. 支持面向对象

虽然 Kotlin 支持函数式编程，但也不排除面向对象编程。面向对象与函数式编程并不是水火不容，函数式编程是对面向对象编程的重要补充，而且面向对象编程仍然是编程语言的主流，其便于系统分析与设计。

6. 与Java具有良好的互操作性

Kotlin 与 Java 具有 100%的互操作性，Kotlin 不需要任何转换或包装就可以调用 Java 对象，反之亦然。Kotlin 完全可以使用现有的 Java 框架或库。

7. 免费开源

Kotlin 源代码是开源免费的，它采用 Apache 许可证，源代码下载地址为 https://github.com/jetbrains/kotlin。

1.2 Android 移动操作系统概述

由于本书重点介绍基于 Android 移动操作系统的应用开发，因此本节概述 Android 移动操作系统。

1.2.1 Android 历史介绍

2008 年 9 月，美国移动网络运营商 T-Mobile USA 在纽约正式发布第一款谷歌手机——T-Mobile G1。该款手机为中国台湾 HTC 代工制造，是世界上第一部使用 Android 操作系统的手机，支持 WCDMA/HSPA

[①] 静态类型语言会在编译期检查变量或表达式数据类型，如 Java 和 C++等；与静态类型语言相对应的是动态类型语言，动态类型语言会在运行期检查变量或表达式数据类型，如 Python 和 PHP 等。

[②] Swift 语言是苹果公司推出的编程语言，目前主要应用于苹果的 macOS、iOS、tvOS 和 watchOS 4 等应用开发。

网络，理论上的下载速率为 7.2Mb/s。

Android 操作系统的缔造者是安迪·鲁宾（Andy Rubin），他精通 Linux 和 Java。在 2005 年 7 月 Android 系统被谷歌收购之后，他也加盟到谷歌的团队中继续开发 Android 系统。2007 年 11 月，谷歌正式发布了智能手机操作系统 Android，这时谷歌进军移动业务的号角响起。谷歌与多家手机制造商组成了 Android 联盟，为它们提供全方位的 Android 支持。

Android 操作系统是基于 Linux 平台的开源手机操作系统，该平台由操作系统、控件组件、用户界面和应用软件组成，是为云计算打造的移动终端设备平台。谷歌是云计算的主要倡导者之一。

1.2.2　Android 架构

无论从事 Android 哪个层面的开发和学习，都应该熟悉如图 1-1 所示的 Android 架构，这样才能对整个 Android 系统有所了解。

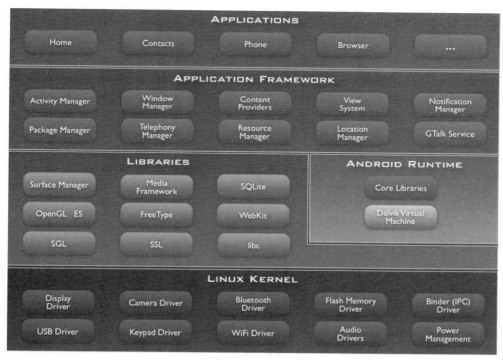

图 1-1　Android 架构

1．Linux Kernel（Linux 内核）

Android 系统是基于 Linux 操作系统之上的，采用 Linux 内核，Android 很多底层管理，如安全性、内存管理、进程管理、网络协议栈和驱动模型等，都依赖于 Linux。Linux 内核也是硬件和软件之间的硬件抽象层。运行于 Android 中的 Linux 是经过裁剪的，适合于低能耗的移动设备。

2．Libraries（本地库）

Android 本地库包括一个被 Android 系统中各种组件所使用的 C/C++ 库集。该库通过 Android 应用程序框架为开发者提供服务。这些库很多都不是在 Android 系统下编写的，大部分都是开源的库。

（1）OpenGL ES：开发 3D 图形技术。

（2）SQLite：嵌入式数据库。
（3）WebKit：Web 浏览器引擎。
（4）Media Framework：支持音频视频解码及录制等。
（5）Surface Manager：Android 平台绘制窗口和控件，以及绘制一些图形和视频输出等。

3. Android Runtime（Android 运行时）

虽然 Android 应用程序是用 Java 编写的，但却不是使用 Java Runtime 来执行程序，而是自行研发 Android Runtime 来执行程序。Runtime（运行时环境）主要是由两部分组件组成，即 Core Libraries（核心库）和 VM（虚拟机）。JVM 是由 Sun 公司开发的（现在是 Oracle 公司），由于版权问题谷歌自己编写了 VM，即 Dalvik Virtual Machine（Dalvik VM）。编写 Dalvik VM 除了版权的问题，更重要的是 Dalvik VM 是为低耗能、低内存等手持移动设备而设计的，在一台设备上可以运行多个实例。Dalvik VM 对于很多底层处理还要依赖于 Linux 操作系统。

4. Application Framework（应用程序框架）

Android 应用程序框架提供了一套开发 Android 应用的 API，其中包括以下几种。
（1）View System：一套用户图形界面开发组件，如 Button、对话框等。
（2）Activity Manager：管理 Activity 的周期等。
（3）Content Providers：管理数据共享。
（4）Resource Manager：管理资源文件，如国际化、布局文件等。
（5）Location Manager：管理定位服务。
（6）TelephonyManager：管理电话服务。

5. Application（应用程序）

应用程序开发在这里可以是自动编写的应用程序、第三方开发的应用程序和谷歌自带的应用程序，如通讯录、短信息、浏览器等。一个应用可以全部用 Java 语言编写，也可以用 Java 编写一部分，再用 C 或 C++ 编写一部分，最后使用 Java JNI 技术调用。例如，对于一个游戏应用程序，为了提高速度，有些处理使用 C 或 C++ 编写，再用 Java JNI 调用。不要简单地认为所有应用都一定是用 Java 语言编写的。

1.2.3 Android 平台介绍

Android 平台的更新速度惊人，这给应用开发带来了很大的麻烦，也给硬件厂商带来诸多不便，但是它的热度仍然不减，那是源于它的开源、开放和支持多样化。

每个版本的 Android 平台在开发时都有一个开发代号，谷歌使用很多食品名字，它们每一个单词的第一个字母是按照英文字母顺序往后排的，如 C、D、E、F、G、H、I、…的顺序。另外，为了便于程序的内部访问，每个平台都对应一个 API Level（API 级别）。它们之间对应关系如表 1-1 所示。

表 1-1 平台、开发代号和 API 级别的对应关系

平　　台	开 发 代 号	API Level（API 级别）
Android 1.0	无	12
Android 1.5	Cupcake，纸杯蛋糕	3
Android 1.6	Donut，甜甜圈	4
Android 2.0/ 2.1	Éclair，法式奶油夹心甜点	7

续表

平　　台	开 发 代 号	API Level（API级别）
Android 2.2	Froyo，冻酸奶	8
Android 2.3	Gingerbread，姜饼	9,10
Android 3.0	Honeycomb，蜂巢	11,12，13
Android 4.0	Ice Cream，冰激凌	14,15
Android 4.1/4.2/4.3	Jelly Bean，果冻豆	16,17,18
Android 4.4	KitKat，奇巧巧克力	19,20
Android 5.0/5.1	Lollipop，棒棒糖	21,22
Android 6.0	Marshmallow，棉花糖	23
Android 7.0/7.1	Nougat，牛轧糖	24,25
Android 8.0/8.1	Oreo，奥利奥	27,26
Android 9.0	Pie，派	28
Android 10	Android Q	29
Android 11	Android R	30

1.3　本章总结

本章重点介绍 Kotlin 语言和 Android 操作系统。读者需要了解 Kotlin 语言的特点，熟悉 Android 操作系统架构，了解 Android 系统版本。

第 2 章 Kotlin 语言基础
CHAPTER 2

在展开介绍 Android 应用开发之前有必要先介绍 Kotlin 语言的语法。本章介绍 Kotlin 语言基础知识。

2.1 Kotlin 语言学习环境的搭建

由于 Kotlin 语言可以开发多种不同平台的应用，因此所需要的环境和工具差别很大，如果单纯地学习 Kotlin 语言可以使用 JetBrains 公司的 IDE 工具 IntelliJ IDEA，但是如果开发 Android 应用则推荐使用 Android Studio 工具。本节重点介绍 IntelliJ IDEA 工具环境搭建，而 Android Studio 工具将在第 3 章介绍。

2.2 JDK

JDK（Java Development Kit，Java 开发工具包）是最基础的 Java 开发工具，Kotlin 源代码的编译和运行以及 Android 应用开发都依赖于 JDK。因此首先需要安装和设置 JDK。

2.2.1 JDK 的下载和安装

截至本书编写完成，Oracle 公司对外发布了 JDK 15，但 JDK 8 仍是主流版本，因此推荐使用 JDK 8。如图 2-1 所示是 JDK 8 下载页面，下载地址是 https://www.oracle.com/java/technologies/javase/javase-jdk8-downloads.html。其中支持的操作系统有 Linux、Mac OS X[①]、Solaris[②]、Windows 32 位和 Windows 64 位。注意选择对应的操作系统。

下载完成后双击 jdk-8u281-windows-x64.exe 文件就可以安装了，安装过程中会弹出如图 2-2 所示的对话框，其中"开发工具"是 JDK 内容；"源代码"是安装 Java SE 源代码文件，如果安装源代码，安装完成后会出现如图 2-3 所示的 src.zip 文件，该文件就是源代码文件；"公共 JRE"就是 Java 运行环境，这里可以不安装，因为 JDK 文件夹中也会有一个 JRE，参见图 2-3 中的 jre 文件夹。

---

① 苹果桌面操作系统，基于 UNIX 操作系统，现在改名为 mac OS。
② 原 Sun 公司 UNIX 操作系统，现在被 Oracle 公司收购。

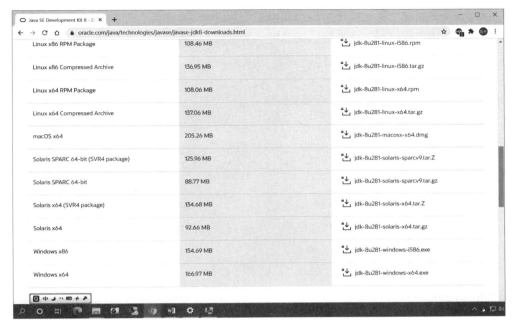

图 2-1 下载 JDK8 页面

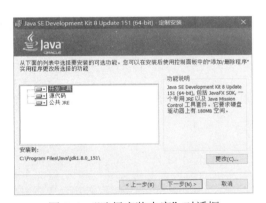

图 2-2 "选择安装内容"对话框

图 2-3 安装 JDK 后的内容

2.2.2 设置环境变量

完成之后，需要设置环境变量，主要包括以下内容：

1. 创建JAVA_HOME环境变量

很多 Java 工具运行都需要 JAVA_HOME 环境变量，它是指向 JDK 的安装路径。具体创建步骤如下。

（1）打开"Windows 系统环境变量设置"对话框，打开该对话框有很多种方式，如果是 Windows 10 系统，则右击屏幕左下角的"Windows 图标■"，选择"控制面板"，再选择"系统和安全"，单击"系统"，然后弹出如图 2-4 所示的"系统"对话框，单击左边的"高级系统设置"，打开如图 2-5 所示的"系统属性"对话框。

（2）在如图2-5所示的"系统属性"对话框中，单击"环境变量"按钮打开"环境变量"对话框，如图2-6所示，可以在用户变量（上半部分，只配置当前用户）或系统变量（下半部分，配置所有用户）中添加环境变量。一般情况下，在用户变量中设置环境变量。

图2-4 "系统"对话框

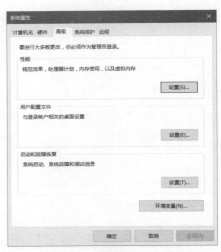

图2-5 "系统属性"对话框

（3）在用户变量部分单击"新建"按钮，系统弹出如图2-7所示的"新建用户变量"对话框。设置"变量名"为JAVA_HOME，设置"变量值"为JDK安装路径。最后单击"确定"按钮完成设置。

图2-6 "环境变量"对话框

图2-7 设置JAVA_HOME

2. 设置JDK路径

设置JDK路径的步骤如下：

在用户或系统变量中找到Path，双击Path弹出"编辑环境变量"对话框，如图2-8（a）所示，单击"新建"按钮，追加%JAVA_HOME%\bin，如图2-8（b）所示。追加完成，单击"确定"按钮完成设置。

下面测试环境变量设置是否成功，可以在命令提示行中输入javac指令，看是否能够找到该指令，如果能找到，则说明环境变量设置成功，如图2-9所示。

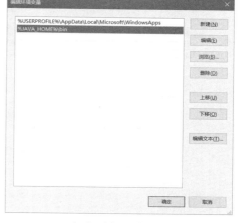

（a）弹出"编辑环境变量"对话框　　　　　　（b）追加环境变量

图 2-8　环境变量设置

图 2-9　通过命令提示行测试环境变量

提示：打开命令提示行工具，也可以通过右击屏幕左下角的"Windows 图标■"，单击"命令提示符"命令实现。

2.3　IntelliJ IDEA 开发工具

IntelliJ IDEA 是 JetBrains 官方提供的 IDE 开发工具，主要用来编写 Java 程序，也可以编写 Kotlin 程序。JetBrains 公司开发的很多工具都很好，如图 2-10 所示是 JetBrains 开发的工具，这些工具可以编写 C/C++、C#、DSL、Go、Groovy、Java、JavaScript、Kotlin、Objective-C、PHP、Python、Ruby、Scala、SQL 和 Swift 程序。

IntelliJ IDEA 的下载地址是 https://www.jetbrains.com/idea/download/，如图 2-11 所示。IntelliJ IDEA 有两个版本：Ultimate（旗舰版）和 Community（社区版）。旗舰版是收费的，可以免费试用 30 天，如果超过 30 天，则需要购买软件许可（License Key）。社区版是完全免费的，对于学习 Kotlin 语言的读者采用 IntelliJ IDEA 社区版已经足够了。在图 2-11 页面下载 IntelliJ IDEA 工具，完成之后即可安装。

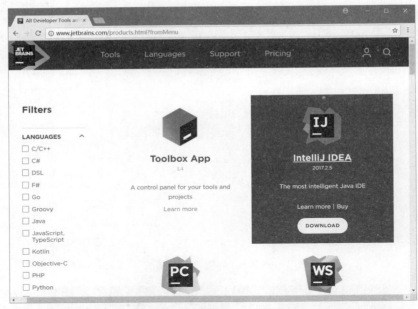

图 2-10　JetBrains 开发的工具

图 2-11　下载 IntelliJ IDEA

2.3.1　创建第一个 IntelliJ IDEA 项目

创建 IntelliJ IDEA 项目的具体过程如下：

（1）打开如图 2-12 所示的选择项目类型对话框，选中 Gradle 下的 Kotlin/JVM。

（2）单击 Next 按钮进入"Gradle 配置项目名称"对话框，在各个项目中输入相应内容，如图 2-13 所示，其中 GroupId 是公司或组织域名；ArtifactId 是项目名称，GroupId 可以省略，但是 ArtifactId 不能省略；Version 是该项目的版本号，用于项目版本管理。

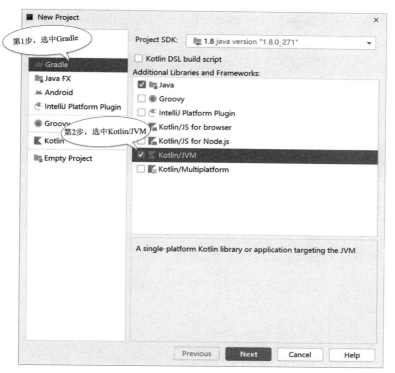

图 2-12　选中 Kotlin/JVM

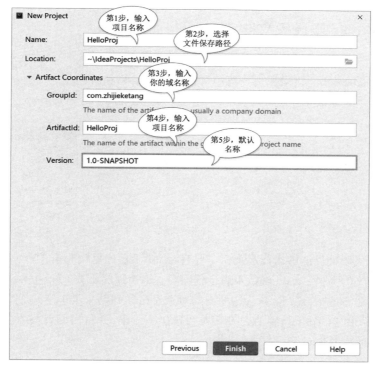

图 2-13　"Gradle 配置项目名称"对话框

（3）单击 Finish 按钮完成项目创建，如图 2-14 所示，其中项目下的/src/main 目录是源代码根目录，一般而言 main 下面的 java 文件夹放置 Java 源代码，kotlin 文件夹放置 Kotlin 源代码文件，resource 文件夹放置资源文件（图片、声音和配置等文件）。

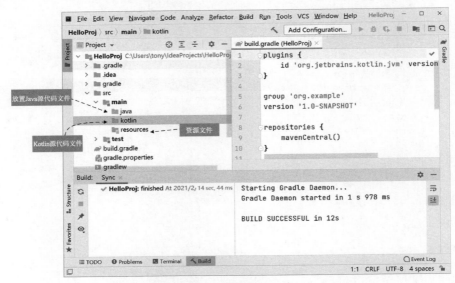

图 2-14　完成项目创建

提示：第一次创建 Gradle 项目可能会比较慢，这是因为 IDE 工具需要下载 Gradle 库到本地。

2.3.2　编写 Kotlin 源代码文件

完成项目创建后，需要创建一个 Kotlin 源代码文件。选择刚刚创建的项目，选中/src/main/kotlin 目录，选择菜单 File →New→Kotlin File/Class 命令，打开"新建 Kotlin 文件或类"对话框，如图 2-15 所示，在 Name 文本框中输入文件名 HelloWorld，然后选择 File 即可创建 HelloWorld.kt 源代码文件。

新创建的 HelloWorld.kt 文件没有任何代码，开发人员需要编写代码，例如：

```
fun main() {                              ①
    println("世界，你好！")                  ②
}
```

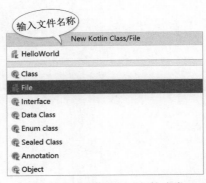

图 2-15　新建 Kotlin 文件或类

要想让 Kotlin 源代码文件能够运行起来，需要有 main 函数，见代码第①行，该行用于声明一个 main 函数，main 函数是程序的入口，main 函数不属于任何类，称为顶层函数（top-level function）。与 Java 不同，Java 中程序的入口也是 main 函数，但 Java 中所有的函数都必须在某个类中定义。代码第①行的 fun 关键字是声明一个函数，代码第②行 println 函数是在控制台输出字符串，并且后面有一个换行符。类似的还有 print 函数，但是该函数后面没有换行符。

给 Java 程序员的提示：Kotlin 中有一些函数不属于任何类，这些函数是顶层函数。上述示例中 println 函数对应 Java 中 System.out.println 函数，print 函数对应 Java 中 System.out.print 函数。

2.3.3 运行程序

程序编写完成就可以运行了。如果是第一次运行，则需要在左边的项目文件管理窗口中选择 HelloWorld.kt 文件，右击菜单选择 Run 'MainKt'命令运行，运行结果如图 2-16 所示，控制台窗口应该输出字符串"世界，你好！"。

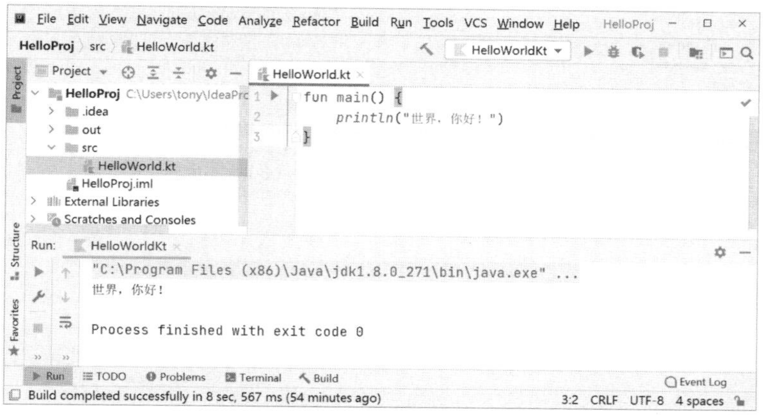

图 2-16 运行结果

注意：如果已经运行过程序，也可直接单击工具栏中的 ▶Run 按钮，或选择菜单 Run→Run 'HelloWorldKt'命令，或使用快捷键 Ctrl+F10，都可以运行以上程序。另外第一次运行 Kotlin 项目也会比较慢，这是因为它需要下载 Kotlin 运行环境。另外，如果输出窗口有中文乱码（如图 2-17 所示），解决该问题可以设置 IntelliJ IDEA 虚拟机参数，具体步骤是在 IntelliJ IDEA 中通过菜单 Help→Edit Custom VM Options 命令打开如图 2-18 所示的"虚拟机参数编辑"窗口，并在右边代码的最后一行追加一条设置语句：-Dfile.encoding=UTF-8，然后重启 IDE 工具即可。

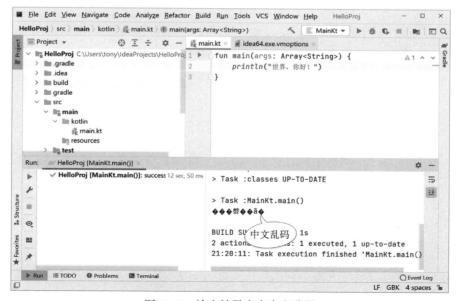

图 2-17 输出结果中有中文乱码

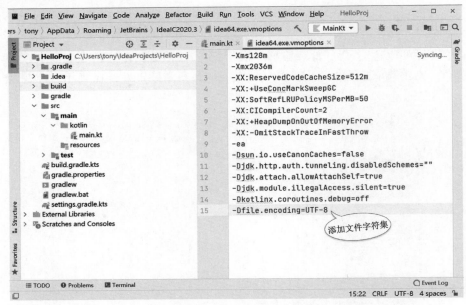

图 2-18 "虚拟机参数编辑"窗口

2.4 变量与常量

在 Kotlin 中声明变量关键字的命令是 var，声明常量关键字的命令是 val。示例代码如下：

//代码文件：HelloProj/src/main/kotlin/HelloWorld.kt

```
var _Hello = "HelloWorld"              //声明顶层变量              ①

public fun main() {
    _Hello = "Hello, World"
    var scoreForStudent: Float = 0.0f                              ②
    var y = 20                                                     ③
    //y = true                          //编译错误                  ④

    val MAX_COUNT = 500                                            ⑤
    MAX_COUNT = 1000                    //编译错误                  ⑥
}
```

代码第①行、第②行和第③行分别声明了 3 个变量。第①行是顶层变量。第②行在声明变量的同时指定数据类型是 Float。第③行在声明变量时，没有指定数据类型，Kotlin 编译器会根据上下文环境自动推导出变量的数据类型，例如变量 y 由于被赋值为 20，默认是 Int 类型，所以 y 变量被推导为 Int 类型，所以试图给 y 赋值 true（布尔值）时，会发生编译错误。第⑤行声明了一个常量。第⑥行试图修改常量则会发生编译错误。

提示：原则上在声明变量或常量时不指定数据类型，因为这样可使代码变得简洁，但有时需要指定特殊的数据类型，例如 scoreForStudent: Float。另外，语句结束后的分号（;），如果不是必须要加，也不要加。

2.5 Kotlin 数据类型

2.5.1 基本数据类型

Kotlin 作为依赖于 Java 虚拟机运行的语言,它的数据类型最终被编译成 Java 数据类型,所以 Kotlin 也分为基本数据类型和引用类型。Kotlin 基本数据类型与 Java 基本数据类型相对应,Kotlin 也有以下 8 种基本数据类型。介绍如下:

(1) 整数类型:Byte、Short、Int 和 Long,Int 是默认类型。
(2) 浮点类型:Float 和 Double,Double 是默认类型。
(3) 字符类型:Char。
(4) 布尔类型:Boolean。

Kotlin 基本数据类型如图 2-19 所示,其中整数类型和浮点类型都属于数值类型,而字符类型不属于数值类型。

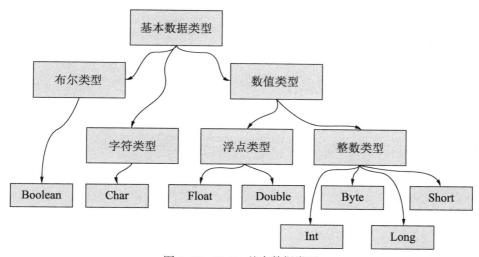

图 2-19 Kotlin 基本数据类型

Kotlin 的 8 种基本数据类型没有对应的包装类,Kotlin 编译器会根据不同的场景将其编译成 Java 中的基本类型的数据或是包装类对象。例如,Kotlin 的 Int 用来声明变量、常量、属性、函数参数类型和函数返回类型等情况时,被编译为 Java 的 int 类型;当作为集合泛型类参数时,则被编译为 Java 的 java.lang.Integer,这是因为 Java 集合中只能保存对象,不能保存基本数据类型。Kotlin 编译器如此设计是因为基本类型数据能占用更少的内存,运行时效率更高。

示例代码如下:

```
//代码文件:HelloProj/src/main/kotlin/HelloWorld.kt

fun main() {
    //声明整数变量
    //输出一个默认整数常量
    println("默认整数常量 = " + 16)                                    ①
```

```
        val a: Byte = 16                                                            ②
        val b: Short = 16                                                           ③
        val c = 16                                                                  ④
        val d = 16L                                                                 ⑤
    println("Byte 整数      = $a")                                                  ⑥
        println("Short 整数    = $b")
        println("Int 整数      = $c")
        println("Long 整数     = $d")

        //输出一个默认浮点常量
        println("默认浮点常量    = " + 360.66)
        val myMoney = 360.66                                                        ⑦
        val yourMoney = 360.66f                                                     ⑧
        println("Float 浮点数   = $myMoney")
        println("Double 浮点数 = $yourMoney")

        val longNum: Long = d.toLong()   //Int 类型转换为 Long 类型                  ⑨
        intNum = longNum.toInt()         //Long 类型转换为 Int 类型

        myMoney.toInt()                  //Double 类型转换为 Int 类型，结果是 360   ⑩
    }
```

上述代码多次用到了整数 16，但它们是有所区别的。其中代码第①行和第④行的 16 是默认整数，即 Int 类型常量。第②行的 16 是 Byte 类型整数。第③行的 16 是 Short 类型整数。第⑤行的 16 后加了 L，这说明是 Long 类型整数。第⑥行中的$a 表示字符串模板，可以将一些表达式结果在运行时插入字符串中。第⑦行的 360.66 是默认浮点类型（Double）数据。代码第⑧行的 360.66f 是 Float 浮点类型数据。第⑨、⑩行是使用数值转换函数进行数值类型的显式转换。Kotlin 的 7 种数据类型（Byte、Short、Int、Long、Float、Double 和 Char）都有以下 7 个转换函数。

（1）toByte(): Byte。
（2）toShort(): Short。
（3）toInt(): Int。
（4）toLong(): Long。
（5）toFloat(): Float。
（6）toDouble(): Double。
（7）toChar(): Char。

2.5.2 可空类型

Kotlin 的非空类型设计能够有效防止空指针异常（NullPointerException），其引起的原因是试图调用一个空对象的函数或属性，则抛出空指针异常。在 Kotlin 中可以将一个对象声明为非空类型，那么它就永远不会接收空值，否则会发生编译错误。示例代码如下：

```
var n: Int = 10
n = null                            //发生编译错误
```

上述代码 n = null 会发生编译错误，因为 Int 是非空类型，它所声明的变量 n 不能接收空值。但有些场景确实没有数据，例如查询数据库记录时，没有查询出符合条件的数据是很正常的事情。为此，Kotlin 为每一种非空类型数据提供对应的可空类型（Nullable），就是在非空类型后面加上问号（?）表示可空类型。修改上面示例代码：

```
var n: Int? = 10
n = null                              //可以接收空值（null）
```

Int?是可空类型，它所声明的变量 n 可以接收空值。可空类型在具体使用时会有以下限制。

（1）不能直接调用可空类型对象的函数或属性。

（2）不能把可空类型数据赋值给非空类型变量。

（3）不能把可空类型数据传递给非空类型参数的函数。

为了"突破"这些限制，Kotlin 提供了以下运算符。

（1）安全调用运算符：?.。

（2）Elvis 运算符：?:。

（3）非空断言运算符：!!。

1. 使用安全调用运算符（?.）

可空类型变量使用安全调用运算符（?.）可以调用非空类型的函数或属性。安全调用运算符（?.）会判断可空类型变量是否为空，如果是，则不会调用函数或属性，直接返回空值；否则返回调用结果。

示例代码如下：

```
//代码文件：HelloProj/src/main/kotlin/HelloWorld.kt

//声明除法运算函数，其中n1为分子，n2为分母
fun divide(n1: Int, n2: Int): Double? {

    if (n2 == 0) {                    //判断分母是否为0
        return null
    }
    return n1.toDouble() / n2
}

fun main() {
    val divNumber1 = divide(100, 0)                                              ①
    val result1 = divNumber1?.plus(100) //divNumber1+100，结果null                ②
    println(result1)
    val divNumber2 = divide(100, 10)                                             ③
    val result2 = divNumber2?.plus(100) //divNumber2+100，结果110.0               ④
    println(result2)
}
```

上述代码自定义了 divide 函数进行除法运算，当参数 n2 为 0 的情况下，函数返回空值，所以函数返回类型必须是 Double 的可空类型，即 Double?。

代码第①行和第③行都调用 divide 函数，返回值 divNumber1 和 divNumber2 都是可空类型，不能直接调用 plus 函数，需要使用"?."调用 plus 函数。事实上由于 divNumber1 为空值，代码第②行并没有调用 plus 函数，而直接返回空值。而代码第④行调用了 plus 函数进行计算并返回结果。

提示：plus 函数是一种加法运算函数，它将数值与参数相加，与"+"运算符作用一样。事实上这是因为"+"通过调用 plus 函数进行运算符重载，实现加法运算。与 plus 类似的函数还有很多，这里不再赘述。

2. 使用非空断言运算符（!!）

可空类型变量可以使用非空断言运算符（!!）调用非空类型的函数或属性。非空断言运算符（!!）顾名思义就是断言可空类型变量不会为空，调用过程是存在风险的，如果可空类型变量真的为空，则会抛出空指针异常；如果非空，则可以正常调用函数或属性。

修改上面的代码如下：

```kotlin
//代码文件：HelloProj/src/main/kotlin/HelloWorld.kt

//声明除法运算函数，其中n1为分子，n2为分母
fun divide(n1: Int, n2: Int): Double? {

    if (n2 == 0) {                              //判断分母是否为0
        return null
    }
    return n1.toDouble() / n2
}

fun main() {

    val divNumber1 = divide(100, 10)
    val result1 = divNumber1!!.plus(100)        //divNumber1+100，结果 110.0        ①
    println(result1)

    val divNumber2 = divide(100, 0)
    val result2 = divNumber2!!.plus(100)        //divNumber2+100，结果抛出异常      ②
    println(result2)
}
```

运行结果：

```
110.0
Exception in thread "main" java.lang.NullPointerException
    at HelloWorldKt.main(HelloWorld.kt:26)
    at HelloWorldKt.main(HelloWorld.kt)
```

代码第①行和第②行都调用 plus 函数，第①行可以正常调用，而第②行，由于 divNumber2 是空值，非空断言调用会发生异常。

3. 使用Elvis运算符（?:）

有时在可空类型表达式中，当表达式为空值时，并不希望返回默认的空值，而是其他数值。此时可以使用 Elvis 运算符（?:），也称为空值合并运算符。Elvis 运算符有两个操作数，假设有表达式：A ?: B，如果 A 不为空值，则结果为 A；否则结果为 B。

Elvis 运算符经常与安全调用运算符结合使用，重写上面的示例代码如下：

```kotlin
//代码文件：HelloProj/src/main/kotlin/HelloWorld.kt

//声明除法运算函数，其中n1为分子，n2为分母
fun divide(n1: Int, n2: Int): Double? {
```

```
        if (n2 == 0) {                                    //判断分母是否为 0
            return null
        }
        return n1.toDouble() / n2
    }

    fun main() {

        val divNumber1 = divide(100, 0)
        val result1 = divNumber1?.plus(100) ?: 0     //divNumber1+100，结果 0           ①
        println(result1)

        val divNumber2 = divide(100, 10)
        val result2 = divNumber2?.plus(100) ?: 0     //divNumber2+100，结果 110.0       ②
        println(result2)

    }
```

代码第①行和第②行都是用了 Elvis 运算符，divNumber1?.plus(100)表达式为空值，则返回 0；divNumber2?.plus(100)表达式不为空值，则返回 110.0。

Elvis 运算符由来：Elvis 一词来自美国摇滚歌手埃尔维斯·普雷斯利（Elvis Presley），绰号"猫王"。由于他的头型和眼睛很有特点，不用过多解释，从如图 2-20 可见为什么"?:"叫作 Elvis 了。

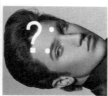

图 2-20　Elvis 运算符由来

2.6　字符串

由字符组成的一串字符序列称为"字符串"，字符串是最常用的数据类型，是一种引用数据类型，通过 String 类描述。

2.6.1　字符串表示形式

Kotlin 语言有以下两种字符串表示形式。
（1）普通字符串，采用双引号（"）包裹起来的字符串。
（2）原始字符串（raw string），采用三个双引号（"""）包裹起来的字符串。原始字符串可以包含任何的字符，而不需要转移，所以也能包含转义字符。
示例如下：

//代码文件：HelloProj/src/main/kotlin/HelloWorld.kt

```
fun main() {
    val s1 = "Hello World"                                                              ①
    val s2 = "\u0048\u0065\u006c\u006c\u006f\u0020\u0057\u006f\u0072\u006c\u0064"       ②

    val s3 = "Hello \nWorld"                                                            ③
    val s4 = """Hello \nWorld"""                                                        ④

    val s5 = """Hello                                                                   ⑤

            World"""

    println("s1 = " + s1)
    println("s2 = " + s2)
    println("s3 = " + s3)
    println("s4 = " + s4)
    println("s5 = " + s5)

}
```

运行结果：

```
s1 = Hello World
s2 = Hello World
s3 = Hello
World
s4 = Hello \nWorld
s5 = Hello

        World
```

代码第①和第②行声明的字符串变量中保存的都是字符串"Hello World"，代码第②行的字符串中的字符是用 Unicode 编码表示。代码第③行字符串中包含特殊字符"换行符"，在普通字符串中表示换行符需要使用转义符"\"进行转义，即用"\n"表示。代码第④行使用原始字符串表示，其中转义符不会转义，所以"\n"不是表示换行符了。代码第⑤行也是使用原始字符串表示字符串，其中包含一些回车符和制表符等特殊字符。

2.6.2 字符串模板

字符串拼接对于字符串追加和连接是比较方便的，但是如果字符串中有很多表达式的结果需要连接起来，采用字符串拼接就有点力不从心了。此时可以使用字符串模板，它可以将一些表达式结果在运行时插入字符串中。

字符串模板以$开头，语法如下：

```
${表达式}                        //任何表达式，也可以是单个变量或常量
```

示例代码：

```
//代码文件：HelloProj/src/main/kotlin/HelloWorld.kt

fun main() {
```

```
    val s1 = "Hello"
    //使用+运算符连接
    var s2 = s1 + " "          //使用+运算符连接,         ①
    s2 += "World"              //支持+=赋值运算符         ②
    println(s2)//Hello World

    val age = 18
    val s3 = "她的年龄是" + age + "岁。"                    ③
    println(s3)                //她的年龄是 18 岁。

    val s4 = "她的年龄是 ${age}岁。"                        ④
    println(s4)                //她的年龄是 18 岁。
}
```

运行结果如下：

```
Hello World
她的年龄是 18 岁。
她的年龄是 18 岁。
```

代码第①行和第③行使用"+"运算符将字符串连接起来，另外，还可以使用"+="赋值运算符将字符串连接起来，见代码第②行。代码第④行使用变量形式模板${age}将变量的结果插入字符串中。

2.7 Kotlin 中的函数

Kotlin 中的函数很灵活，它可以独立于类或接口而存在，即顶层函数，也就是全局函数，之前接触的 main 函数就属于顶层函数；也可以存在于别的函数中，即局部函数；还可以存在于类或接口之中，即成员函数。

2.7.1 函数声明

要使用函数首先需要声明函数，然后在需要时进行调用。函数的语法格式如下：

```
fun 函数名(参数列表) : 返回值类型 {
    函数体
    return 返回值
}
```

在 Kotlin 中声明函数时，关键字是 fun，函数名需要符合标识符命名规范；多个参数列表之间可以用逗号（,）分隔，当然也可以没有参数。参数列表语法如图 2-21 所示，每一个参数一般是由两部分构成：参数名和参数类型。

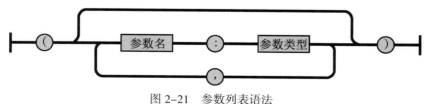

图 2-21 参数列表语法

在参数列表后":返回值类型"指明函数的返回值类型,如果函数没有需要返回的数据,则":返回值类型"部分可以省略。对应地,如果函数有返回的数据,就需要在函数体最后使用 return 语句将计算的数据返回;如果没有返回的数据,则函数体中可以省略 return 语句。

函数声明示例代码如下:

```
fun rectangleArea(width: Double, height: Double): Double {        ①
    val area = width * height
    return area                                                    ②
}

fun main() {
    println("320x480 的长方形的面积:${rectangleArea(320.0, 480.0)}") ③
}
```

代码第①行是声明计算长方形的面积的函数 rectangleArea,它有两个 Double 类型的参数,分别是长方形的宽和高,width 和 height 是参数名。函数的返回值类型是 Double。代码第②行通过 return 返回函数计算结果。代码第③行用于调用 rectangleArea 函数。

2.7.2 使用命名参数调用函数

为了提高函数调用的可读性,在函数调用时可以采用命名参数调用。采用命名参数调用函数声明时不需要做额外的工作。

示例代码如下:

```
fun main() {

    //没有采用命名参数函数调用
    println("320x480 的长方形的面积:${rectangleArea(320.0, 480.0)}")              ①
    //采用命名参数函数调用
    println("320x480 的长方形的面积:${rectangleArea(width = 320.0, height = 480.0)}")  ②
    //采用命名参数函数调用
    println("320x480 的长方形的面积:${rectangleArea(height = 480.0, width = 320.0)}")  ③

}
```

代码第①行没有采用命名参数函数调用 rectangleArea 函数,参数顺序可以与函数定义时参数顺序不同。而代码第②行和第③行采用命名参数函数调用 rectangleArea 函数。其中 width 和 height 是参数名。从上述代码比较可见,采用命名参数调用函数,调用者能够清晰地看出传递参数的含义,命名参数对于有多参数函数调用非常有用。另外,采用命名参数函数调用时,参数顺序与函数定义时参数顺序可以不同。代码第③行参数的传递顺序与定义函数的顺序不同,先传递的是 height 参数,后传递的是 width 参数。

2.7.3 参数默认值

在声明函数时可以为参数设置一个默认值,当调用函数的时候可以忽略该参数。来看下面的一个示例:

```
//代码文件:HelloProj/src/main/kotlin/HelloWorld.kt

fun makeCoffee(type: String = "卡布奇诺"): String {
    return "制作一杯${type}咖啡。"
}
```

上述代码声明了 makeCoffee 函数，可以帮助做一杯香浓的咖啡。由于喜欢喝卡布奇诺，就把它设置为默认值。在参数列表中，默认值可以跟在参数类型的后面，通过赋值运算符（=）提供给参数。

在调用时，如果调用者没有传递参数，则使用默认值。调用代码如下：

```
fun main() {

    val coffee1 = makeCoffee("拿铁")                                    ①
    val coffee2 = makeCoffee()                                          ②

    println(coffee1)              //制作一杯拿铁咖啡
    println(coffee2)              //制作一杯卡布奇诺咖啡
}
```

代码第①行是传递"拿铁"参数，没有使用默认值。代码第②行没有传递参数，因此使用默认值。

给 Java 程序员的提示：makeCoffee 函数也可以采用重载实现多个版本。Kotlin 提倡使用参数默认值的方式，因为参数默认值只需要声明一个函数即可，而重载则需要声明多个函数，这会增加代码量。

2.7.4 表达式函数体

如果在函数体中表达式能够表示为单个表达式，那么函数可以采用更加简单的表示方式。2.7.1 节示例中 rectangleArea 函数代码如下：

```
fun rectangleArea(width: Double, height: Double): Double {
    val area = width * height
    return area
}
```

重新编写 rectangleArea 函数，采用表达式函数体的示例代码如下：

```
fun rectangleArea(width: Double, height: Double) = width * height
```

表达式体函数去掉了大括号和 return 语句，直接返回表达式，而且可以省略函数返回类型。

2.8 Kotlin 函数式编程

函数式编程（functional programming）是一种编程典范，也就是面向函数的编程。在函数式编程中一切都离不开函数。

函数式编程包括以下核心概念。

（1）函数是"一等公民"：是指函数与其他数据类型是一样的，处于平等的地位。函数可以作为其他函数的参数传入，也可以作为其他函数的返回值返回。

（2）使用表达式：函数式编程关心输入和输出，即参数和返回值。在程序中使用表达式可以有返回值，例如控制结构中的 if 和 when 结构都属于表达式。

（3）高阶函数：函数式编程支持高阶函数，所谓高阶函数就是一个函数可以作为另外一个函数的参数或返回值。

（4）无副作用：是指函数执行过程中会返回一个结果，不会修改外部变量，这就是"纯函数"，同样的输入参数一定会有同样的输出结果。

Kotlin 语言支持函数式编程，提供了函数类型和 Lambda 表达式。

2.8.1 函数类型

Kotlin 中每一个函数都有一个类型，称为"函数类型"。函数类型作为一种数据类型，与其他类型数据在使用场景上没有区别。它可以声明变量，也可以作为其他函数的参数或者其他函数的返回值使用。

```kotlin
//代码文件：HelloProj/src/main/kotlin/HelloWorld.kt

//定义计算长方形面积函数
//函数类型(Double, Double) -> Double
fun rectangleArea(width: Double, height: Double): Double {      ①
    return width * height
}

//定义计算三角形面积函数
//函数类型(Double, Double) -> Double
fun triangleArea(bottom: Double, height: Double) = 0.5 * bottom * height      ②

fun main() {
    // 声明变量 f1 它是(Double, Double) -> Double 函数类型
    var f1: (Double, Double) -> Double                                         ③

    f1 = ::triangleArea         // 给变量 f1 赋值，它可以接收函数引用（::rectangleArea） ④
    //调用函数 f1
    println("计算三角形的面积：${f1(50.0, 40.0)}")                              ⑤
    f1 = ::rectangleArea        //重新给变量 f1 赋值                            ⑥
    //调用函数 f1
    println("计算矩形的面积：${f1(50.0, 40.0)}")                                ⑦
}
```

上述代码第①行和第②行定义了函数 rectangleArea 和 triangleArea 具有相同的函数类型(Double, Double) -> Double。函数类型就是把函数参数列表中的参数类型保留下来，再加上箭头符号和返回类型，形式如下：

参数列表中的参数类型 -> 返回类型

每一个函数都有函数类型，即便是函数列表中没有参数，或者没有返回值的函数也有函数类型。代码第③行声明变量 f1 指定它的数据类型是(Double, Double) -> Double 函数类型。代码第④和第⑥行是给变量 f1 赋值，它能接收的数据可以是函数引用等数据。函数引用是指向一个已经定义好的函数名。::rectangleArea 是引用函数。变量 f1 是函数类型变量，它指向一个具体函数，使用时与调用一个函数没有区别，见代码第⑤行和⑦行调用函数 f1。

2.8.2 Lambda 表达式

Lambda 表达式是一种匿名函数，可以作为表达式、函数参数和函数返回值使用，Lambda 表达式的运算结果是一个函数。

1. Lambda表达式标准语法格式

Kotlin 中的 Lambda 表达式很灵活，其标准语法格式如下：

```
{ 参数列表 ->
    Lambda 体
}
```

其中，Lambda 表达式的参数列表与函数的参数列表形式类似，但是 Lambda 表达式参数列表前后没有小括号。箭头符号将参数列表与 Lambda 体分隔开，Lambda 表达式不需要声明返回类型。Lambda 表达式可以有返回值，如果没有 return 语句，Lambda 体的最后一个表达式就是 Lambda 表达式的返回值，如果有 return 语句，返回值是 return 语句后面的表达式。

提示：Lambda 表达式与有名函数、匿名函数一样都有函数类型，但从 Lambda 表达式的定义中只能看到参数类型，看不到返回值类型声明，那是因为返回值类型可以通过上下文推导出来。

示例代码如下：

```
//代码文件：HelloProj/src/main/kotlin/HelloWorld.kt

fun calculate(opr: Char): (Int, Int) -> Int {
    return when (opr) {
        '+' -> { a: Int, b: Int -> a + b }          ①
        '-' -> { a: Int, b: Int -> a - b }          ②
        '*' -> { a: Int, b: Int -> a * b }
        else -> { a: Int, b: Int -> a / b }         ③
    }                                               ④
}

fun main() {
    val f1 = calculate('+')
    println(f1(10, 5))          //调用 f1 变量 返回 15
    val f2 = calculate('-')
    println(f2(10, 5))          //调用 f2 变量 返回 5
    val f3 = calculate('*')
    println(f3(10, 5))          //调用 f3 变量 返回 50
    val f4 = calculate('/')
    println(f4(10, 5))          //调用 f4 变量 返回 2
}
```

calculate 函数返回值是函数类型(Int, Int) -> Int。代码第①~④行使用 when 表达式，它是一种多分支结构，类似于 Java 中的 switch 语句，when 表达式每一个分支都会计算一个结果返回。需要注意：when 表达式不能省略 else 分支，除非编译器能判断出来，程序已经覆盖了所有的分支条件。

代码第②行和第③行为 when 表达式的 4 个分支，它们都采用 Lambda 表达式表示。这 4 个 Lambda 表达式都是函数类型(Int, Int) -> Int，与 calculate 函数要求的返回类型是一致的。

2. Lambda表达式简化写法

Kotlin 提供了多种 Lambda 表达式简化写法，下面重点介绍参数类型推导简化。类型推导是 Kotlin 的强项，Kotlin 编译器可以根据上下文环境推导出参数类型和返回值类型。以下代码是标准形式的 Lambda 表达式：

```
{ a: Int, b: Int -> a + b }
```

Kotlin 能推导出参数 a 和 b 是 Int 类型，当然返回值也是 Int 类型。简化形式如下：

```
{ a, b -> a + b }
```

使用这种简化方式修改后的 calculate 函数代码如下：

```
private fun calculate(opr: Char): (Int, Int) -> Int = when (opr) {
    '+' -> { a, b -> a + b }
    '-' -> { a, b -> a - b }
    '*' -> { a, b -> a * b }
    else -> { a, b -> a / b }
}
```

上述代码的 Lambda 表达式是本节示例代码的简化写法，其中 a 和 b 是参数。

2.9　Kotlin 面向对象编程

目前 Kotlin 语言还是以面向对象编程为主，函数式编程为辅。面向对象编程是 Kotlin 重要的特性之一。本节将介绍 Kotlin 面向对象编程知识。

2.9.1　类声明

类是 Kotlin 中的一种重要的数据类型，是组成 Kotlin 程序的基本要素。它封装了一类对象的数据和操作。Kotlin 中的类声明的语法与 Java 非常相似。使用 class 关键词声明，它们的语法格式如下：

```
class 类名 {
    声明类的成员
}
```

Kotlin 中的类成员包括：构造函数、成员函数、属性等。

声明动物（Animal）类代码如下：

```
class Animal {
    //类体
}
```

上述代码声明了动物（Animal）类，大括号中是类体，如果类体中没有任何成员，可以省略大括号。代码如下：

```
class Animal
```

类体一般都会包括一些类成员，下面看一个声明属性示例：

```
class Animal {

    //动物年龄
    var age = 1
    //动物性别
    var sex = false
    //动物体重
    private val weight = 0.0

}
```

下面看一个声明成员函数示例：

```
class Animal {

    //动物年龄
    var age = 1
    //动物性别
    var sex = false
    //动物体重
    private val weight = 0.0

    private fun eat() {                                                    ①
        //函数体
    }

    fun run(): Int {                                                       ②
        //函数体
        return 10
    }

}
```

代码第①和第②行声明了两个成员函数。成员函数是在类中声明的函数，它的声明与顶层函数没有区别，只是在调用时需要类的对象才能调用，示例代码如下：

```
fun main() {
    val animal = Animal()                                                  ①
    println(animal.run())                                                  ②
}
```

代码第①行中 Animal()表达式是实例化 Animal 类，创建一个 animal 对象。创建对象与 Java 相比省略了 new 关键字。代码第②行是通过 animal 对象调用成员函数。

约定：在 Java 等语言中类的成员函数称为方法，而在 Kotlin 中有顶层函数和成员函数，为了保持命名的一致，防止引起混淆，书中将类的成员方法还是称为成员函数。

2.9.2 构造函数

在 2.9.1 节使用了表达式 Animal()，后面的小括号是调用构造函数。构造函数是类中特殊函数，用来初始化类的属性，它在创建对象之后自动调用，用来初始化对象属性。在 Kotlin 中构造函数有主次之分，主构造函数只能有一个，次构造函数可以有多个。

1. 主构造函数

主构造函数涉及的关键字是 constructor，示例代码如下：

```
//代码文件：HelloProj/src/main/kotlin/HelloWorld.kt

class Rectangle constructor(var width: Int, var height: Int) {             ①

}
```

```kotlin
fun main() {
    val rect = Rectangle(200, 300)                              ②
    println("矩形面积: ${rect.width * rect.height}")             ③
}
```

代码第①行是类头声明，其中 constructor(var width: Int, var height: Int)是主构造函数声明，Kotlin 编译器会根据主构造函数的参数列表生成相应的属性。另外，主构造函数的参数前面需要使用 val 或 var 声明。代码第②行创建矩形对象，此时，会调用主构造函数初始化矩形对象。代码第③行通过矩形对象调用矩形的宽度和高度属性。

提示：如果主构造函数没有注解（Annotation）或可见性修饰符，constructor 关键字可以省略。

2. 次构造函数

由于主构造函数只能有一个，而且初始化时只有 init 代码块，有时不够灵活，这时可以使用次构造函数。代码如下：

```kotlin
//代码文件：HelloProj/src/main/kotlin/HelloWorld.kt

class Rectangle constructor(var width: Int, var height: Int) {   ①
    //矩形面积
    var area: Int = width * height                                ②

    constructor(width: Int) : this(width, width)                  ③

}


fun main() {
    val rect1 = Rectangle(200, 300)                                                       ④
    println("矩形 1: ${rect1.width} × ${rect1.height}面积 = ${rect1.area}")
    val rect2 = Rectangle(50)                                                             ⑤
    println("矩形 2: ${rect2.width} × ${rect2.height}面积 = ${rect2.area}")

}
```

代码第①行用于声明主构造函数，代码第②行用于在主构造函数中初始化面积 area 属性。代码第③行用于声明次构造函数，其中 this(width, width)表达式是调用当前对象的主构造函数。另外，当属性命名与参数命名有冲突时，属性可以加上 this.前缀，this 表示当前对象。代码第④行创建矩形对象 rect1，此时调用的是代码第②行的主构造函数初始化对象。代码第⑤行创建矩形对象 rect2，此时调用的是代码第③行的次构造函数初始化对象。

2.9.3 属性

属性是为了方便访问封装后的字段而设计的，属性本身并不存储数据，数据是存储在字段（field）中的，字段相当于 Java 中的类成员变量。

Kotlin 中声明属性的语法格式如下：

```
var|val 属性名 [ : 数据类型] [= 属性初始化 ]
    [getter 访问器]
    [setter 访问器]
```

从上述属性语法可见，属性的最基本形式与声明一个变量或常量是一样的。val 所声明的属性是只读属性。如果需要还可以重写属性的 setter 访问器和 getter 访问器。

约定：在本书的语法说明中，中括号（[]）中的部分表示可以省略；竖线（|）表示"或"关系，例如，var|val 说明可以使用 var 或 val 关键字，但两个关键字不能同时出现。

示例代码如下：

```kotlin
//代码文件: com/zhijieketang/ HelloWorld.kt
package com.zhijieketang
//员工类
class Employee {
    var no: Int = 0                      //员工编号属性
    var job: String? = null              //工作属性                    ①
    var firstName: String = "Tony"                                    ②
    var lastName: String = "Guan"                                     ③
    var fullName: String                 //全名                       ④
        get() {                                                       ⑤
            return "$firstName.$lastName"
        }
        set (value) {                                                 ⑥
            val name = value.split(".")                               ⑦
            firstName = name[0]
            lastName = name[1]
        }

    var salary: Double = 0.0             //薪资属性                   ⑧
        set(value) {
            if (value >= 0.0) field = value                           ⑨
        }

}

//主函数
fun main() {
    val emp = Employee()
    println(emp.fullName)                //Tony.Guan
    emp.fullName = "Tom.Guan"
    println(emp.fullName)                //Tom.Guan

    emp.salary = -10.0                   //不接收负值
    println(emp.salary)                  //0.0
    emp.salary = 10.0
    println(emp.salary)                  //10.0
}
```

代码第①行用于声明员工的 job，它是一个可空字符串类型。代码第②行用于声明员工的 firstName 属性。代码第③行用于声明员工的 lastName 属性。代码第④行用于声明全名属性 fullName，fullName 属性值通过 firstName 属性和 lastName 属性拼接而成。代码第⑤行重写 getter 访问器，可以写成表达式形式。

代码第⑥行用于重写 setter 访问器，value 是新的属性值。代码第⑦行是通过 String 的 split 函数分割字符串，返回的是 String 数组。

代码第⑧行用于声明 salary 薪资属性，薪资是不能为负数的，这里重写了 setter 访问器。代码第⑨行判断如果薪资大于或等于 0.0 时，才将新的属性值赋值给 field 变量，field 变量是访问支持字段（backing field），属于 field 软关键字。

2.10 数据类

有时需要一种数据容器在各个组件之间传递。数据容器只需要一些属性保存数据即可，例如 2.9.2 节的 Rectangle 类有两个属性没有其他的成员函数等复杂的逻辑，此时可以使用将 Rectangle 类声明为数据类（Data Classes）。

数据类的声明很简单，只需要类头 class 前面加上 data 关键字即可，修改 Rectangle 类为数据类，示例代码如下：

```kotlin
//代码文件：HelloProj/src/main/kotlin/HelloWorld.kt

data class Rectangle(var width: Int, val height: Int) {        ①

}

fun main() {
    val rect = Rectangle(200, 300)
    println("矩形面积：${rect.width * rect.height}")
}
```

代码第①行声明数据类 Rectangle，其中 data 关键字说明该类是数据类，数据类底层重写 Any 的三个函数，并增加了一个 copy 函数。重写了 equal 和 toString 函数。

提示： 使用 data 声明的数据类的主构造函数中，参数一定要声明为 val 或 var，不能省略。

2.11 嵌套类

Kotlin 语言中允许在一个类的内部声明另一个类，称为"嵌套类"（Nested Classes），嵌套类还有一种特殊形式——"内部类"（Inner Classes）。封装嵌套类的类称为"外部类"，嵌套类与外部类之间存在逻辑上的隶属关系。

2.11.1 声明嵌套类

嵌套类可以声明为 public、internal、protected 和 private，即 4 种可见性声明都可以。嵌套类示例代码如下：

```kotlin
//代码文件：com/zhijieketang/ HelloWorld.kt
package com.zhijieketang
```

```kotlin
//外部类
class View {                                           ①

    //外部类属性
    val x = 20

    //嵌套类
    class Button {                                     ②
        //嵌套类函数
        fun onClick() {
            println("onClick...")
            //不能访问外部类的成员
            //println(x)          //编译错误         ③
        }
    }

    //测试调用嵌套类
    fun test() {                                       ④
        val button = Button()                          ⑤
        button.onClick()                               ⑥
    }
}
```

代码第①行声明外部类 View，而代码第②行是在 View 内部声明嵌套类 Button，嵌套类不能引用外部类，也不能引用外部类的成员，代码第③行试图访问外部类的 x 属性，会发生编译错误。代码第④行 test()函数用来调用嵌套类，代码第⑤行用于实例化嵌套类 Button，代码第⑥行是调用嵌套类的 onClick()函数，可见在外部类中可以访问嵌套类。

在 main 函数测试嵌套类代码如下：

```kotlin
//代码文件：com/zhijieketang/ HelloWorld.kt

fun main() {

    val button = View.Button()
    button.onClick()

    //测试调用嵌套类
    val view = View()
    view.test()
}
```

代码 val button = View.Button()是实例化嵌套类。在外部类以外访问嵌套类，需要使用"外部类.嵌套类"形式。

提示：如果不看嵌套类的代码或文档，View.Button 形式看起来像是 View 包中的 Button 类，事实上它是 View 类中的嵌套类 Button。View.Button 形式客观上能够提供有别于包的命名空间，将 View 相关的类集中管理起来，View.Button 可以防止命名冲突。

2.11.2 内部类

内部类是一种特殊的嵌套类，嵌套类不能访问外部类引用，不能访问外部类的成员，而内部类可以。内部类示例代码如下：

```kotlin
//代码文件：com/zhijieketang/HelloWorld.kt
package com.zhijieketang

//外部类
class Outer {

    //外部类属性
    val x = 10

    //外部类函数
    fun printOuter() {
        println("调用外部函数...")
    }

    //测试调用内部类
    fun test() {
        val inner = Inner()
        inner.display()
    }

    //内部类
     inner class Inner {                                                    ①

        //内部类属性
        private val x = 5

        //内部类函数
        fun display() {
            //访问外部类的属性x
            println("外部类属性 x = " + this@Outer.x)                         ②
            //访问内部类的属性x
            println("内部类属性 x = " + this.x)                               ③
            println("内部类属性 x = $x")                                      ④

            //调用外部类的成员函数
            this@Outer.printOuter()                                         ⑤
            printOuter()                                                    ⑥
        }
    }
}
```

代码第①行声明了内部类 Inner，在 class 前面加 inner 关键字。内部类 Inner 有一个成员变量 x 和成员函数 display()，在 display()函数中代码第②行访问外部类的 x 成员变量，代码第③行和第④行都是访问内部类的 x 成员变量。代码第⑤行和第⑥行都是访问外部类的 printOuter()成员函数。

提示：在内部类中 this 是引用当前内部类对象，见代码第③行。而要引用外部类对象需要使用"this@类名"，见代码第②行。另外，如果内部类和外部类的成员命名没有冲突，在引用外部类成员时可以不用加"this@类名"，如代码第⑥行的 printOuter()函数只有外部类中声明，所以可以省略 this@Outer。

测试内部代码如下：

```
//代码文件：com/zhijieketang/HelloWorld.kt
package com.zhijieketang

fun main() {

    //通过外部类访问内部类
    val outer = Outer()
    outer.test()

    //直接访问内部类
    val inner = Outer().Inner()                                     ①
    inner.display()

}
```

运行结果如下：

外部类属性 x = 10
内部类属性 x = 5
内部类属性 x = 5
调用外部函数...
调用外部函数...
外部类属性 x = 10
内部类属性 x = 5
内部类属性 x = 5
调用外部函数...
调用外部函数...

一般情况下，内部类不能在外部类之外调用。但是如果一定要在外部类之外访问内部类，Kotlin 也是支持的，代码第①行的内部类是实例化内部类对象，Outer().Inner()表达式说明先实例化外部类 Outer，再实例化内部类 Inner。

2.11.3 对象表达式

object 关键字可以声明对象表达式，对象表达式用来替代 Java 中的匿名内部类，就是在声明一个匿名类，并同时创建匿名类的对象。

对象表达式示例如下：

```
//代码文件：com/zhijieketang/HelloWorld.kt
package com.zhijieketang

//声明 View 类
class View {

    fun handler(listener: OnClickListener) {
```

```kotlin
        listener.onClick()
    }
}

//声明 OnClickListener 接口
interface OnClickListener {
    fun onClick()
}

fun main() {

    var i = 10
    val v = View()
    //对象表达式作为函数参数
    v.handler(object : OnClickListener {                                   ①

        override fun onClick() {
            println("对象表达式作为函数参数...")
            println(++i)                                                   ②
        }

    })
}
```

代码第①行中 v.handler 函数的参数是对象表达式，object 说明表达式是对象表达式，该表达式声明了一个实现 OnClickListener 接口的匿名类，同时创建对象。另外，在对象表达式中可以访问外部变量，并且可以修改外部变量，见代码第②行。

对象表达式的匿名类可以实现接口，也可以继承具体类或抽象类，示例代码如下：

```kotlin
//代码文件：com/zhijieketang/HelloWorld.kt
package com.zhijieketang

//声明 Person 类
open class Person(val name: String, val age: Int)                          ①

fun main() {

    //对象表达式赋值
    val person = object : Person("Tony", 18), OnClickListener {            ②
        //实现接口 onClick 函数
        override fun onClick() {
            println("实现接口 onClick 函数...")
        }

        //重写 toString 函数
        override fun toString(): String {
            return ("Person[name=$name, age=$age]")
        }
    }
    println(person)
}
```

代码第①行声明一个 Person 具体类，代码第②行声明对象表达式，该表达式声明实现 OnClickListener 接口，且继承 Person 类的匿名类，之间用逗号分隔。Person("Tony", 18)是调用 Person 构造函数。注意接口没有构造函数，所以在表达式中 OnClickListener 后面没有小括号。

有时没有具体的父类也可以使用对象表达式，示例代码如下：

```kotlin
//代码文件：com/zhijieketang/HelloWorld.kt
package com.zhijieketang

fun main() {

    //无具体父类对象表达式
    var rectangle = object {                                                    ①

        //矩形宽度
        var width: Int = 200
        //矩形高度
        var height: Int = 300

        //重写 toString 函数
        override fun toString(): String {
            return ("[width=$width, height=$height]")
        }
    }

    println(rectangle)
}
```

代码第①行声明一个对象表达式，没有指定具体的父类和实现接口，直接在 object 后面的大括号中编写类体代码。

2.12 抽象类与接口

Kotlin 语言中可以声明抽象类与接口。本节介绍抽象类与接口的声明及实现。

2.12.1 抽象类声明及实现

在 Kotlin 中抽象类和抽象函数的修饰符是 abstract，声明抽象类 Figure 示例代码如下：

```kotlin
//代码文件：com/zhijieketang/Figure.kt
package com.zhijieketang

abstract class Figure {                                                         ①
    //绘制几何图形函数
    abstract fun onDraw()                    //抽象函数                          ②

    abstract val name: String                //抽象属性                          ③
    val cname: String = "几何图形"            //具体属性                          ④

    fun display() {                          //具体函数                          ⑤
```

```
        println(name)
    }
}
```

代码第①行声明抽象类，在类前面加上 abstract 修饰符，这里不需要使用 open 修饰符，默认是 open。代码第②行声明抽象函数，函数前面的修饰符也是 abstract，也不需要使用 open 修饰符，默认也是 open，抽象函数没有函数体。代码第③行的属性是抽象属性，所谓"抽象属性"是没有初始值或者没有 setter 或 getter 访问器的。代码第④行的属性是具体属性，所谓"具体属性"是有初始值或者有 setter 或 getter 访问器的。代码第⑤行是具体函数，它有函数体。

注意：如果一个成员函数或属性被声明为抽象的，那么这个类也必须声明为抽象的。而一个抽象类中，可以有 0～n 个抽象函数或属性，以及 0～n 个具体函数或属性。

设计抽象类的目的就是让子类来实现，否则抽象就没有任何意义，实现抽象类示例代码如下：

```kotlin
//代码文件：com/zhijieketang/Ellipse.kt
package com.zhijieketang

//几何图形椭圆形
class Ellipse : Figure() {
    override val name: String                                    ①
        get() = "椭圆形"

    //绘制几何图形函数
    override fun onDraw() {                                      ②
        println("绘制椭圆形...")
    }
}
```

```kotlin
//代码文件：com/zhijieketang/Triangle.kt
package com.zhijieketang

//几何图形三角形
class Triangle(override val name: String) : Figure() {           ③
    //绘制几何图形函数
    override fun onDraw() {                                      ④
        println("绘制三角形...")
    }
}
```

上述代码声明了两个具体类 Ellipse 和 Triangle，它们实现（重写）了抽象类 Figure 的抽象函数 onDraw，见代码第②行和第④行。代码第①行是在 Ellipse 类中实现 name 属性，在父类 Figure 中 name 属性是抽象的。代码第③行是实现在构造函数中提供了 name 属性，从而实现了 name 属性。比较代码第①行和第③行，它们实现属性 name 的方式有所不同，但最终效果是一样的。

调用代码如下：

```kotlin
//代码文件：com/zhijieketang/HelloWorld.kt
package com.zhijieketang
fun main() {
    //f1 变量是父类类型，指向实现类实例，发生多态
```

```kotlin
    val f1: Figure = Triangle("三角形")                                          ①
    f1.onDraw()
    f1.display()                                                                ②

    //f2 变量是父类类型，指向实现类实例，发生多态
    val f2: Figure = Ellipse()
    f2.onDraw()
    println(f2.cname)                                                           ③
}
```

上述代码中实例化两个具体类，即 Triangle 和 Ellipse，对象 f1 和 f2 是 Figure 接口引用类型。代码第①行是实例化 Triangle 对象。代码第②行是调用抽象类中的具体函数 display()。代码第③行是调用抽象类中的具体属性 cname。

注意：抽象类不能被实例化，只有具体类才能被实例化。

2.12.2 接口声明及实现

在 Kotlin 中接口声明使用的关键字是 interface，声明接口 Figure 示例代码如下：

```kotlin
//代码文件：/com/zhijieketang/Figure.kt
package com.zhijieketang

interface Figure {                                                              ①
    //绘制几何图形函数
    fun onDraw()                          //抽象函数                             ②

    val name: String                      //抽象属性                             ③

    val cname: String                     //具体属性                             ④
        get() = "几何图形"

    fun display() {                       //具体函数                             ⑤
        println(name)
    }
}
```

代码第①行声明 Figure 接口，声明接口使用 interface 关键字。代码第②行声明抽象函数，抽象函数没有函数体。代码第③行的属性是抽象属性，抽象属性没有初始值，没有 setter 或 getter 访问器。代码第④行的属性是具体属性，具体属性不能有初始值，只能有 getter 访问器，说明该属性后面没有支持字段。代码第⑤行是具体函数，它有函数体。

实现接口 Figure 示例代码如下：

```kotlin
//代码文件：/com/zhijieketang/Ellipse.kt
package com.zhijieketang

//几何图形椭圆形
class Ellipse : Figure {
    override val name: String
        get() = "椭圆形"
```

```kotlin
    //绘制几何图形函数
    override fun onDraw() {
        println("绘制椭圆形...")
    }
}

//代码文件:/com/zhijieketang/Triangle.kt
package com.zhijieketang

//几何图形三角形
class Triangle(override val name: String) : Figure {
    //绘制几何图形函数
    override fun onDraw() {
        println("绘制三角形...")
    }
}
```

上述代码声明了两个具体类,即 Ellipse 和 Triangle,它们实现了接口 Figure 中的抽象函数 onDraw 和抽象属性 name。

调用代码如下:

```kotlin
//代码文件:/com/zhijieketang/ch12.2.2.kt
package com.zhijieketang

fun main() {
    //f1 变量是接口类型,指向实现类实例,发生多态
    val f1: Figure = Triangle("三角形")
    f1.onDraw()
    f1.display()

    //f2 变量是接口类型,指向实现类实例,发生多态
    val f2: Figure = Ellipse()
    f2.onDraw()
    println(f2.cname)
}
```

上述代码中实例化两个具体类,即 Triangle 和 Ellipse,对象 f1 和 f2 是 Figure 接口引用类型。代码与 2.12.1 节中抽象类调用相同,这里不再赘述。

注意:接口与抽象类一样,都不能被实例化。

2.13 数据容器

Java 语言中提供了集合框架类和接口,它们可以作为数据容器。Kotlin 语言也有类似的数据容器,它主要包括以下容器。

(1)数组。
(2)Set 集合。

（3）List 集合。
（4）Map 集合。

以上 4 种容器结构还可以分为可变结构和不可变结构，本节介绍这 4 种容器结构。

2.13.1 数组

数组（Array）是一种最基本的数据结构，它具有以下 3 个基本特性。

（1）一致性。数组只能保存相同数据类型的元素，元素的数据类型可以是任何相同的数据类型。

（2）有序性。数组中的元素是有序的，通过下标访问，数组的下标从零开始。

（3）不可变性。数组一旦初始化，则长度（数组中元素的个数）不可变。

为兼容 Java 中的数组和提供访问效率，Kotlin 将数组分为对象数组和基本数据类型数组。

1. 对象数组

Kotlin 对象数组是 Array<T>，其中只能保存"对象"，即 Java 中的"对象"。

注意：Kotlin 对象数组中可以保存 8 种基本数据类型的数据，它们编译成 Java 包装类数组，而不是 Java 基本数据类型数组。例如 Array<Int>将被编译成 Java 包装类数组 java.lang.Integer[]，而不是基本数据数组 int[]。Kotlin 对象数组与 Java 包装类数组对应关系如表 2-1 所示。

表 2-1 Kotlin对象数组与Java包装类数组对应关系

Kotlin对象数组	Java包装类数组
Array<Byte>	java.lang.Byte[]
Array<Short>	java.lang.Short[]
Array<Integer>	java.lang.Integer[]
Array<Long>	java.lang.Long[]
Array<Float>	java.lang.FLoat[]
Array<Double>	java.lang.Double[]
Array<Char>	java.lang.Character[]
Array<Boolean>	java.lang.Boolean[]

Kotlin 创建对象数组有以下 3 种方式。

（1）arrayOf(vararg elements: T)工厂函数：指定数组元素列表，创建元素类型为 T 的数组，vararg 表明参数个数是可变的。

（2）arrayOfNulls<T>(size: Int)函数：size 参数指定数组大小，创建元素类型为 T 的数组，数组中的元素为空值。

（3）Array(size: Int, init: (Int) -> T)构造函数：通过 size 参数指定数组大小，init 参数指定一个用于初始化元素的函数，实际使用时经常是 Lambda 表达式。

下面通过示例介绍几种创建对象数组的不同方式。

```
//代码文件：com/zhijieketang/HelloWorld.kt
package com.zhijieketang

fun main() {
```

```
    //静态初始化
    val intArray1 = arrayOf(21, 32, 43, 45)                              ①
    val strArray1 = arrayOf("张三", "李四", "王五", "董六")               ②

    //动态初始化
    val strArray2 = arrayOfNulls<String>(4)                              ③
    //初始化数组中元素
    strArray2[0] = "张三"
    strArray2[1] = "李四"
    strArray2[2] = "王五"
    strArray2[3] = "董六"
    val intArray2 = Array<Int>(10) { i -> i * i }    //可以使用{ it * it }替代    ④
    val intArray3 = Array<Int?>(10) { it * it * it } //可以使用{ i -> i * i * i }替代 ⑤

    println("----打印 intArray2 数组----")

    //遍历集合
    for (item in intArray2) {                                            ⑥
        print(item)
    }

    println("----打印 strArray1 数组----")

    for (idx in strArray1.indices) {                                     ⑦
        print(strArray1[idx])
    }
}
```

输出结果如下:

----打印 intArray2 数组----
0
1
4
9
16
25
36
49
64
81
----打印 strArray1 数组----
张三
李四
王五
董六

代码第①行和第②行使用 arrayOf 工厂函数创建数组,编译器根据元素类型推导出数组类型。arrayOf 函数中的参数是可变参数,是一个元素列表,称为"静态初始化",静态初始化是在已知数组每个元素内容的情况下使用的。很多情况下数据是从数据库或网络中获得的,在编程时不知道元素有多少,更不知道元素的内容,此时可采用动态初始化。代码第③行的 arrayOfNulls 函数、代码第④行和第⑤行的构造函数都属于动态初始化。代码第③行指定数组长度为 4，数组类型是 String，此时虽然创建了一个数组对象，但是数组中的元素是空值，还需要初始化数组中的每个元素。代码第④行通过构造函数创建有 10 个元素的 Int 数组，{i -> i * i}是 Lambda 表达式，用来为一个元素赋值。代码第⑤行通过构造函数创建 10 个元素的 Int?（元素为可空的）数组，{it * it * it}是 Lambda 表达式，用来为一个元素赋值，it 是隐式参数。代码第⑥行和第⑦行是变量数组，如果关系数组有下标，可以使用代码第⑥行的 for 运行变量数组。代码第⑦行数组的 indices 属性可以返回数组下标的索引范围。

提示：Array(size: Int, init: (Int) -> T)构造函数可以表示为 Array<Int>(10, {i -> i * i})或 Array<Int>(10) {i -> i * i}，后者称为尾随 Lambda 表达式，使用尾随 Lambda 表达式的前提是：一个函数的最后一个参数是函数类型，在用 Lambda 表达式作为实际参数时，可以将 Lambda 表达式移到函数的小括号之后。

2. 基本数据类型数组

Kotlin 编译器将元素是基本类型的 Kotlin 对象数组编译为 Java 包装类数组，这样 Java 包装类数组与 Java 基本类型数组相比，包装类数组的数据存储空间大，运算效率差。为此，Kotlin 提供 8 种基本数据类型数组，并将这些基本数据类型数组编译为 Java 基本数据类型数组，例如 Kotlin 基本数据类型数组 IntArray 被编译为 Java 数组 int[]。

Kotlin 基本数据类型数组与 Java 基本数据类型数组对应关系见表 2-2。

表 2-2 Kotlin基本数据类型数组与Java基本数据类型数组对应关系

Kotlin基本数据类型数组	Java基本数据类型数组
ByteArray	byte[]
ShortArray	short[]
IntArray	int[]
LongArray	long[]
FloatArray	float[]
DoubleArray	double[]
CharArray	char[]
BooleanArray	boolean[]

每一个基本数据类型数组的创建都有 3 种方式，下面以 Int 类型为例介绍。

（1）IntArrayOf(vararg elements: Int)工厂函数：通过对应的工厂函数指定数组元素列表，vararg 表明参数是可变参数，是 Int 数据列表。

（2）IntArray(size: Int)构造函数：size 参数指定数组大小，创建元素类型为 Int 的数组，数组中的元素为该类型默认值，Int 的默认值是 0。

（3）IntArray(size: Int, init: (Int) -> Int)构造函数：通过 size 参数指定数组大小，init 参数指定一个用于初始化元素的函数，参数经常使用 Lambda 表达式。

下面通过一个示例介绍基本数据类型数组。

```
//代码文件：com/zhijieketang/HelloWorld.kt

package com.zhijieketang

fun main() {
```

```kotlin
        //静态初始化
        val array1 = shortArrayOf(20, 10, 50, 40, 30)            ①
        //动态初始化
        val array2 = CharArray(3)                                ②
        array2[0] = 'C'
        array2[1] = 'B'
        array2[2] = 'D'
        //动态初始化
        val array3 = IntArray(10) { it * it }                    ③

        //遍历集合
        for (item in array3) {                                   ④
            println(item)
        }
        println()
        for (idx in array2.indices) {                            ⑤
            println(array2[idx])
        }
    }
```

上述代码第①行采用 shortArray 工厂函数创建 Short 类型数组。代码第②行采用构造函数创建 Char 数组，该语句虽然创建了 Char 数组，但是其中的元素都是 Char 的默认值——空字符，空字符需要使用 Unicode 编码'\u0000'表示。代码第③行通过构造函数创建 10 个元素的 Int 数组，{ i -> it * it }是 Lambda 表达式用来为一个元素赋值。

通过上面的示例会发现，对象数组和基本数据类型数组的创建过程都有 3 种类似方式。

2.13.2 set 集合

1. 集合概述

Kotlin 提供了丰富的集合接口和类，图 2-22 是 Kotlin 主要的集合接口和类，从图中可见 Kotlin 集合类型分为 Collection 和 Map。MutableCollection 是 Collection 可变的子接口，MutableMap 是 Map 可变的子接口。此外，Collection 还有两个重要的子接口，即 Set 和 List，它们都有可变接口 MutableSet 和 MutableList。这些接口来自 kotlin.collections 包。

从图 2-22 可见，还有 3 个具体实现类，即 HashSet、ArrayList 和 HashMap 类，它们来源于 Java 的 java.util 包。此外，还有一些其他实现类，如 LinkedList 和 SortedSet 等。由于很少使用，此处不再赘述，读者感兴趣可以查询 API 文档。

给 Java 程序员的提示：Kotlin 集合与 Java 集合一个很大的不同，即 Kotlin 将集合分为不可变集合和可变集合，以 Mutable 开头命名的接口都属于可变集合，可变集合包含了修改集合的函数 add、remove 和 clear 等。

2. Set集合概述

Set 集合是由一串无序的、不能重复的相同类型元素构成的。图 2-23 是一个班级的 Set 集合。该 Set 集合中有一些学生，这些学生是无序的，不能通过序号访问，而且不能有重复的同学。

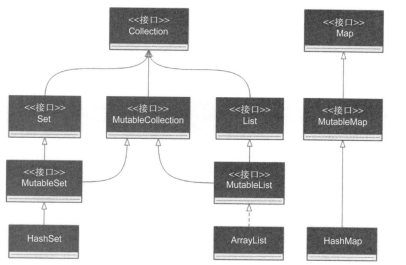

图 2-22 Kotlin 主要的集合接口和类

图 2-23 Set 集合

Set 集合的接口分为不可变集合接口 kotlin.collections.Set 和可变集合接口 kotlin.collections.MutableSet，以及 Java 提供的实现类 java.util.HashSet。

3. 不可变Set集合

创建不可变 Set 集合可以使用工厂函数 setOf，它有以下 3 个版本
（1）setOf()：创建空的不可变 Set 集合。
（2）setOf(element: T)：创建单个元素的不可变 Set 集合。
（3）setOf(vararg elements: T)：创建多个元素的不可变 Set 集合，vararg 表明参数个数是可变的。

不可变 Set 集合接口是 kotlin.collections.Set，它也继承自 Collection 接口，kotlin.collections.Set 提供了以下集合操作函数及其属性。

（1）isEmpty()函数。判断 Set 集合中是否有元素，如果没有，则返回 true，如果有，则返回 false。该函数是从 Collection 集合继承过来的。与 isEmpty()函数相反的函数是 isNotEmpty()。
（2）如果 contains(element: E)函数。判断 Set 集合中是否包含指定元素，如果包含，则返回 true，如果不包含，则返回 false。该函数是从 Collection 集合继承过来的。
（3）iterator()函数。返回迭代器（Iterator）对象，迭代器对象用于遍历集合。该函数是从 Collection 集合继承过来的。
（4）size 属性。返回 Set 集合中的元素个数，返回值是 Int 类型。该属性是从 Collection 集合继承过来的。

示例代码如下：

```
//代码文件：com/zhijieketang/HelloWorld.kt
package com.zhijieketang


fun main() {

    val set1 = setOf("ABC")          //[ABC]                                    ①
    val set2 = setOf<Long?>()        //[]                                       ②
```

```kotlin
    val set3 = setOf(1, 3, 34, 54, 75)        //[1, 3, 34, 54, 75]       ③

    println(set1.size)                         //1                        ④
    println(set2.isEmpty())                    //true                     ⑤
    println(set3.contains(75))                 //true                     ⑥

    //1.使用 for 循环遍历
    println("--1.使用 for 循环遍历--")
    for (item in set3) {                                                  ⑦
        println("读取集合元素：$item")
    }

    //2.使用迭代器遍历
    println("--2.使用迭代器遍历--")
    val it = set3.iterator()                                              ⑧
    while (it.hasNext()) {                                                ⑨
        val item = it.next()                                              ⑩
        println("读取集合元素：$item")
    }
}
```

代码第①行使用 setOf(element: T)函数创建不可变 Set 集合，集合中只有一个元素，所以在代码第④行打印 size 属性时输出 1。代码第②行使用 setOf()函数创建空集合，Long?表示集合元素是可空 Long 类型。代码第③行使用 setOf(vararg elements: T)函数创建集合。

代码第⑤行判断集合 set2 是否为空。代码第⑥行判断 set3 集合中是否包含元素 75。

上述代码采用两种方式遍历集合，代码第⑦行使用 for 循环遍历集合，从集合中取出元素 item。代码第⑧行～第⑩行使用迭代器遍历集合，首先需要获得迭代器 Iterator 对象，代码第⑧行的 set3.iterator()函数可以返回迭代器对象。代码第⑨行调用迭代器 hasNext()函数可以判断集合中是否还有元素可以迭代，如果有，则返回 true，如果没有，则返回 false。代码第⑩行调用迭代器的 next()返回迭代的下一个元素。

4. 可变Set集合

创建可变 Set 集合可以使用工厂函数 mutableSetOf 和 hashSetOf 等，mutableSetOf 函数创建的集合是 MutableSet 接口类型，而 hashSetOf 函数创建的集合是 HashSet 具体类类型。每个函数都有两个版本。

（1）mutableSetOf()。

① mutableSetOf()：创建空的可变 Set 集合，集合类型为 MutableSet 接口。

② mutableSetOf(vararg elements: T)：创建多个元素的可变 Set 集合，集合类型为 MutableSet 接口。

（2）hashSetOf()。

① hashSetOf()：创建空的可变 Set 集合，集合类型为 HashSet 类。

② hashSetOf(vararg elements: T)：创建多个元素的可变 Set 集合，集合类型为 HashSet 类。

可变 Set 集合接口是 kotlin.collections.MutableSet，它也继承自 kotlin.collections.Set 接口，kotlin.collections.MutableSet 提供了以下修改集合内容的函数。

（1）add(element: E)。在 Set 集合的尾部添加指定的元素。该函数是从 MutableCollection 集合继承过来的。

（2）remove(element: E)。如果 Set 集合中存在指定元素，则从 Set 集合中移除该元素。该函数是从 MutableCollection 集合继承过来的。

（3）clear()。从 Set 集合中移除所有元素。该函数是从 MutableCollection 集合继承过来的。
示例代码如下：

com/zhijieketang/HelloWorld.kt
package com.zhijieketang

```
fun main() {

    val set1 = mutableSetOf(1, 3, 34, 54, 75)                    ①
    val set2 = mutableSetOf<String>()                            ②
    val set3 = hashSetOf<Long?>()                                ③
    val set4 = hashSetOf("B", "D", "F")                          ④

    val b = "B"
    //向 set2 集合中添加元素
    set2.add("A")
    set2.add(b)
    set2.add("C")                                                ⑤
    set2.add(b)
    set2.add("D")                                                ⑥
    set2.add("E")

    //打印集合元素个数
    println("集合 size = ${set2.size}")            //5            ⑦
    //打印集合
    println(set2)

    //删除集合中第一个"B"元素
    set2.remove(b)
    //判断集合中是否包含"B"元素
    println("""是否包含"B": ${set2.contains(b)}""")    //false
    //判断集合是否为空
    println("set 集合是空的：${set2.isEmpty()}")       //false

    //清空集合
    set2.clear()
    println(set2.isEmpty())                            //true

    //向 set3 集合中添加元素
    set3.add(3)
    set3.add(4)
    set3.add(6)

    //1.使用 for 循环遍历
    println("--1.使用 for 循环遍历--")
    for (item in set2) {
        println("读取集合元素：$item")
    }

    //2.使用迭代器遍历
```

```
    println("--2.使用迭代器遍历--")
    val it = set3.iterator()
    while (it.hasNext()) {
        val item = it.next()
        println("读取集合元素: $item")
    }
}
```

代码第①行使用 mutableSetOf(vararg elements: T)函数创建可变 Set 集合。代码第②行使用 mutableSetOf() 函数创建空的可变 Set 集合。代码第③行使用 hashSetOf()函数创建空的 HashSet 集合。代码第④行使用 hashSetOf(vararg elements: T)函数创建 HashSet 集合。

因为 Set 集合是不能重复的，当向 Set 集合中试图添加重复元素时（见代码第⑤行和第⑥行），会发现不能添加重复元素，所以代码第⑦行打印的集合元素个数是 5。

2.13.3 List 集合

List 集合中的元素是有序的，可以重复出现。图 2-24 是一个班级集合数组，该集合中有一些学生，这些学生是有序的，顺序是他们被放到集合中的顺序，可以通过序号访问他们。这就像老师给进入班级的学生分配学号，第一个报到的是"张三"，老师给他分配的序号是 0，第二个报到的是"李四"，老师给他分配的是 1，以此类推，最后一个序号应该是"学生人数-1"。

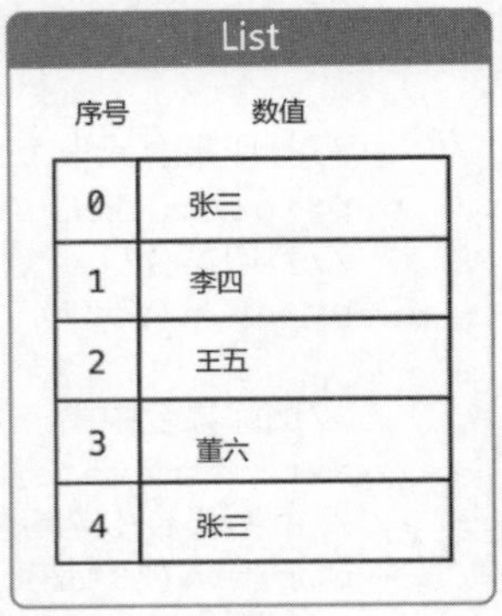

提示：List 集合关心元素是否有序，而不关心元素是否重复，请读者记住这项原则。例如，如图 2-24 所示的班级集合中就有两个"张三"。与 Set 集合相比，List 集合强调的是有序，Set 集合强调的是不重复。当不考虑顺序且没有重复元素时，Set 集合和 List 集合是可以互相替换的。

List 集合的接口分为不可变集合接口 kotlin.collections.List 和可变集合接口 kotlin.collections.MutableList，以及 Java 提供的实现类 java.util.ArrayList 和 java.util.LinkedList。

图 2-24 List 集合

1. 不可变 List 集合

创建不可变 List 集合可以使用工厂函数 listOf，它有以下 3 个版本。

（1）listOf()：创建空的不可变 List 集合。

（2）listOf(element: T)：创建单个元素的不可变 List 集合。

（3）listOf(vararg elements: T)：创建多个元素的不可变 List 集合，vararg 表明参数个数是可变的。

不可变 List 集合接口是 kotlin.collections.List，它也继承自 Collection 接口，kotlin.collections.List 提供了以下集合操作函数及其属性。

（1）isEmpty()函数。判断 List 集合中是否有元素，没有返回 true，有返回 false。该函数是从 Collection 集合继承过来的。与 isEmpty()函数相反的函数是 isNotEmpty()。

（2）contains(element: E)函数。判断 List 集合中是否包含指定元素，包含返回 true，不包含返回 false。该函数是从 Collection 集合继承过来的。

（3）iterator()函数。返回迭代器（Iterator）对象，迭代器对象用于遍历集合。该函数是从 Collection 集合继承过来的。

（4）size 属性。返回 List 集合中的元素数，返回值是 Int 类型。该属性是从 Collection 集合继承过来的。

（5）indexOf(element: E)。从前往后查找 List 集合元素，返回第一次出现指定元素的索引，如果此集合不包含该元素，则返回-1。

（6）lastIndexOf(element: E)。从后往前查找 List 集合元素，返回第一次出现指定元素的索引，如果此集合不包含该元素，则返回-1。

（7）subList(fromIndex: Int, toIndex: Int)。返回 List 集合中指定的 fromIndex（包括）和 toIndex（不包括）之间的元素集合，返回值为 List 集合。

示例代码如下：

```
//代码文件：com/zhijieketang/HelloWorld.kt
package com.zhijieketang

fun main() {

    val list1 = listOf("ABC")              //[ABC]                    ①
    val list2 = listOf<Long?>()            //[]                       ②
    val list3 = listOf(3, 34, 54, 75)      //[3, 75, 54, 75]          ③
    val list4 = list3.subList(1, 3)        //[75, 54]                 ④

    println(list1.size)                    //1
    println(list2.isEmpty())               //true
    println(list3.contains(54))            //true
    println(list3.indexOf(75))             //1                        ⑤
    println(list3.lastIndexOf(75))         //3                        ⑥

    //通过下标访问
    println(list3[1])                      //75                       ⑦

    //1.使用 for 循环遍历
    println("--1.使用 for 循环遍历--")
    for (item in list3) {
        println("读取集合元素：$item")
    }

    //2.使用迭代器遍历
    println("--2.使用迭代器遍历--")
    val it = list3.iterator()
    while (it.hasNext()) {
        val item = it.next()
        println("读取集合元素：$item")
    }
}
```

代码第①行使用 listOf(element: T)函数创建不可变 List 集合，集合中只有一个元素。代码第②行使用 listOf()函数创建空集合，Long?表示集合元素是可空 Long 类型。代码第③行使用 listOf(vararg elements: T) 函数创建集合。代码第④行 subList 函数截取子 List 集合，结果是[75, 54]。代码第⑤行和第⑥行的 indexOf 和 lastIndexOf 函数用来找出 75 元素的索引，结果分别是 1 和 3。

List 集合访问单个元素时可以使用下标，代码第⑦行中 list3[1]是通过下标访问 list3 集合中的第二个元素。而 Set 集合没有下标。

2. 可变List集合

创建可变 List 集合可以使用工厂函数 mutableListOf 和 arrayListOf 等，mutableListOf 函数创建的集合是 MutableList 接口类型，而 arrayListOf 函数创建的集合是 ArrayList 具体类类型。每个函数都有两个版本。

（1）mutableListOf()。

① mutableListOf()。创建空的可变 List 集合，集合类型为 MutableList 接口。

② mutableListOf(vararg elements: T)。创建多个元素的可变 List 集合，集合类型为 MutableList 接口。

（2）arrayListOf()。

① arrayListOf()。创建空的可变 List 集合，集合类型为 ArrayList 类。

② arrayListOf(vararg elements: T)。创建多个元素的可变 List 集合，集合类型为 ArrayList 类。

可变 List 集合接口是 kotlin.collections.MutableList，它也继承自 kotlin.collections.List 接口，kotlin.collections.MutableList 提供了以下修改集合操作函数。

（1）add(element: E)。在 List 集合的尾部添加指定的元素。该函数是从 MutableCollection 集合继承过来的。

（2）remove(element: E)。如果 List 集合中存在指定元素，则从 List 集合中移除该元素。该函数是从 MutableCollection 集合继承过来的。

（3）clear()。从 List 集合中移除所有元素。该函数是从 MutableCollection 集合继承过来的。

示例代码如下：

```
//代码文件：com/zhijieketang/HelloWorld.kt
package com.zhijieketang

fun main() {

    val list1 = mutableListOf(1, 3, 34, 54, 75)                         ①
    val list2 = mutableListOf<String>()                                 ②
    val list3 = arrayListOf<Long?>()                                    ③
    val list4 = arrayListOf("B", "D", "F")                              ④

    val b = "B"
    //向list2集合中添加元素
    list2.add("A")
    list2.add(b)                                                        ⑤
    list2.add("C")
    list2.add(b)                                                        ⑥
    list2.add("D")
    list2.add("E")

    //打印集合元素个数
    println("集合 size = ${list2.size}") //6                            ⑦
    //打印集合
    println(list2)

    //删除集合中第一个"B"元素
    list2.remove(b)
```

```kotlin
//判断集合中是否包含"B"元素
println("""是否包含"B": ${list2.contains(b)}""")    //true
//判断集合是否为空
println("集合是空的: ${list2.isEmpty()}")            //false

//清空集合
list2.clear()
println(list2.isEmpty())                              //true

//向list3集合中添加元素
list3.add(3)
list3.add(4)
list3.add(6)

//1.使用for循环遍历
println("--1.使用for循环遍历--")
for (item in list2) {
    println("读取集合元素: $item")
}

//2.使用迭代器遍历
println("--2.使用迭代器遍历--")
val it = list3.iterator()
while (it.hasNext()) {
    val item = it.next()
    println("读取集合元素: $item")
}
}
```

代码第①行使用mutableListOf(vararg elements: T)函数创建可变List集合。代码第②行使用mutableListOf()函数创建空的可变List集合。代码第③行使用arrayListOf()函数创建空的ArrayList集合。代码第④行使用arrayListOf(vararg elements: T)函数创建ArrayList集合。

因为List集合是可以重复的，代码第⑤行和第⑥行分别插入两个相同元素，并不会发生冲突，所以代码第⑦行打印的集合元素个数是6。

2.13.4　Map集合

Map（映射）集合表示一种非常复杂的集合，允许按照某个键来访问元素。Map集合是由两个集合构成的：一个是键（key）集合；一个是值（value）集合。键集合是Set类型，因此不能有重复的元素；而值集合是Collection类型，可以有重复的元素。Map集合中的键和值是成对出现的。

图2-25是一种Map集合。其中键集合是国家代号集合，不能重复。值集合是国家集合，可以重复。

提示：Map集合更适合通过键快速访问值，就像查英文字典一样，键就是要查的英文单词，而值是英文单词的解释等。有时，一个英文单词会对应多个解释，这与Map集合特性是对应的。

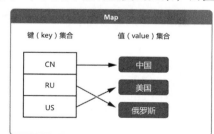

图2-25　Map集合

Map 集合的接口分为不可变集合接口 kotlin.collections.Map 和可变集合接口 kotlin.collections.MutableMap，以及 Java 提供的实现类 java.util.HashMap。

1. 不可变Map集合

创建不可变 Map 集合可以使用工厂函数 mapOf，它有以下 3 个版本。

（1）mapOf()。创建空的不可变 Map 集合。

（2）mapOf(pair: Pair<K, V>)。创建一个键值对元素的不可变 Map 集合。Pair 是 Kotlin 标准库提供的只有两个成员属性的标准数据类。

（3）mapOf(vararg pairs: Pair<K, V>)。创建多个键值对元素的不可变 Map 集合，vararg 表明参数个数是可变的。

不可变 Map 集合接口是 kotlin.collections.Map，它也继承自 Collection 接口，kotlin.collections.Map 提供了以下集合操作函数及其属性。

（1）isEmpty()函数。判断 Map 集合中是否有键值对，如果没有，则返回 true，如果有，则返回 false。

（2）containsKey(key: K)函数。判断键集合中是否包含指定元素，如果包含，则返回 true，如果不包含，则返回 false。

（3）containsValue(value: V)函数。判断值集合中是否包含指定元素，如果包含，则返回 true，如果不包含，则返回 false。

（4）size 属性。返回 Map 集合中键值对数。

（5）keys 属性。返回 Map 中的所有键集合，返回值是 Set 类型。

（6）values 属性。返回 Map 中的所有值集合，返回值是 Collection 类型。

示例代码如下：

```
//代码文件: com/zhijieketang/HelloWorld.kt
package com.zhijieketang

fun main() {

    val map1 = mapOf(102 to "张三", 105 to "李四", 109 to "王五")        ①
    val map2 = mapOf<Int, String>()                                      ②
    val map3 = mapOf(1 to 200)                                           ③

    //打印集合元素个数
    println("集合 size = " + map1.size)         //3                       ④
    //打印集合
    println(map1)//{102=张三, 105=李四, 109=王五}

    //通过键取值
    println("102 - ${map1[102]}")              //102 - 张三                ⑤
    println("105 - ${map1[105]}")              //105 - 李四

    //判断键集合中是否包含 109
    println("键集合中是否包含 109:${map1.containsKey(109)}")        //true
    //判断值集合中是否包含 "李四"
    println("值集合中是否包含\"李四\": ${map1.containsValue("李四")}")    //true

    //判断集合是否为空
```

```
        println("集合是空的: " + map2.isEmpty())                          //true

    //1.使用for循环遍历
    println("--1.使用for循环遍历--")
    //获得键集合
    val keys = map1.keys                                                    ⑥
    for (key in keys) {
        println("key=${key} - value=${map1[key]}")
    }

    //2.使用迭代器遍历
    println("--2.使用迭代器遍历--")
    // 获得值集合
    val values = map1.values                                                ⑦
    //遍历值集合
    val it = values.iterator()
    while (it.hasNext()) {
        val item = it.next()
        println("值集合元素: $item")
    }

}
```

代码第①行使用 mapOf(vararg pairs: Pair<K, V>)函数创建不可变 Map 集合，102 to "张三"表示一个 Pair 实例。代码第②行使用 mapOf()函数创建空集合。代码第③行使用 mapOf(pair: Pair<K, V>)函数创建只有一个键值对的集合。

代码第④行 map1.size 是输出 Map 的键值对个数。代码第⑤行中 map1[102]表达式是通过键获得值，键放在中括号中。代码第⑥行通过 keys 属性获得所有键的集合，然后再通过 for 循环遍历键集合。代码第⑦行通过 values 属性获得所有值的集合，然后再通过 while 循环遍历值集合。

2. 可变Map集合

创建可变 Map 集合可以使用工厂函数 mutableMapOf 和 hashMapOf 等，mutableMapOf 函数创建的集合是 MutableMap 接口类型，而 hashMapOf 函数创建的集合是 HashMap 具体类类型。每个函数都有两个版本。

（1）MutableMapOf()。

① mutableMapOf()。创建空的可变 Map 集合，集合类型为 MutableMap 接口。

② mutableMapOf(vararg pairs: Pair<K, V>)。创建多个键值对的可变 Map 集合，集合类型为 MutableMap 接口。

（2）hashMapOf()。

① hashMapOf()。创建空的可变 Map 集合，集合类型为 HashMap 类。

② hashMapOf(vararg pairs: Pair<K, V>)。创建多个键值对的可变 Map 集合，集合类型为 HashMap 类。

可变 Map 集合接口是 kotlin.collections.MutableMap，它也继承自 kotlin.collections.Map 接口，kotlin.collections.MutableMap 提供了以下修改集合操作函数。

（1）put(key: K, value: V)。指定键值对添加到集合中。

（2）remove(key: K)。移除键值对。

（3）clear()。移除 Map 集合中所有键值对。

示例代码如下：

```kotlin
//代码文件：com/zhijieketang/HelloWorld.kt
package com.zhijieketang

fun main() {

    val map1 = mutableMapOf<Int, String>()                              ①
    val map2 = mutableMapOf(1 to 102, 2 to 360)                         ②
    val map3 = hashMapOf<Long, String>()                                ③
    val map4 = hashMapOf("R" to "Read", "C" to "Create")                ④

    map1.put(102, "张三")                                                ⑤
    map1[105] = "李四"                                                   ⑥
    map1[109] = "王五"
    map1[110] = "董六"
    //"李四"值重复
    map1[111] = "李四"                                                   ⑦
    //109 键已经存在，替换原来值"王五"
    map1[109] = "刘备"                                                   ⑧

    //打印集合元素个数
    println("集合 size = " + map1.size)                                  //5
    //打印集合
    println(map1)//{102=张三, 105=李四, 109=刘备, 110=董六, 111=李四}

    //删除键值对
    map1.remove(109)                                                    ⑨
    //判断键集合中是否包含 109
    println("键集合中是否包含 109: ${map1.containsKey(109)}")              //false
    //判断值集合中是否包含 "李四"
    println("值集合中是否包含\"李四\": ${map1.containsValue("李四")}")      //true

    //判断集合是否为空
    println("集合是空的: " + map2.isEmpty())                              //false

    //清空集合
    map1.clear()                                                        ⑩
    //打印集合
    println(map1)//{}
}
```

代码第①行使用 mutableMapOf() 函数创建空的可变 Map 集合。代码第②行使用 mutableMapOf(vararg pairs: Pair<K, V>) 函数创建可变 Map 集合。代码第③行使用 hashMapOf() 函数创建空的 hashMap 集合。代码第④行使用 hashMapOf(vararg pairs: Pair<K, V>) 函数创建 hashMap 集合。

代码第⑤行通过 put 函数添加键值对，也可以通过下标添加键值对，见代码第⑥行 map1[105] = "李四"，但是如果 105 键已经存在，则会替换原来的值。

代码第⑦行虽然"李四"值重复，但是键不重复，所以可以添加成功。

代码第⑨行删除键值对。代码第⑩行是清空集合。

提示：Map 集合添加键值对时候需要注意两个问题：第一，如果键已经存在，则会替换原有值，见代码第⑧行 109 键原来对应的是"王五"，该语句会替换为"刘备"；第二，如果这个值已经存在，则不会替换，见代码第⑦行，会添加了一个键值对。

2.14 本章总结

本章重点介绍了 Kotlin 语言的语法基础，包括 Kotlin 数据类型、字符串、函数式函数、面向对象以及数据容器等内容。其中可空类型、Lambda 表达式等是学习的难点，需要读者重点掌握。

第 3 章 Android 开发环境的搭建

"工欲善其事，必先利其器"。想要做好一件事，准备工作非常重要。在开始学习 Android 之前，搭建好 Android 开发环境是非常重要的。本章介绍 Android 开发环境的搭建，使用的开发工具也是主流的开发工具，其中包括 JDK、Android Studio 和 Android SDK。由于 Windows 平台比较普遍，所以本章重点介绍 Windows 平台下的环境搭建。

下面归纳了 Windows 平台下 Android 开发环境的搭建过程。

（1）安装 JDK：开发工具 Android Studio 等的运行需要依赖 JDK，Android 应用开发大部分也是基于 Java 语言开发的，因此都需要安装 JDK，最新版本的 Android Studio 要求使用 JDK 8 版本以上，JDK 下载和安装过程请参考 2.2.1 节，本章不再赘述。

（2）安装 Android Studio：Android Studio 是谷歌官方的 Android 应用程序开发工具。

（3）安装 Android SDK：Android SDK 是开发 Android 的工具包。

（4）创建 Android 模拟器。

3.1 下载和安装 Android Studio

Android Studio 是谷歌公司开发的 IntelliJ IDEA 插件，因此它继承了 IntelliJ IDEA 的所有优点。Android Studio 本身已经是封装好的工具了，不需要开发人员自己安装插件。

下面就介绍 Android Studio 的下载和安装。Android Studio 的下载地址是 https://developer.android.google.cn/studio。Android Studio 的下载页面如图 3-1 所示。

图 3-1　Android Studio 的下载页面

下载完成之后双击"安装文件"即可安装。安装过程比较简单，此处不再赘述。

3.2　安装 Android SDK

由于目前 Android 官方提供的 Android Studio 工具本身不包括 Android SDK，Android SDK 是 Android 开发工具包。第一次启动 Android Studio 工具时，会弹出如图 3-2 所示"设置下载 Android SDK 代理"对话框，该对话框可以设置下载 Android SDK 的代理服务器，这里推荐选择"取消设置"，即需要单击 Cancel 按钮，进入如图 3-3 所示的"配置"对话框，推荐选择"标准设置"。然后单击 Next 按钮，接着会下载一些必要的插件并进行必要的设置，进入如图 3-4 所示的检查 Android SDK 安装内容对话框。

图 3-2　设置下载 Android Studio 代理

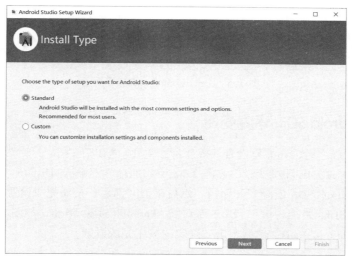

图 3-3　"配置"对话框

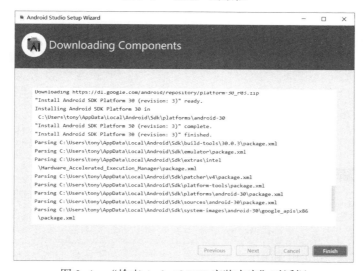

图 3-4　"检查 Android SDK 安装内容"对话框

单击 Finish 按钮开始下载和安装 Android SDK，安装成功，进入如图 3-5 所示的 Android Studio 欢迎界面。

图 3-5　Android Studio 欢迎界面

3.2.1　配置 Android SDK 环境变量

Android SDK 安装完成之后，还需要设置环境变量，主要包括以下内容。

（1）设置 ANDROID_HOME 环境变量。参考 2.2.2 节添加环境变量 ANDROID_HOME，如图 3-6 所示，将"变量值"设置为 Android SDK 实际安装路径，然后单击"确定"按钮完成设置。

（2）设置 Android SDK 路径。参考 2.2.2 节设置 Android SDK 路径，如图 3-7 所示，添加路径为 %ANDROID_HOME%\platform-tools，然后单击"确定"按钮完成设置。

图 3-6　设置 ANDROID_HOME　　　　图 3-7　设置 Android SDK 路径

3.2.2 变更 Android SDK 的安装路径

随着开发人员的使用，可能会下载多个版本的 Android SDK，这就会导致 Android SDK 也越来越大，占用的空间少则几个吉字节，多则几十个吉字节。很多初学者都采用默认安装路径是：<当前用户路径>\AppData\Local\Android\Sdk，默认被保存在 C 盘，这会导致开发人员计算机 C 盘空间不足。因此，很多开发人员会将 Android SDK 的安装路径变更到其他路径。首先准备好新的 Android SDK 路径，然后在 Android Studio 工具中通过菜单命令 Tools→SDK Manager 打开如图 3-8 所示的 SDK Manager 对话框。也可以通过 Android Studio 工具的快捷按钮打开 SDK Manager 对话框。在对话框中单击 Edit 按钮，弹出如图 3-9 所示的"管理 SDK 相关组件"对话框，可以在此看到已经安装的 SDK 版本，如果想变更 SDK 路径可以单击"选择路径"按钮，在弹出的对话框中选择新位置即可。

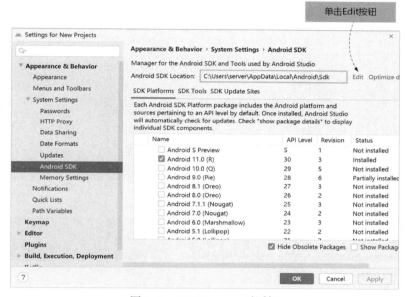

图 3-8 SDK Manager 对话框

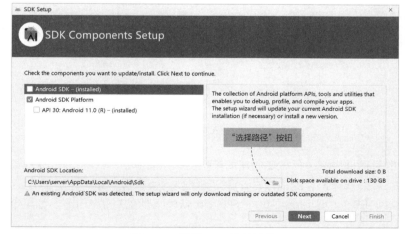

图 3-9 管理 SDK 相关组件

3.3 创建 Android 模拟器

在开发移动应用程序时，开发环境一般都提供了模拟器，它与真实设备是一样的。创建过程是在 Android Studio 中选择 Tools→Android→AVD Manager 或在欢迎界面选择 Configure→AVD Manager 命令，打开如图 3-10 所示的对话框。单击 Create Virtual Device 按钮，则弹出如图 3-11 所示的"设备选择"对话框。

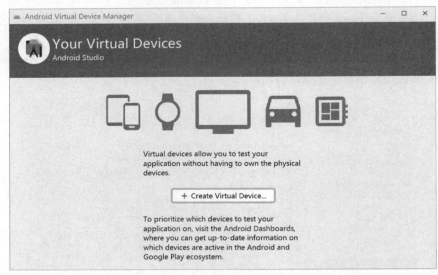

图 3-10　创建模拟器

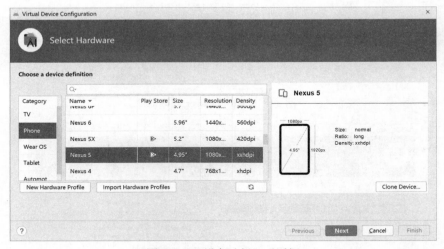

图 3-11　"设备选择"对话框

在图 3-11 所示的对话框中，选择需要创建的模拟器，然后单击 Next 按钮，进入如图 3-12 所示的"选择系统镜像"对话框，最好选择推荐的镜像，如果没有需要的镜像可以先在这里下载。选择完成后单击 Next 按钮，则弹出如图 3-13 所示的对话框，在该对话框中确认输入的信息是否正确。如果设置完成，单击 Finish 按钮完成模拟器创建。

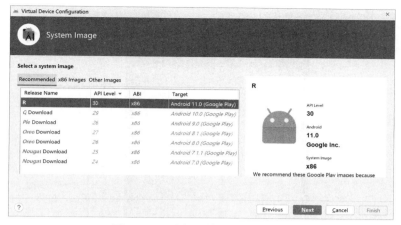

图 3-12 "选择系统镜像"对话框

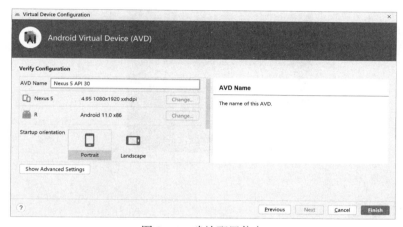

图 3-13 确认配置信息

如果模拟器创建成功,就可以启动模拟器了。从 Android Studio 选择 Tools→Android→AVD Manager 命令,会打开如图 3-14 所示的"模拟器列表"对话框。在 Actions 列中可以运行(单击▶按钮)和修改(单击✐按钮)模拟器,还可以单击▼弹出下拉菜单,进行删除模拟器等操作。

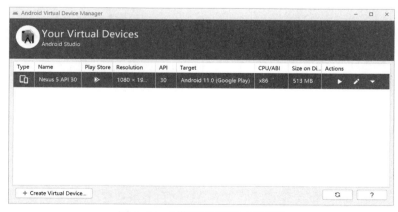

图 3-14 "模拟器列表"对话框

单击运行▶按钮，启动模拟器，如图 3-15 所示，模拟器的右边是控制面板。

图 3-15 运行模拟器

3.4 本章总结

本章重点介绍搭建 Android 开发环境，其中包括 JDK 的安装和配置、Android Studio 开发工具的安装及其配置，最后还介绍了 Android 模拟器的创建和使用。

第 4 章 第一个 Android 应用程序

本章是 Android 开发非常重要的一章，对于要从事 Android 开发的人员，必须熟悉本章介绍的内容。本章通过一个简单的 Hello Android 应用程序展开介绍相关知识点。

4.1 通过 Android Studio 工具创建项目

本章的 Hello Android 应用程序是在屏幕上显示"Hello World!"文字，如图 4-1 所示。

创建 Hello Android 应用程序最简单的方法可通过 Android Studio 工具提供的模板实现。具体步骤是：如果是第一次启动 Android Studio，可以在如图 4-2 所示的 Android Studio 欢迎界面中选择 Create New Project 命令打开如图 4-3 所示的"选择项目模板"对话框。如果已经打开了 Android Studio，则选择 File→New → New Project 命令也可以打开如图 4-3 所示的对话框。在该对话框中，首先选择设备，即选择 Phone and Tablet，然后选择空活动（Empty Activity）模板。一个活动就是 Android 的一个屏幕界面。最后单击 Next 按钮进入如图 4-4 所示的"配置项目"对话框。

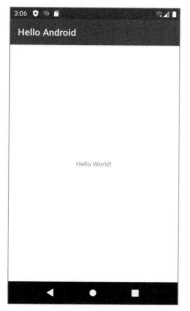

图 4-1　Hello Android 应用程序运行效果图

图 4-2　Android Studio 欢迎界面

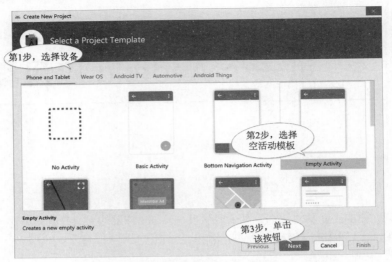

图 4-3 "选择项目模板"对话框

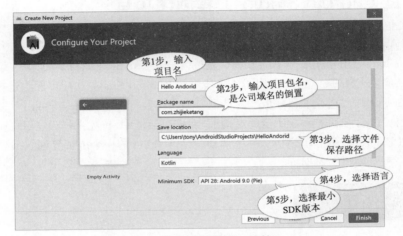

图 4-4 "配置项目"对话框

单击 Finish 按钮完成创建项目操作,则进入如图 4-5 所示的界面。

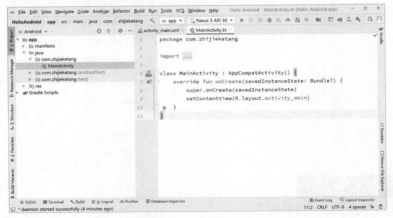

图 4-5 创建项目完成

4.2 Android 项目剖析

项目创建完成之后，下面剖析 Android 项目。

4.2.1 Android 项目目录结构

使用 Android Studio 工具开发 Android 应用程序，创建的项目目录结构比较复杂，开发人员应该清楚各个目录下面保存有哪些文件。项目根目录下有：app 和 Gradle Scripts 目录，app 是需要重点关注的，其下的目录主要有：manifests、java 和 res，如图 4-6 所示。

manifests 目录下的 AndroidManifest.xml 是当前 Android 应用程序的清单文件，记录应用中所使用的各种组件，java 是 Java 或 Kotlin 源代码目录，res 是资源目录。下面重点介绍 res 目录。

res 目录中存放所有程序中用到的资源文件。资源文件指的是配置文件、图片和声音文件等。子目录主要有：drawable、layout、mipmap 和 values 等。具体说明如下：

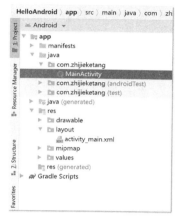

图 4-6　项目目录结构

（1）drawable。存放一些应用程序需要用的图片文件（*.png 和*.jpg 等）。

（2）layout。为屏幕布局目录，放置的是 XML 布局文件。

（3）mipmap。该目录与 drawable 一样，用于存放资源图片，在 Android 2.2 版本之后，Android 系统对 mipmap 做了一些优化，加快图片的渲染速度，提高图片质量，减少 GPU 的压力。

（4）values。为参数值目录，存放软件所需要显示的各种文字和一些数据。可以在该目录下的 strings.xml 存放各种文字，还可以存放不同类型的数据，例如 colors.xml、dimens.xml 和 styles.xml 等。

另外，为了适配不同设备，res 目录中的 drawable、layout、mipmap 和 values 等资源子目录可以有多个，如图 4-7 所示是 res 目录在操作系统中的目录结构，其中 mipmap 有多个不同的子目录。

（1）mipmap-mdpi。该子目录用于放置中等质量图片。

（2）mipmap-hdpi。该子目录用于放置高质量图片，图片尺寸是 mipmap-mdpi 的 1.5 倍。

（3）mipmap-xhdpi。该子目录用于放置超高质量图片，图片尺寸是 mipmap-mdpi 的 2 倍。

（4）mipmap-xxhdpi。该子目录用于放置超高质量图片，图片尺寸是 mipmap-mdpi 的 3 倍。

（5）mipmap-xxxhdpi。该子目录用于放置超高质量图片，图片尺寸是 mipmap-mdpi 的 4 倍。

图 4-7　res 目录在操作系统中目录结构

4.2.2 活动文件 MainActivity.kt

Hello Android 应用程序只有一个屏幕界面，所以只有一个活动类——MainActivity。MainActivity.kt 具体代码如下：

```kotlin
class MainActivity : AppCompatActivity() {
    override fun onCreate(savedInstanceState: Bundle?) {
        super.onCreate(savedInstanceState)
        setContentView(R.layout.activity_main)
    }
}
```

MainActivity 是一个活动组件，其父类是 AppCompatActivity，AppCompatActivity 是 Activity 子类，AppCompatActivity 是支持 ActionBar 的活动类。onCreate 方法是在活动组件初始化时的调用方法。setContentView 方法用于设置活动布局内容，参数是 R.layout.activity_main。

4.2.3 activity_main.xml 布局文件

布局文件 activity_main.xml 位于 res 中的 layout 目录中，activity_main.xml 布局文件代码如下：

```xml
<?xml version="1.0" encoding="utf-8"?>
<androidx.constraintlayout.widget.ConstraintLayout xmlns:android="http://schemas.android.com/apk/res/android"
    xmlns:app="http://schemas.android.com/apk/res-auto"
    xmlns:tools="http://schemas.android.com/tools"
    android:layout_width="match_parent"
    android:layout_height="match_parent"
    tools:context=".MainActivity">

    <TextView                                                                    ①
        android:layout_width="wrap_content"
        android:layout_height="wrap_content"
        android:text="Hello World!"                                              ②
        app:layout_constraintBottom_toBottomOf="parent"
        app:layout_constraintLeft_toLeftOf="parent"
        app:layout_constraintRight_toRightOf="parent"
        app:layout_constraintTop_toTopOf="parent" />                             ③

</androidx.constraintlayout.widget.ConstraintLayout>
```

代码第①行~第③行声明一个 TextView 视图，它是一个标签，代码第②行 text 属性是设置标签显示的文本属性。

4.2.4 AndroidManifest.xml 文件

Android 的每个应用都包含一个 AndroidManifest.xml 文件，它是清单文件，提供有关当前应用的基本信息，Android 系统必须获得这些信息才能运行该应用。清单文件描述的内容如下：

（1）声明应用的 Java 源代码包名。包名非常重要，它是应用的唯一标识符。

（2）描述应用中的组件，即 Activity（活动）、Service（服务）、Broadcast Receiver（广播接收器）和 Content Provider（内容提供者）。

（3）声明应用必须具备的权限，例如应用中使用到的服务权限（如 GPS 服务、互联网服务和短信服务等）。

（4）声明应用所需的最低 Android API 级别。

（5）声明应用的安全控制和测试等信息。

注意：在 Android Studio 项目中 AndroidManifest.xml 位于 manifests 根目录下，而在操作系统中资源管理器 AndroidManifest.xml 位于应用的根目录下，如图 4-7 所示，app/src/main 目录是应用的根目录。

AndroidManifest.xml 文件代码如下：

```xml
<?xml version="1.0" encoding="utf-8"?>
<manifest xmlns:android="http://schemas.android.com/apk/res/android"
    package="com.zhijieketang">                                            ①

    <application
        android:allowBackup="true"
        android:icon="@mipmap/ic_launcher"                                  ②
        android:label="@string/app_name"                                    ③
        android:roundIcon="@mipmap/ic_launcher_round"
        android:supportsRtl="true"                                          ④
        android:theme="@style/Theme.HelloAndroid">                          ⑤
        <activity android:name=".MainActivity">                             ⑥
            <intent-filter>
                <action android:name="android.intent.action.MAIN" />       ⑦

                <category android:name="android.intent.category.LAUNCHER" />  ⑧
            </intent-filter>
        </activity>
    </application>

</manifest>
```

代码第①行 package="com.zhijieketang"声明应用的 Java 源代码包名。清单文件中的组件声明是在标签<application>和</application>之间添加的。代码第②行 android:icon="@mipmap/ic_launcher"设置应用图标，@mipmap/ic_launcher 引用 res/mipmap 目录中的 ic_launcher.png 图片文件。代码第③行 android:label="@string/app_name"声明应用名，@string/app_name 引用 res/values/strings.xml 文件中的<string name="app_name"></string>标签中的内容。strings.xml 代码如下：

```xml
<resources>
    <string name="app_name">Hello Android</string>
</resources>
```

代码第④行 android:supportsRtl="true"声明应用支持从右往左书写语言习惯（主要针对阿拉伯语和希伯来语）。代码第⑤行声明应用主题为 AppTheme。

代码第⑥行声明活动组件，在活动中可以声明 Intent Filter（意图过滤器），组件通过意图过滤器实现响应 Intent（意图），Android 系统启动某个组件之前，需要了解该组件要处理哪些意图。清单文件中的组件声明是在标签<intent-filter>和</intent-filter>之间添加的，代码第⑦行和第⑧行声明当前活动是主屏幕启动的活动，即应用启动的第一个界面。

4.3 运行项目

Android 项目创建并编写代码完成后，则可以运行项目了。运行项目开发在 Android 模拟器或设备上运行。运行 Android Studio 项目可以通过如图 4-8 所示的工具栏按钮实现，首先选择模块（Module），一个项目可包含多个模块，但默认情况下只有一个 app 模块。模块选择完成后，就可以单击"运行应用"按钮运行，如果想要调试程序代码，则可以单击"调试应用"按钮。

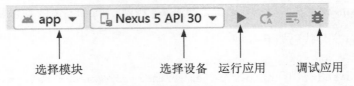

图 4-8　运行项目相关工具栏

运行过程中会提示选择在哪个模拟器或设备上运行，如果是在设备上运行，则需要将设备连接计算机才可以。如果成功运行，会看到如图 4-1 所示的界面。

4.4　学会使用 Android 开发者社区帮助文档

在开发 Android 过程中读者应该学会使用 Android 开发者社区帮助文档，谷歌官方的 Android 开发者社区提供在线帮助文档、Android SDK API 文档、Android SDK 开发指南等。

4.4.1　在线帮助文档

打开 Android 开发者社区在线帮助文档（网址为 https://developer.android.google.cn/docs/ ），页面如图 4-9 所示，在左边的导航菜单中可以找到这些帮助。

图 4-9　Android 开发者社区帮助文档

4.4.2　Android SDK API 文档

Android SDK API 文档网址为 https://developer.android.com/reference/kotlin/packages，界面如图 4-10 所示。熟悉 Java 的读者应该不陌生，非常类似于 Java 的 API 文档页面，并且它们的用法完全一样。

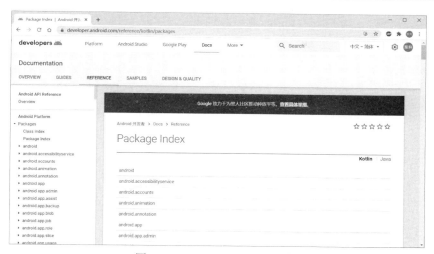

图 4-10　Android SDK API 文档

4.4.3　Android SDK 开发指南

Android SDK 开发指南介绍了应用开发的各个方面，主要有框架主题、开发应用、发布应用和最佳实践等几部分。框架主题包括用户界面相关内容、数据存储、图形技术（2D 和 3D）、意图和意图过滤器、内容提供者、多媒体、访问安全限制、蓝牙等。

Android SDK 开发指南的网址为 https://developer.android.com/guide，界面如图 4-11 所示。

图 4-11　Android SDK 开发指南

4.5　本章总结

本章重点介绍通过 Android Studio 开发工具创建 Android 项目，并介绍了项目的目录结构，以及相关的配置信息，还介绍了如何使用 Android 开发社区帮助文档，包括如何使用 Android SDK API 文档和 Android SDK 开发指南。

界 面 篇

第 5 章　Android 界面编程基础
第 6 章　Android 界面布局
第 7 章　Android 基础控件
第 8 章　Android 高级控件
第 9 章　活动
第 10 章　碎片

第 5 章 Android 界面编程基础

随着移动互联网时代的到来，智能手机越发普及，它已经成为人们生活的一部分，应运而生的手机软件也越来越多。用户界面的良好性和美观性成为抓住人们眼球的主要手段，因此用户界面的设计尤为重要。本章讲解 Android 的界面编程基础。

5.1 Android 界面组成

一个美观的界面，对用户的第一感觉至关重要。界面设计是应用程序设计的核心任务之一。Android 中的界面相关类包括活动（Activity）、碎片（Fragment）、视图（View）、视图组（ViewGroup）和布局（Layout）。活动代表一个屏幕界面，碎片用来描述屏幕的一部分，有关布局、活动和碎片内容将在后面章节详细介绍。本节详细介绍视图和视图组。

5.1.1 视图

Android.view.View 类是所有视图和控件的根类，View 类图如图 5-1 所示。View 有众多的子类，包括 ViewGroup（视图组）、简单控件、高级控件和布局，但不包括活动（Activity），活动是一个屏幕，其包含若干视图。

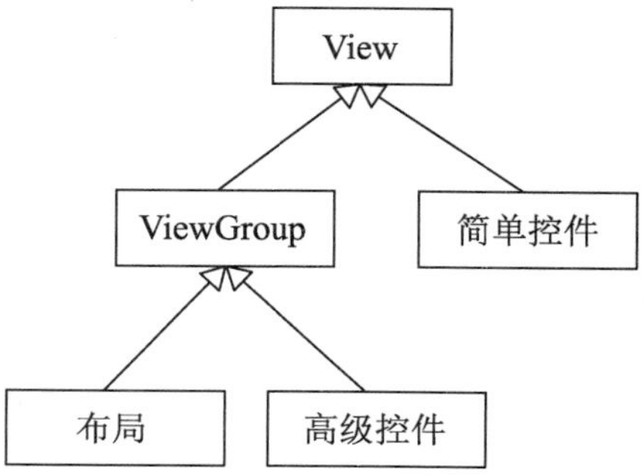

注意：围绕 View 有很多概念，为了防止混淆，在本书中统一这些概念和提法。View 及其所有子类都可以笼统地称为"视图"，具有事件处理的视图称为"控件"，包含其他视图的视图被称为"容器"，例如布局就属于容器。

简单控件不是具体指一个类，而是一类控件的总称。其结构比较简单，主要包括 Button、ImageButton、ToggleButton、TextView、EditText、RadioButton、CheckBox、ImageView、ProgressBar、SeekBar、RatingBar 等。

图 5-1 View 类图

5.1.2 视图组

视图组（ViewGroup）一般是由多个视图组成的复杂视图，android.view.ViewGroup 类是 android.view.View 类的一个重要的子类。因为继承了 View 类，所以它本身也是控件。

视图组是高级控件和布局的父类，高级控件和布局与简单控件一样，都不是具体指一个类，而是一类视图的总称。高级控件包括 AutoCompleteTextView、Spinner、ListView、GridView 和 Gallery 等。

5.2 Android 应用界面构建

在 Android 应用中一个界面构建可以使用 XML 布局文件，也可以通过代码构建，还可以混合使用两种方式。XML 布局文件构建便于采用 WYSIWYG（what you see is what you get，所见即所得）可视化界面设计工具进行设计，可以加快界面设计过程；而代码构建方式不是 WYSIWYG，调试起来非常烦琐，但代码构建具有动态特性，便于屏幕适配。本书重点介绍 XML 布局文件构建界面。

5.2.1 使用 Android Studio 界面设计工具

使用 Android Studio 工具打开界面布局文件 activity_main.xml，如图 5-2 所示。

提示：在界面设计窗口的右上角有三个标签：Code、Split 和 Design，Code 标签可以切换到 XML 文本编辑窗口，Split 标签可以切换分隔窗口，Design 标签可以切换到设计窗口。

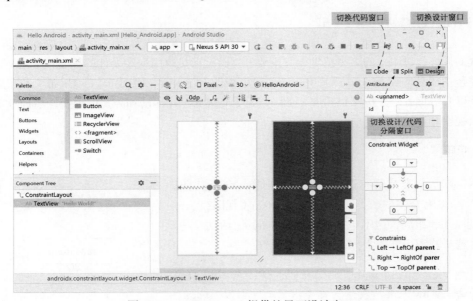

图 5-2 Android Studio 提供的界面设计窗口

5.2.2 LabelButton 实例：界面布局实现

为了掌握 Android 应用界面构建过程，下面通过一个 LabelButton 实例介绍 Android Studio 界面设计工具的使用。

LabelButton 实例界面如图 5-3 所示，其中包含一个 Label 标签（TextView）和一个 OK 按钮（Button）。单击 OK 按钮后将标签内容 TextView 修改为 HelloWorld。

Android 应用界面构建包括以下两个关键步骤。

（1）界面布局。摆放控件到屏幕的合适位置。考虑屏幕的适配，Android 使用布局管理器管理控件布局。

（2）事件处理。为控件添加事件处理能力，从而响应用户事件。

本节先重点介绍 LabelButton 实例的界面实现。

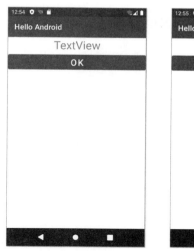

图 5-3　LabelButton 实例界面

LabelButton 实例界面的实现具体包括以下几个步骤。

1. 删除原来Hello World！标签

选择原来标签视图，通过按键盘的 Delete 键，即可删除视图。

2. 改变布局管理器

通过 Android Studio 项目模板创建的界面默认使用约束布局（ConstraintLayout），但是约束布局比较复杂（将在第 6 章介绍）。本节实例使用简单的线性布局（LinearLayout）。因此需要将约束布局改变为线性布局，具体步骤是：在设计窗口中右击选择 Convertview 命令，如图 5-4 所示，弹出如图 5-5 所示的对话框，选择 LinearLayout，单击 Apply 按钮实现布局转换。

图 5-4　改变布局管理器　　　　　　图 5-5　改变布局管理器，选择线性布局

3. 设置线性布局摆放控件方向

使用线性布局还需要设置摆放布局的方向。默认情况下线性布局摆放控件是水平方向的，本例需要垂直摆放控件。设置该属性的过程如图 5-6 所示，在左下角的 ComponentTree 窗口中选中 LinearLayout 控件，

然后在右边的属性窗口中将 orientation 属性设置为 vertical，即垂直方向。

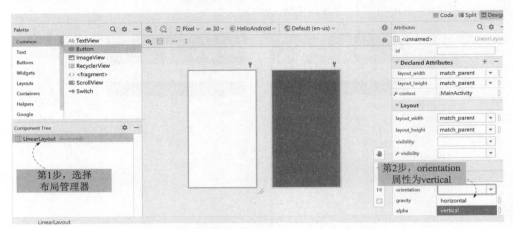

图 5-6　设置线性布局摆放控件方向

4. 添加标签

从控件库拖动 TextView 控件到设计窗口，如图 5-7 所示。

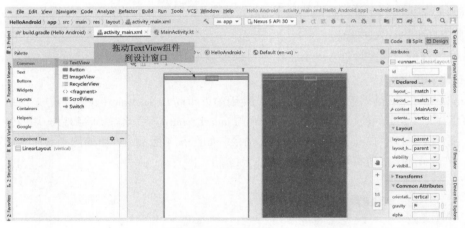

图 5-7　添加标签控件

将控件添加到设计窗口后还需要进行以下必要的设置。

（1）设置 id，为了在程序代码中访问控件，需要为控件设置 id 属性，选中控件右边的属性窗口，选择 id 属性，如图 5-8 所示。

（2）设置布局属性，设置标签控件布局相关属性如图 5-9 所示。其中 layout_width 属性是控件的宽度，layout_height 属性是控件的高度，其取值分别为 match_parent 和 wrap_content。其中 match_parent 是匹配父容器，效果是填充整个父容器，wrap_content 刚好包裹住控件，没有间隙。

（3）设置字号属性，标签控件中的默认文字太小，笔者喜欢大一些的字体，如图 5-10 所示。在右边的属性窗口找到 textSize 属性，根据喜好选择合适的字号。

（4）设置文字居中，默认标签控件中的文字是靠左对齐的，笔者喜欢让它居中显示，如图 5-11 所示，找到 textAlignment 属性，然后选择为 center。

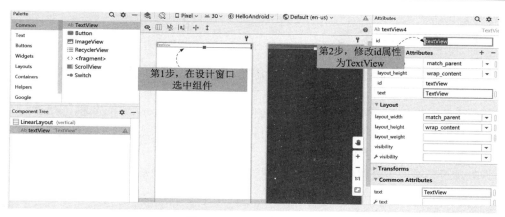

图 5-8　设置控件 id 属性

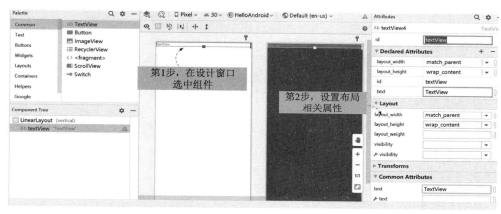

图 5-9　设置控件布局属性

图 5-10　设置字号属性

图 5-11　设置文字对齐属性

5．添加OK按钮

添加 OK 按钮与添加标签类似，从控件库拖动 Button 控件到设计窗口，修改按钮属性如图 5-12 所示，其中 id 属性修改为 button，设置按钮标签为 OK，其他属性设置可参考图 5-12。

至此，完成 LabelButton 实例界面设计，读者可以运行实例看看效果如何。

图 5-12　设置按钮属性

5.3 事件处理模型

布局和事件处理是图形界面开发的关键,刚刚介绍了布局,下面介绍事件处理模型。

Android 在事件处理的过程中,主要涉及以下 3 个要素。

(1)事件源。事件发生的场所,通常就是各个控件,例如按钮(Button)、文本框(EditText)和活动等。

(2)事件。用户在界面上操作的描述,可以封装成为一个类的形式出现,例如键盘操作的事件类是 KeyEvent,触摸屏的移动事件类是 MotionEvent。

(3)事件处理者。接收事件对象并对其进行处理,事件处理一般是一个实现某些特定接口类创建的对象。

事件、事件源和事件处理者之间如何运作呢?例如图 5-3 所示的 LabelButton 实例,单击 OK 按钮后,将 Label 标签修改为 HelloWorld,那么这里的 OK 就是事件源,单击就是事件,处理事件的对象被称为事件处理者。

一个类(或程序代码)能够成为事件处理者,要求有以下两个前提。

(1)要求实现特定接口,LabelButton 实例 OK 按钮事件处理者要求实现 android.view.View.OnClickListener 接口。

(2)事件处理者必须在事件源上注册。

提示: 事件处理者由于实现 XXXListener 接口,也称为事件监听器。本书以后将事件处理者统一称为事件监听器。

具体的事件处理代码有很多种模型,下面会一一介绍。

5.3.1 活动作为事件监听器

事件处理模型中事件监听器是当前活动,活动实现 android.view.View.OnClickListener 接口。

下面以 LabelButton 实例为例介绍该种事件处理模型,LabelButton 中 MainActivity.kt 代码如下:

```
package com.zhijieketang

import android.os.Bundle
import android.view.View
import android.widget.Button
import android.widget.TextView
import androidx.appcompat.app.AppCompatActivity

class MainActivity : AppCompatActivity(), View.OnClickListener {            ①
    override fun onCreate(savedInstanceState: Bundle?) {
        super.onCreate(savedInstanceState)
        setContentView(R.layout.activity_main)
        //通过 id 获得 OK 按钮对象
        val btnOK = this.findViewById<Button>(R.id.button)                  ②
        //注册事件监听器
        btnOK.setOnClickListener(this)                                      ③

    }
```

```
    override fun onClick(v: View?) {                                    ④
        val textView = this.findViewById<TextView>(R.id.textView)        ⑤
        textView.text = "HelloWorld"                                     ⑥
    }
}
```

代码第①行声明 MainActivity 类继承 AppCompatActivity 父类，并实现了 View.OnClickListener 接口。代码第④行的 onClick 函数实现 View.OnClickListener 接口，参数 v 是 View 类型，事实上参数 v 就是事件源 Button 对象。

代码第③行通过 Button 的 btnOK.setOnClickListener(this) 函数注册当前的活动对象为事件监听器，其中 this 是当前的活动对象。

代码第②行和第⑤行通过 id 获得控件对象，这些 id 都是布局文件 activity_main.xml 中声明的控件 id 属性。代码第⑥行设置标签 text 属性，修改标签显示内容。

布局文件 activity_main.xml 代码如下：

```
<?xml version="1.0" encoding="utf-8"?>
<androidx.constraintlayout.widget.ConstraintLayout xmlns:android="http://schemas.
android.com/apk/res/android"
    xmlns:app="http://schemas.android.com/apk/res-auto"
    xmlns:tools="http://schemas.android.com/tools"
    android:layout_width="match_parent"
    android:layout_height="match_parent"
    tools:context=".MainActivity">

    <TextView
        android:id="@+id/textView"
        android:layout_width="wrap_content"
        android:layout_height="wrap_content"
        android:text="textView"                                          ①
        app:layout_constraintBottom_toBottomOf="parent"
        app:layout_constraintEnd_toEndOf="parent"
        app:layout_constraintHorizontal_bias="0.5"
        app:layout_constraintStart_toStartOf="parent"
        app:layout_constraintTop_toTopOf="parent" />

    <Button
        android:id="@+id/button"                                         ②
        android:layout_width="wrap_content"
        android:layout_height="wrap_content"
        android:layout_marginTop="108dp"
        android:text="OK"
        app:layout_constraintEnd_toEndOf="parent"
        app:layout_constraintHorizontal_bias="0.5"
        app:layout_constraintStart_toStartOf="parent"
        app:layout_constraintTop_toBottomOf="@+id/textView" />

</androidx.constraintla
```

在布局文件 activity_main.xml 中，代码第①行声明 TextView（标签）控件 id 为 textView，代码第②行声明 Button 控件 id 为 button。

（1）属性 android:id="@+id/Button01" 是 Button 按钮的 id，通过 id 可以找到此按钮对象。

（2）属性 android:layout_width="wrap_content"，设置宽度。

（3）属性 android:layout_height ="wrap_content"，设置高度。

其中，宽和高可以是 wrap_content（适合文本大小），也可以是 fill_parent（根据屏幕大小占满），或是 match_parent（匹配父容器大小），还可以是数字，例如 200px。数字的单位可以是以下几个。

（1）px：像素，屏幕上的点。

（2）dp（与密度无关的像素）：一种基于屏幕密度的抽象单位。在每英寸 160 像素点的显示器上，1dp = 1px。在大于 160 像素点的显示器上可能增大。

（3）dpi 与 dp 相同。

（4）sp（与刻度无关的像素）：与 dp 类似，但是可以根据用户的字体大小首选项进行缩放等。

5.3.2 对象表达式作为事件监听器

对象表达式用来替代 Java 中的匿名内部类，就是在声明一个匿名类，并同时创建匿名类的对象。本节介绍如何使用对象表达式作为事件监听器，修改 LabelButton 实例的 MainActivity.kt 代码如下：

```kotlin
class MainActivity : AppCompatActivity() {
    override fun onCreate(savedInstanceState: Bundle?) {
        super.onCreate(savedInstanceState)
        setContentView(R.layout.activity_main)
        //通过 id 获得 OK 按钮对象
        val btnOK = this.findViewById<Button>(R.id.button)
        //注册事件监听器

        btnOK.setOnClickListener(object : View.OnClickListener {         ①
            override fun onClick(v: View?) {                             ②
                val textView = findViewById<TextView>(R.id.textView)
                textView.text = "HelloWorld"
            }
        })                                                                ③
    }
}
```

代码第①行~第③行是对象表达式。声明对象表达式的关键字是 object，object :后面是要实现的接口。代码第②行是实现接口的抽象函数。

5.3.3 Lambda 表达式作为事件监听器

Java 中的 Lambda 表达式都非常适合作为事件处理模型，那么 Kotlin 中 Lambda 表达式更适合事件处理，因为 Kotlin 中 Lambda 表达式更加简洁。

本节介绍 Lambda 表达式作为事件监听器的实例，修改 LabelButton 实例的 MainActivity.kt 代码如下：

```kotlin
import android.os.Bundle
import android.widget.Button
import android.widget.TextView
```

```kotlin
import androidx.appcompat.app.AppCompatActivity

class MainActivity : AppCompatActivity() {
    override fun onCreate(savedInstanceState: Bundle?) {
        super.onCreate(savedInstanceState)
        setContentView(R.layout.activity_main)
        //通过id获得OK按钮对象
        val btnOK = this.findViewById<Button>(R.id.button)
        //注册事件监听器
        btnOK.setOnClickListener { view ->    //view为事件源即Button对象        ①
            val button = view as Button
            button.text = "按钮点击"              //改变按钮标签
            val textView = this.findViewById<TextView>(R.id.textView)
            textView.text = "HelloWorld"

        }                                                                              ②
    }
}
```

代码第①行和第②行是注册事件监听，其中btnOK.setOnClickListener函数的参数是Lambda表达式。代码第①行中view是Lambda表达式参数，该参数是事件源，即用户点击的Button对象。

如果Lambda表达式的参数只有一个，并且能够根据上下文推导出它的数据类型，那么该参数声明可以省略，在Lambda体中使用隐式变量it替代Lambda表达式的参数。修改注册事件监听器代码如下：

```kotlin
//注册事件监听器
btnOK.setOnClickListener {
    val button = it as Button                                                          ①
    button.text = "按钮点击"              // 改变按钮标签
    val TextView = this.findViewById<TextView>(R.id.textView)
    TextView.text = "HelloWorld"

}
```

代码第①行中it是隐式变量，直接可以使用它，它就是事件源。

注意：Lambda体中it隐式变量是由Kotlin编译器生成的，它的使用有两个前提，即Lambda表达式只有一个参数；根据上下文能够推导出参数类型。

5.4 屏幕上的事件处理

在Android系统中屏幕是通过活动管理的，一个活动就是一个屏幕，那么屏幕上的事件处理就是活动的事件处理，活动是事件源，活动有触摸事件和键盘事件等。

在Android应用中常用事件的事件源可以是Activity，也可以是普通的View，本节介绍Activity中的触摸事件和键盘事件。

5.4.1 触摸事件

智能手机设计的一个理念是：能触摸且是大屏幕。在Android系统中支持触摸屏开发，触摸屏事件要通过运动事件（MotionEvent）接收信息，如果事件源是活动，则需要重写活动函数：

```
override fun onTouchEvent(event: MotionEvent?): Boolean
```

onTouchEvent 函数返回值是布尔类型，返回 true 表示已经处理了该事件，false 表示还没有处理该事件。参数 event 是 MotionEvent 类型，MotionEvent 是运动事件，通过 MotionEvent 的 int getAction()函数可以获得触摸动作，触摸动作有 3 种，通过 MotionEvent 3 个常量表示。

（1）MotionEvent.ACTION_UP，在屏幕上手指抬起。
（2）MotionEvent.ACTION_DOWN，在屏幕上手指按下。
（3）MotionEvent.ACTION_MOVE，在屏幕上手指移动。

另外，触摸点的坐标可以通过 MotionEvent 的 getX()和 getY()函数获得。

5.4.2 实例：屏幕触摸事件

如图 5-13 所示是屏幕触摸事件实例，当手指在屏幕上按下、抬起和移动时，手指的动作会显示在屏幕的标签（TextView）控件上，触摸点的坐标也会显示在屏幕的标签（TextView）控件上。

布局文件 activity_main.xml 代码如下：

```xml
<?xml version="1.0" encoding="utf-8"?>
<LinearLayout xmlns:android="http://schemas.android.com/
apk/res/android"                                              ①
    android:layout_width="match_parent"
    android:layout_height="match_parent"
    android:orientation="vertical">
    <TextView                                                 ②
        android:id="@+id/action"
        android:layout_width="wrap_content"
        android:layout_height="wrap_content"
        android:textSize="20sp" />
    <TextView                                                 ③
        android:id="@+id/position"
        android:layout_width="wrap_content"
        android:layout_height="wrap_content"
        android:textSize="20sp" />
</LinearLayout>
```

图 5-13 屏幕触摸事件实例

代码第①行可见界面布局采用的是 LinearLayout 布局，该布局会在第 6 章详细介绍，而且从布局文件可见声明了两个标签（TextView）控件，代码第②行的标签用来显示手指的动作，代码第③行的标签用来显示触摸点的位置坐标。

MainActivity.kt 代码如下：

```kotlin
import android.os.Bundle
import android.view.MotionEvent
import android.widget.TextView
import androidx.appcompat.app.AppCompatActivity


class MainActivity : AppCompatActivity() {
```

```kotlin
//声明成员变量
private var mAction: TextView? = null
private var mPosition: TextView? = null

override fun onCreate(savedInstanceState: Bundle?) {
    super.onCreate(savedInstanceState)
    setContentView(R.layout.activity_main)

    mAction = findViewById<TextView>(R.id.action)
    mPosition = findViewById<TextView>(R.id.position)
}

override fun onTouchEvent(event: MotionEvent?): Boolean {            ①
    //获得事件动作
    val action = event?.action                                        ②

    when (action) {                                                   ③
        MotionEvent.ACTION_UP ->                                      ④
            mAction?.text = "手指抬起"
        MotionEvent.ACTION_DOWN ->                                    ⑤
            mAction?.text = "手指按下"
        else -> mAction?.text = "手指移动"
    }
    //获得当前位置坐标
    val X = event?.getX()
    val Y = event?.getY()
    mPosition?.text = "位置 = ( $X , $Y )"
    return super.onTouchEvent(event)
}
```

代码第①行用于在活动中重写 onTouchEvent 函数，代码第②行获得触摸动作。代码第③行中 when 是多分支语句，通过多分支语句判断触摸屏幕动作，代码第④行判断手指在屏幕上抬起，代码第⑤行判断手指在屏幕上按下。

提示：Kotlin 语言中多分支语句的关键字是 when，其中 -> 后面是分支要执行的语句。

```
when (表达式) {
    分支条件表达式 1 -> {
        语句组 1
    }
    分支条件表达式 2 -> {
        语句组 2
    }
    ⋮
    分支条件表达式 n -> {
        语句组 n
    }
    else -> {
        语句组 n+1
```

        }
    }

5.4.3 键盘事件

能够响应键盘事件的事件源可以是视图（View 及其子类），也可以是活动（即屏幕），无论是视图还是活动，键盘事件响应的处理模式都是类似的。本节介绍键盘事件的响应。

响应键盘事件通过使用 KeyEvent 接收信息，如果事件源是活动要重写以下函数。

（1）boolean onKeyUp (int keyCode, KeyEvent event)。

（2）onKeyUp (keyCode: Int, event: KeyEvent?): Boolean。

（3）onKeyDown (keyCode: Int, event: KeyEvent?): Boolean。

（4）onKeyLongPress (keyCode: Int, event: KeyEvent?): Boolean。

以上几个函数返回值为 true，表示已经处理了该事件，为 false，表示还没有处理该事件。函数参数 keyCode 键的编码，event 参数是 KeyEvent 类型，KeyEvent 是键盘事件。KeyEvent 中定义了很多键编码常量，如 KeyEvent.KEYCODE_A 常量编码表示 A 键。

另外，通过 KeyEvent 的 int getAction() 函数可以获得键盘动作，键盘动作有 3 种，通过 KeyEven 3 个常量表示。

（1）KeyEvent.ACTION_UP，键抬起。

（2）KeyEvent.ACTION_DOWN，键按下。

（3）KeyEvent. ACTION_MULTIPLE，多次重复键按下。

5.4.4 实例：改变图片的透明度

改变图片的透明度实例如图 5-14 所示，通过手机上两个声音控制键改变屏幕上的一个图片的透明度，图片的透明度是通过图片的 Alpha 值描述的，在 Android 中 Alpha 值为 0～255，0 是完全透明，255 是完全不透明。

实例布局文件 activity_main.xml 代码如下：

```
<?xml version="1.0" encoding="utf-8"?>
<LinearLayout xmlns:android="http://schemas.
android.com/apk/res/android"
    android:layout_width="match_parent"
    android:layout_height="match_parent"
    android:orientation="vertical">
    <TextView                                    ①
        android:id="@+id/alphavalue"
        android:layout_width="wrap_content"
        android:layout_height="wrap_content"
        android:layout_gravity="center" />
    <ImageView                                   ②
        android:id="@+id/image"
        android:layout_width="wrap_content"
        android:layout_height="wrap_content"
        android:layout_gravity="center"
```

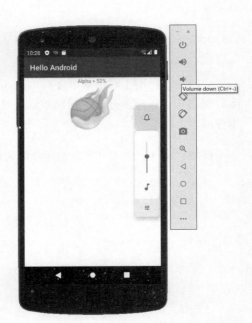

图 5-14 改变图片的透明度实例

```
            android:src="@mipmap/image" />                                   ③
</LinearLayout>
```

代码第①行声明了一个标签（TextView）控件，代码第②行声明了一个图片视图（ImageView）控件，代码第③行 android:src="@mipmap/image"设置图片视图显示图片，其中 mipmap 为指定图片放置的资源目录，image 是图片文件名。如图 5-15（a）所示，mipmap 资源目录中有多个子目录，分别存放不同规格图片，用来适配不同设备，本例所用图片 image.png 放置在 mipmap-mdpi 子目录中，如图 5-15（b）所示。mipmap-mdpi 子目录用来存放中等分辨率设备所需的图片。

（a）mipmap 资源目录　　　　　　　　　　（b）示例所用图片

图 5-15　资源图片

MainActivity.kt 代码如下：

```
import android.os.Bundle
import android.view.KeyEvent
import android.widget.ImageView
import android.widget.TextView
import androidx.appcompat.app.AppCompatActivity

//透明度变化步长
const val STEP = 20                             //编译期常量              ①

class MainActivity : AppCompatActivity() {

    //声明成员变量
    private var mAlphavalueText: TextView? = null
    private var mImage: ImageView? = null

    //保存图片的透明度
    private var mAlphavalue = 100               //透明度初始值为100

    override fun onCreate(savedInstanceState: Bundle?) {
        super.onCreate(savedInstanceState)
        setContentView(R.layout.activity_main)

        mImage = findViewById<ImageView>(R.id.image)
        mAlphavalueText = findViewById<TextView>(R.id.alphavalue)
        mImage?.imageAlpha = mAlphavalue        //设置图片透明度         ②
        mAlphavalueText?.text = "Alpha = ${mAlphavalue * 100 / 255}%"
    }
```

```
    override fun onKeyDown(keyCode: Int, event: KeyEvent?): Boolean {         ③
        when (event?.action) {
           KeyEvent.ACTION_DOWN ->
               println("键盘按下")
           KeyEvent.ACTION_UP ->
               println("键盘抬起")
        }

        when (keyCode) {
           KeyEvent.KEYCODE_VOLUME_UP ->            //放大声音键              ④
               mAlphavalue += STEP
           KeyEvent.KEYCODE_VOLUME_DOWN ->          //缩小声音键              ⑤
               mAlphavalue -= STEP
        }

        if (mAlphavalue >= 255) {
           mAlphavalue = 255
        }
        if (mAlphavalue <= 0) {
           mAlphavalue = 0
        }

        mImage?.imageAlpha = mAlphavalue
        mAlphavalueText?.text = "Alpha = ${mAlphavalue * 100 / 255}%"
        return super.onKeyDown(keyCode, event)
    }
}
```

代码第①行定义编译期常量，代码第②行设置图片透明度，imageAlpha 是图片视图透明度属性。mAlphavalue×100/255 表达式可以计算出透明度的百分比。代码第③行重写活动的 onKeyDown(int keyCode, KeyEvent event)函数，同类函数还有很多，本例只关心键盘按下事件。代码第④行判断放大声音键是否按下，KeyEvent.KEYCODE_VOLUME_UP 是放大声音键编码。代码第⑤行是判断缩小声音键是否按下，KeyEvent.KEYCODE_VOLUME_DOWN 是缩小声音键编码。

提示： 在 Kotlin 中，声明常量是在标识符的前面加上 val 或 const val 关键字，它们有以下区别。
（1）val 声明的是运行期常量，常量是在运行时初始化的。
（2）const val 声明的是编译期常量，常量是在编译时初始化，只能用于顶层常量声明或声明对象中的常量声明，而且只能是 String 或基本数据类型（整数、浮点等）。

给 Java 程序员的提示： 编译期常量（const val）相当于 Java 中 public final static 所修饰的常量；而运行期常量（val）相当于 Java 中 final 所修饰的常量。

5.5 本章总结

本章重点介绍 Android 的界面编程基础，包括 Android 视图、视图组和事件处理模型。读者需要重点掌握事件处理模型。

第 6 章 Android 界面布局

CHAPTER 6

本章介绍 Android 的界面布局。Android 界面布局的目的是：合理利用屏幕空间，并能适配多种不同屏幕。在 Android 中界面布局采用布局类来管理，布局类是一种容器，继承自 ViewGroup，如图 6-1 所示。

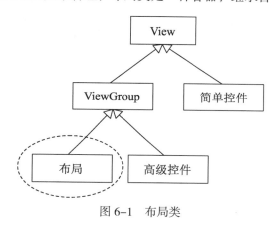

图 6-1　布局类

Android 提供了 6 种基本布局类：帧布局（FrameLayout）、线性布局（LinearLayout）、绝对布局（AbsoluteLayout）、相对布局（RelativeLayout）、表格布局（TableLayout）和网格布局（GridLayout）。由于表格布局和网格布局的构建类似，事实上，这两种布局只需要掌握一种即可，本书只介绍网格布局。

提示：绝对布局通过指定控件的 x 和 y 坐标值，将控件显示在屏幕上。该布局没有屏幕边框，允许控件之间互相重叠。在实际中不提倡使用这种布局方式，因为它固定了位置，所以在进行屏幕适配时有明显弊端。因此，本书不介绍绝对布局。

6.1　Android 界面布局设计模式

Android 应用有一套界面设计规范，在该规范下的界面布局可以归纳出 3 种主要的界面布局设计模式：表单布局模式，列表布局模式和网格布局模式。

6.1.1　表单布局模式

表单布局模式如图 6-2 所示，提供一种与用户交互的界面，例如登录界面和注册界面，表单布局可以采用线性布局和相对布局实现。

图 6-2 表单布局模式

6.1.2 列表布局模式

列表布局模式如图 6-3 所示，当遇到展示大量数据时，可以通过列表布局或网格布局实现。而列表布局模式又可以采用线性布局实现。

6.1.3 网格布局模式

网格布局模式如图 6-4 所示，与列表布局模式类似，但是列表布局模式只有一列，而网格布局模式可以有多列。

图 6-3 列表布局模式　　　　　　　　图 6-4 网格布局模式

6.2 布局管理

下面介绍 Android 界面布局中最常用的 4 种布局：帧布局、线性布局、相对布局和网格布局。

6.2.1 帧布局

帧布局也可以叫作框架布局，是最简单的一种布局方式。在该布局下的所有控件都将固定在屏幕的左上角显示，不能指定控件的位置，但允许有多个显示控件叠加，如图 6-5 所示。事实上帧布局很少直接使用，而是使用它的子类，如 TextSwitcher、ImageSwitcher、DatePicker、TimePicker、ScrollView 和 TabHost。

6.2.2 实例：帧布局

在本例中放置了两个 ImageView 控件和 1 个 TextView 控件，使用帧布局的效果如图 6-6 所示。

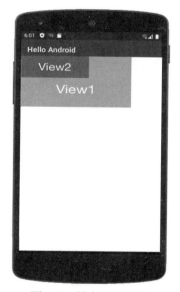

图 6-5　帧布局示意图

图 6-6　帧布局实例

布局文件 activity_main.xml 代码如下：

```
<?xml version="1.0" encoding="utf-8"?>
<FrameLayout xmlns:android=http://schemas.android.com/apk/res/android         ①
    android:layout_width="match_parent"                                       ②
    android:layout_height="match_parent">                                     ③

    <ImageView
        android:layout_width="wrap_content"
        android:layout_height="wrap_content"
        android:src="@mipmap/background" />                                   ④

    <ImageView
        android:layout_width="wrap_content"
        android:layout_height="wrap_content"
```

```
            android:src="@mipmap/butterfly" />

        <TextView
            android:layout_width="wrap_content"
            android:layout_height="wrap_content"
            android:text="@string/hello"                                          ⑤
            android:textColor="@color/colorLabelText"                             ⑥
            android:textSize="40sp" />                                            ⑦
</FrameLayout>                                                                    ⑧
```

代码第①行~第⑧行指定帧布局范围，帧布局与其他控件一样都有宽度和高度属性，在 XML 中的属性是 android:layout_width 和 android:layout_height，见代码第②行和第③行。其他控件代码也都有这两个属性：android:layout_width 和 android:layout_height。它们的取值可以采用：

（1）具体数值。指定具体数值，这属于硬编码[①]（不推荐），例如 200px，单位可以是 px（像素）和 dp/dip（设备独立像素）。

（2）match_parent。填充、占满父容器。

（3）wrap_content。刚好适合当前控件的大小。

提示：在 Android 界面中经常遇到 px、dpi、dp、dip 和 sp 等概念，它们有以下区别。

（1）px 是像素，即屏幕上实际的像素点单位，美术设计师通过 Photoshop 软件设计图片时采用 px 单位。

（2）dpi 是像素密度，即每英寸上的像素点数，160dpi 就是每英寸 160 像素点，不同设备显示屏上像素密度不同，根据像素密度不同，可以分为：ldpi（低密度）、mdpi（中密度）、hdpi（高密度）、xhdpi（超密度）、xxhdpi（比 xhdpi 密度更高）和 xxxhdpi（比 xxhdpi 密度更高）。

（3）dp 和 dpi 概念一样，与设备相关，基于屏幕密度的单位，ldpi 显示器设备上 1dp = 0.75px；mdpi 显示器设备上 1dp = 1px；hdpi 显示器设备上 1dp = 1.5px；xhdpi 显示器设备上 1dp = 2px；xxhdpi 显示器设备上 1dp = 3px；xxxhdpi 显示器设备上 1dp = 4px。

（4）sp 是与设备相关的字体单位，与 dp 类似，但是可以根据用户的字体大小进行缩放。

代码第④行 android:src 属性是为 ImageView 控件提供显示图片，@mipmap/background 是从资源目录 res/mipmap 中获取图片 background.png，因为本例只有一套中密度图片，所以只在 mipmap-mdpi 目录中放置了该图片，另一个 ImageView 控件的资源图片 butterfly.png 亦如此，如图 6-7 所示。

代码第⑤行 android:text="@string/hello" 设置 TextView 控件显示的文字，TextView 是标签控件，标签控件上显示的文字不是硬编码 XML 文件，而是通过 @string/hello 命令引用 res/values/strings.xml 中的内容，strings.xml 代码如下：

```
<resources>
    <string name="app_name">Layout Sample</string>
    <string name="hello">HelloWorld</string>
</resources>
```

图 6-7 放置资源图片

[①] 硬编码是指将可变变量用一个固定值代替的方法。用该种方法编译后，如果以后需要更改此变量就非常困难了。

代码第⑥行 android:textColor="@color/colorLabelText"设置 TextView 控件文字的颜色，颜色值是在 res/values/colors.xml 中声明的。

代码第⑦行 android:textSize="40sp"设置 TextView 控件文字的字号，注意其单位一般是 sp。

6.2.3 线性布局

线性布局是所有布局中最常用的，它可以让控件垂直排列（如图 6-8（a）所示）或水平排列（如图 6-8（b）所示）。通常，复杂的布局都是在线性布局中嵌套而成的。线性布局最重要的属性是：设置排列方向 android:orientation 属性（android:orientation="vertical"是垂直排列，android:orientation="horizontal"是水平排列）。

（a）垂直排列

（b）水平排列

图 6-8 线性布局示意图

6.2.4 线性布局实例：构建登录界面

下面通过一个实例熟悉线性布局，该实例是如图 6-9 所示的登录界面，它由两个 TextView 文本框控件，以及登录和注册按钮构成。登录界面可以采用线性布局的垂直和水平嵌套实现。

布局文件 activity_main.xml 代码如下：

```
<?xml version="1.0" encoding="utf-8"?>
<LinearLayout xmlns:android="http://schemas.android.com/apk/res/android"                ①
    android:layout_width="match_parent"
    android:layout_height="match_parent"
    android:orientation="vertical">

    <TextView
        android:layout_width="match_parent"
        android:layout_height="wrap_content"
        android:gravity="center"
```

图 6-9 线性布局实例

```xml
        android:text="@string/title"
        android:textSize="20sp" />

    <LinearLayout                                                              ②
        android:layout_width="match_parent"
        android:layout_height="wrap_content"
        android:orientation="horizontal">

        <TextView
            android:layout_width="wrap_content"
            android:layout_height="wrap_content"
            android:text="@string/username"
            android:textSize="15sp" />

        <EditText
            android:layout_width="match_parent"
            android:layout_height="wrap_content" />
    </LinearLayout>

    <LinearLayout                                                              ③
        android:layout_width="match_parent"
        android:layout_height="wrap_content"
        android:orientation="horizontal">

        <TextView
            android:layout_width="wrap_content"
            android:layout_height="wrap_content"
            android:text="@string/password"
            android:textSize="15sp" />

        <EditText                                                              ④
            android:layout_width="match_parent"
            android:layout_height="wrap_content"
            android:inputType="textPassword" />

    </LinearLayout>

    <LinearLayout                                                              ⑤
        android:layout_width="match_parent"
        android:layout_height="wrap_content"
        android:orientation="horizontal">

        <Button
            android:layout_width="wrap_content"
            android:layout_height="wrap_content"
            android:text="@string/login"
            android:layout_weight="1" />                                       ⑥

        <Button
            android:layout_width="wrap_content"
```

```
        android:layout_height="wrap_content"
        android:text="@string/register"
        android:layout_weight="1" />                                              ⑦
    </LinearLayout>

</LinearLayout>
```

由此可见，登录界面采用了 4 个线性布局实现，如图 6-10 所示，最外边是 1 号线性布局，它是垂直方向的容器，从上到下有 1 个 TextView（LinearLayout 线性布局）和 3 个水平方向的线性布局容器。2 号线性布局水平方向包含 TextView(用户名：)和 EditText。3 号线性布局水平方向包含 TextView(密码：)和 EditText。4 号线性布局水平方向包含登录和注册按钮。

代码第④行声明 EditText 控件，它是一种文本输入框控件，其中 android:inputType="textPassword"属性是设置文本输入框为密码输入框类型。

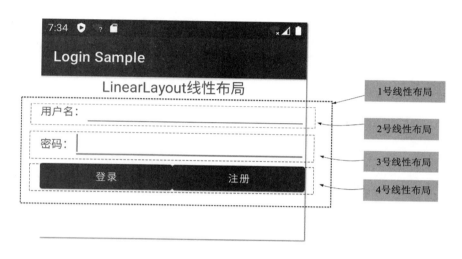

图 6-10　线性布局实例解释

代码第⑥行和第⑦行中 android:layout_weight 属性用于设置权重，就是控件在父容器中所占用空间比例，父容器 LinearLayout 包含两个 Button 按钮（登录和注册），每个按钮各占用屏幕宽度的 1/2，如图 6-11（a）所示。如果"登录"按钮权重设置为 3，"注册"按钮权重设置为 1，修改代码如下：

```
<Button                                          //"登录"按钮
    android:layout_width="wrap_content"
    android:layout_height="wrap_content"
    android:text="@string/login"
    android:layout_weight="2" />

<Button                                          //"注册"按钮
    android:layout_width="wrap_content"
    android:layout_height="wrap_content"
    android:text="@string/register"
    android:layout_weight="1" />
```

那么"登录"按钮占用空间为 3/4，"注册"按钮占用空间为 1/4，如图 6-11（b）所示。

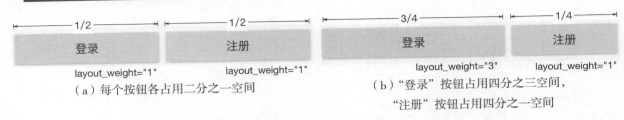

（a）每个按钮各占用二分之一空间　　（b）"登录"按钮占用四分之三空间，
　　　　　　　　　　　　　　　　　　　　　"注册"按钮占用四分之一空间

图 6-11　权重属性

6.2.5　相对布局

相对布局允许一个控件指定相对于其他控件或父控件的位置（通过控件 id 引用其他控件）。因此，可以以左右对齐、上下对齐、置于屏幕中央等形式来排列元素。相对布局在实际应用中比较常用。

相对布局如图 6-12 所示，先放置①号控件，然后放置②号控件并与①号控件上对齐，放置③号控件并与①号控件左对齐，放置④号控件并相对于父控件（所在的相对布局）居中对齐。

6.2.6　相对布局实例：构建查询功能界面

下面通过一个实例熟悉相对布局，该实例实现如图 6-13 所示查询功能界面。

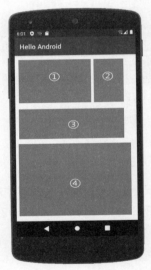
图 6-12　相对布局

图 6-13　相对布局实例

布局文件 activity_main.xml 代码如下：

```xml
<?xml version="1.0" encoding="utf-8"?>
<RelativeLayout xmlns:android="http://schemas.android.com/apk/res/android"
    android:layout_width="match_parent"
    android:layout_height="wrap_content"
    android:padding="10dip">                                          ①

                                                                      ②
    <TextView
        android:id="@+id/label"
```

```
        android:layout_width="match_parent"
        android:layout_height="wrap_content"
        android:text="@string/activity_main_search" />

    <EditText                                                                ③
        android:id="@+id/entry"
        android:layout_width="match_parent"
        android:layout_height="wrap_content"
        android:layout_below="@id/label"                                     ④
        android:background="@android:drawable/editbox_background" />         ⑤

    <Button                                                                  ⑥
        android:id="@+id/ok"
        android:layout_width="wrap_content"
        android:layout_height="wrap_content"
        android:layout_alignParentRight="true"                               ⑦
        android:layout_below="@id/entry"                                     ⑧
        android:layout_marginLeft="10dip"                                    ⑨
        android:text="@string/activity_main_confirm" />

    <Button                                                                  ⑩
        android:layout_width="wrap_content"
        android:layout_height="wrap_content"
        android:layout_alignTop="@id/ok"                                     ⑪
        android:layout_toLeftOf="@id/ok"                                     ⑫
        android:text="@string/activity_main_cancel" />

</RelativeLayout>
```

代码第②行声明一个 id 为 label 的 TextView 控件，其他控件相对于它摆放，它相当于"地标"。

代码第③行声明一个 id 为 entry 的 EditText 控件，通过代码第④行的 android:layout_below="@id/label" 引用 label 控件，layout_below 属性声明 entry 在 label 之下。

代码第⑥行声明一个 id 为 ok 的 Button 控件，通过代码第⑧行 android:layout_below="@id/entry"引用 entry 控件，layout_below 属性声明 ok 在 entry 之下，代码第⑦行 android:layout_alignParentRight="true"属性，使 ok 按钮在父容器中靠右对齐。

代码第⑩行声明一个 Button 控件，它与 ok 按钮顶边对齐，见代码第⑪行 android:layout_alignTop="@id/ok"。它被放置在 ok 按钮的左边，见代码第⑫行 android:layout_toLeftOf="@id/ok"。

代码第⑤行设置 EditText 控件的背景，注意其取值"@android:drawable/editbox_background"而非"@drawable/editbox_background"，前缀 android:表明 editbox_background 不是在当前项目中声明的，而是在 Android 框架中声明的。

提示：在 Android 界面经常遇到 padding 和 margin 概念，这两个概念是从 HTML 和 CSS 借鉴过来的，margin 是外边距，padding 是内边距，如图 6-14 所示。padding 和 margin 都有 4 个边，在 Android 中每一个都涉及 5 个属性，padding 的 5 个属性是 android:padding、android:paddingLeft、android:paddingTop、android:paddingRight、android:paddingBottom，其中 android:padding 表示同时设置 4 个边距离。margin 的 5 个属性是 android:layout_margin、android:layout_marginLeft、android:layout_marginTop、android:layout_marginRight、android:layout_marginBottom，其中 android:layout_margin 表示同时设置 4 个边距离。

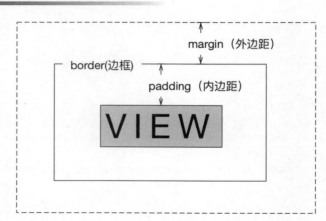

图 6-14　padding 和 margin 概念

6.2.7　网格布局

网格布局不会显示行、列、单元格的边框线。如图 6-15 所示是 5 行 3 列网格布局，使用属性 android:rowCount ="5"和 android:columnCount="3"设置网格行和列，android:orientation 可以设置网格布局排列方向。而且网格布局可以设置行列合并，android:layout_columnSpan 属性可以合并多列，android:layout_rowSpan 属性可以合并多行。

提示：网格布局是 Android 4 推出的，要求 Android SDK 最低版本大于或等于 14。低于 14 的版本只能使用表格布局。

6.2.8　网格布局实例：构建计算器界面

计算器界面由很多控件构成，可以通过网格布局实现，如图 6-16 所示。

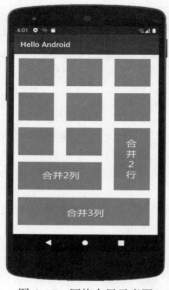

图 6-15　网格布局示意图　　　　图 6-16　网格布局实例

布局文件 activity_main.xml 代码如下：

```xml
<?xml version="1.0" encoding="utf-8"?>
<GridLayout xmlns:android="http://schemas.android.com/apk/res/android"
    android:layout_width="wrap_content"
    android:layout_height="wrap_content"
    android:layout_gravity="center_horizontal"
    android:columnCount="4"                                              ①
    android:orientation="horizontal"                                     ②
    android:rowCount="5">                                                ③

    <Button
        android:id="@+id/one"
        android:text="1" />
    …
    <Button
        android:id="@+id/six"
        android:text="6" />

    <Button
        android:id="@+id/multiply"
        android:text="×" />

    <Button
        android:id="@+id/seven"
        android:text="7" />

    <Button
        android:id="@+id/eight"
        android:text="8" />

    <Button
        android:id="@+id/nine"
        android:text="9" />

    <Button
        android:id="@+id/minus"
        android:text="-" />

    <Button
        android:id="@+id/zero"
        android:layout_columnSpan="2"                                    ④
        android:layout_gravity="fill"
        android:text="0" />

    <Button
        android:id="@+id/point"
        android:text="." />
```

```xml
    <Button
        android:id="@+id/plus"
        android:layout_gravity="fill"
        android:layout_rowSpan="2"                                            ⑤
        android:text="+" />

    <Button
        android:id="@+id/equal"
        android:layout_columnSpan="3"                                         ⑥
        android:layout_gravity="fill"
        android:text="=" />
</GridLayout>
```

代码第①行用于设置网格有 4 列，代码第③行用于设置网格有 5 行，代码第②行 android:orientation="horizontal"属性用于设置网格中控件的排列方向。代码第④行 android:layout_columnSpan="2"用于设置第 4 行的第 1、2 列合并。代码第⑤行 android:layout_rowSpan="2"用于设置第 4 列的第 4、5 行合并。代码第⑥行 android:layout_columnSpan="3"用于设置第 5 行的第 1、2、3 列合并。

注意：设置合并单元格，一般需要设置 android:layout_gravity="fill"，该种设置可以将容器填充整个合并的单元格。

6.2.9 布局文件嵌套实例：构建登录界面

各个布局之间可以嵌套，也可以使用<include>标签载入定义好的另一个布局文件。如图 6-9 所示登录界面也可以采用<include>布局嵌套实现。

本例布局文件有 4 个，主布局文件只有 1 个 activity_main.xml，代码如下：

```xml
<?xml version="1.0" encoding="utf-8"?>
<LinearLayout xmlns:android="http://schemas.android.com/apk/res/android"
    android:layout_width="match_parent"
    android:layout_height="match_parent"
    android:orientation="vertical">

    <TextView
        android:layout_width="match_parent"
        android:layout_height="wrap_content"
        android:gravity="center"
        android:text="@string/title"
        android:textSize="20sp" />

    <include layout="@layout/layoutcase1" />                                  ①

    <include layout="@layout/layoutcase2" />                                  ②

    <include layout="@layout/layoutcase3" />                                  ③

</LinearLayout>
```

代码第①~③行是载入 3 个布局文件。其中 layoutcase1.xml 代码如下：

```xml
<?xml version="1.0" encoding="utf-8"?>
<LinearLayout xmlns:android="http://schemas.android.com/apk/res/android"
    android:layout_width="match_parent"
    android:layout_height="wrap_content"
    android:orientation="horizontal">

    <TextView
        android:layout_width="wrap_content"
        android:layout_height="wrap_content"
        android:text="@string/username"
        android:textSize="15sp" />

    <EditText
        android:layout_width="match_parent"
        android:layout_height="wrap_content" />
</LinearLayout>
```

layoutcase2.xml 代码如下：

```xml
<?xml version="1.0" encoding="utf-8"?>
<LinearLayout xmlns:android="http://schemas.android.com/apk/res/android"
    android:layout_width="match_parent"
    android:layout_height="wrap_content"
    android:orientation="horizontal">

    <TextView
        android:layout_width="wrap_content"
        android:layout_height="wrap_content"
        android:text="@string/password"
        android:textSize="15sp" />

    <EditText
        android:layout_width="match_parent"
        android:layout_height="wrap_content"
        android:inputType="textPassword" />

</LinearLayout>
```

layoutcase3.xml 代码如下：

```xml
<?xml version="1.0" encoding="utf-8"?>
<LinearLayout xmlns:android="http://schemas.android.com/apk/res/android"
    android:layout_width="match_parent"
    android:layout_height="wrap_content"
    android:orientation="horizontal">

    <Button
        android:layout_width="wrap_content"
        android:layout_height="wrap_content"
        android:layout_weight="1"

        android:text="@string/login" />
```

```
    <Button
        android:layout_width="wrap_content"
        android:layout_height="wrap_content"
        android:layout_weight="1"
        android:text="@string/register" />
</LinearLayout>
```

这些布局文件比较简单,此处就不再赘述了。

6.3 Android 约束布局

为了构建可以自适应的界面,谷歌推出了 ConstraintLayout (约束布局),它能够与 Android Studio 的界面设计工具很好地配合使用。使用约束布局需要 Android Studio 3.0 或更高版本。所谓的约束布局在定位控件时提供了一些约束,例如高度、宽度、水平居中、垂直居中等约束。通过这些约束实现控件的布局。

实例:使用约束布局重构 LabelButton 界面

为了熟悉约束布局,本节将 5.2.2 节的 LabelButton 实例使用约束布局进行重构。首先参考 5.2 节创建项目 LabelButton,实现 LabelButton 界面具体包括以下几个步骤。

(1) 删除原来 Hello World! 标签。删除原来标签视图,选择视图,然后按 Delete 键,即可删除视图。

(2) 添加标签。从控件库拖动 TextView 控件到设计窗口,如图 6-17 所示。

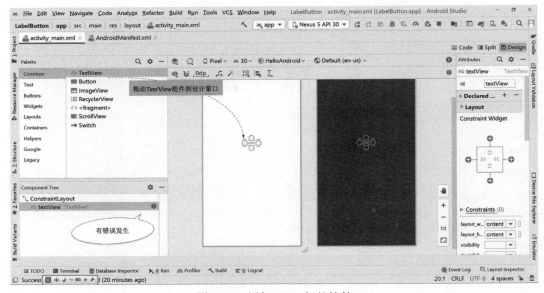

图 6-17 添加 Label 标签控件

(3) 标签布局。摆放好标签视图后,发现左下角的 ComponentTree 窗口出现"有错误发生"提示,如图 6-17 所示。这是因为采用约束布局时,在设计过程中可能会有一些冲突,或者添加的约束还不足以布局(定位)控件,如图 6-17 所示的错误,就是由于作用于标签的约束还不足以定位控件。如果约束能确定控

件 x 和 y 轴坐标,那么就可以解决刚才的错误问题。能够确定控件的 x 和 y 轴坐标的约束有很多,例如为控件指定左边距和顶边距约束,为控件提供水平居中和垂直居中约束等。为标签控件添加水平居中约束过程是:选中控件右击,在弹出菜单中选择 Center → Horizontally in Parent 命令,这可以为控件添加在父容器的水平居中约束,如果选择 Center → Horizontally 命令,则会添加基于屏幕的水平居中约束,添加完成界面如图 6-18 所示。添加垂直居中约束与水平居中约束类似,此处不再赘述。添加完成这两个约束之后,会发现标签组件的错误没有了。

图 6-18　添加水平居中约束

(4)添加 OK 按钮。添加 OK 按钮与添加标签类似,从控件库拖动 Button 控件到设计窗口,如图 6-19 所示。

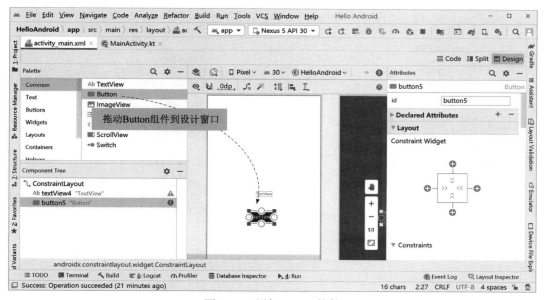

图 6-19　添加 Button 控件

（5）OK 按钮布局。添加标签组件的约束是：水平居中和垂直居中。为了熟悉约束布局，设置 OK 按钮约束：水平居中和指定顶边距。水平居中可以确定按钮的 x 轴坐标，顶边距可以指定按钮的 y 轴坐标。添加垂直居中约束与标签类似，此处不再赘述，添加顶边距约束步骤是：在如图 6-20 所示的右侧布局窗口中点击"添加约束"按钮 ⊕，还可以根据需要调整边距，如图 6-21 所示。

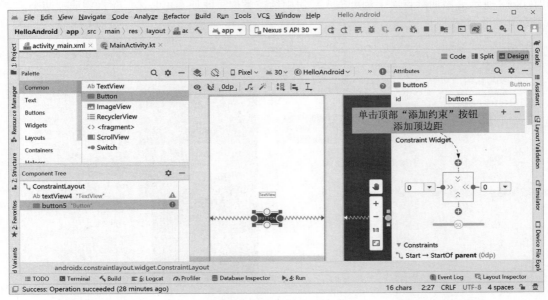

图 6-20　指定顶边距约束

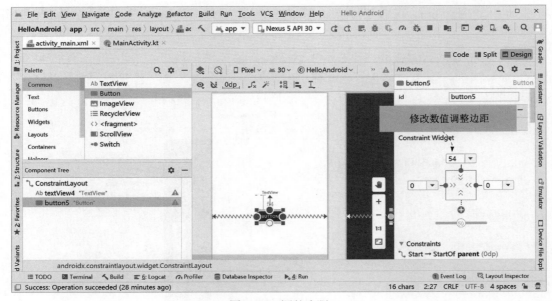

图 6-21　调整边距

（6）设置相关属性。布局完成后，还需要修改标签和按钮的属性，如图 6-22 所示，选中标签控件，然后在属性窗口中找到 text 属性。需要将 text 属性修改为 OK。

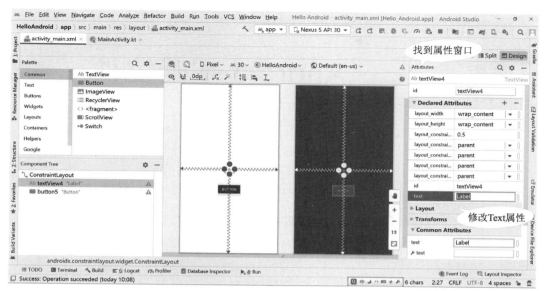

图 6-22　修改 Label 标签属性

至此，完成 LabelButton 实例界面设计，如图 6-23 所示。

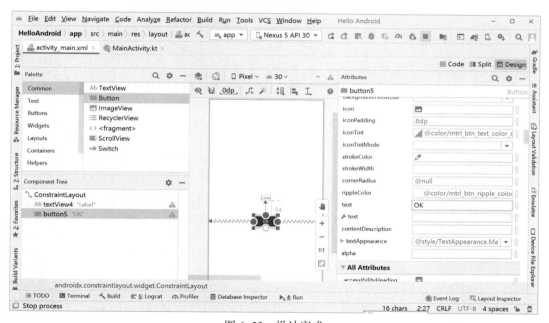

图 6-23　设计完成

6.4　本章总结

本章首先介绍了 Android 界面布局设计模式，然后介绍类布局管理，重点介绍其中 4 种常用布局以及布局嵌套，最后探讨了 Android 约束布局。

第 7 章 Android 基础控件

CHAPTER 7

本章介绍 Android 基础控件,如图 7-1 所示,这些控件类直接或间接继承了 android.view.View 类的控件,主要包括按钮、标签(TextView)、文本框(EditText)、单选按钮(RadioButton)、复选框(CheckButton)进度栏、拖动栏(SeekBar)等。

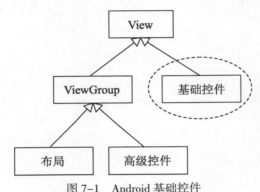

图 7-1 Android 基础控件

7.1 按钮

按钮是接收用户单击事件,并执行操作的控件。按钮可以在一般的表单中使用。Android 按钮有 Button、ImageButton 和 ToggleButton 三种主要形式。

7.1.1 Button

普通 Button 能够显示文本,默认样式为圆角设计,如图 7-2 所示。

Button 对应类是 android.widget.Button,类图如图 7-3 所示,android.widget.Button 继承了 android.widget.TextView,TextView 是显示文本的控件,这说明 Button 是一种显示文本按钮。android:text 属性可以设置 Button 按钮上显示的文本。

图 7-2 Button 样式

7.1.2 ImageButton

ImageButton 是一种带有图片的按钮,ImageButton 默认样式也为圆角设计,与 Button 类似,只是上面显示的不是文本而是图片。

ImageButton 对应类是 android.widget.ImageButton，类图如图 7-4 所示，android.widget.ImageButton 继承了 android.widget.ImageView，ImageView 是显示图片的控件，这说明 ImageButton 是一种显示图片按钮。android:src 属性可以设置 ImageButton 按钮上显示的图片。

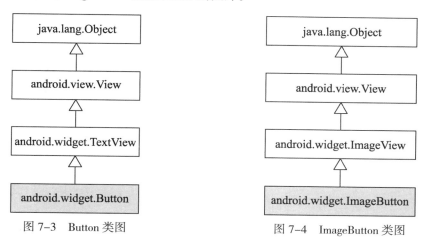

图 7-3　Button 类图　　　　　　　　图 7-4　ImageButton 类图

7.1.3　ToggleButton

ToggleButton 是一种可以显示两种状态的按钮，类似于 Switch。ToggleButton 上的文本默认情况下显示 OFF 或 ON，如图 7-5 所示，这些文本是由系统提供的，会根据设备设置的语言习惯来实现本地化，因此如果手机设置为中文语言习惯，ToggleButton 上显示的文本会是"关闭"或"开启"。当然可以自定义两种状态的文本，通过 android:textOn 和 android:textOff 属性设置文本。

ToggleButton 对应类是 android.widget.ToggleButton，类图如图 7-6 所示，android.widget.ToggleButton 继承了 android.widget.Button。

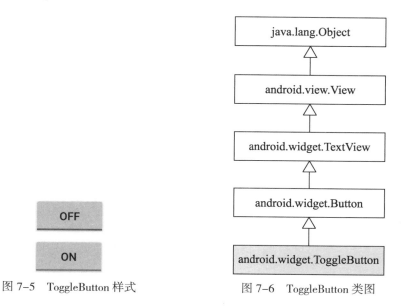

图 7-5　ToggleButton 样式　　　　图 7-6　ToggleButton 类图

7.1.4 实例：ButtonSample

下面通过一个实例介绍 Button、ImageButton 和 ToggleButton 三种按钮。如图 7-7 所示，屏幕中分别有 Button、ImageButton 和 ToggleButton 三个按钮，任意单击某个按钮，屏幕最上边的标签显示的内容会被修改。

图 7-7　ButtonSample 实例运行效果

布局文件 activity_main.xml 代码如下：

```xml
<?xml version="1.0" encoding="utf-8"?>
<LinearLayout xmlns:android="http://schemas.android.com/apk/res/android"
    android:layout_width="match_parent"
    android:layout_height="match_parent"
    android:orientation="vertical">

    <TextView                                          //用来显示按钮单击后的状态
        android:id="@+id/textView"
        android:layout_width="wrap_content"
        android:layout_height="wrap_content" />

    <Button                                            //声明 Button 按钮
        android:id="@+id/button"
        android:layout_width="wrap_content"
        android:layout_height="wrap_content"
        android:text="@string/button" />

    <ImageButton                                       //声明 ImageButton 按钮
        android:id="@+id/imageButton"
        android:layout_width="wrap_content"
```

```xml
        android:layout_height="wrap_content"
        android:src="@mipmap/ic_launcher" />                                          ①

    <ToggleButton                                      //声明ToggleButton按钮
        android:id="@+id/toggleButton"
        android:layout_width="wrap_content"
        android:layout_height="wrap_content" />

</LinearLayout>
```

上述布局采用垂直的线性布局，其中包含了 4 个控件：一个标签（TextView）和三个按钮。代码第①行 android:src="@mipmap/ic_launcher"是为按钮设置显示的图片，android:src 属性是图片来源，"@mipmap/ic_launcher"是放置在 res/mipmap 目录中的 ic_launcher.png 图标。

MainActivity.kt 代码如下：

```kotlin
class MainActivity : AppCompatActivity() {
    override fun onCreate(savedInstanceState: Bundle?) {
        super.onCreate(savedInstanceState)
        setContentView(R.layout.activity_main)
        val text = findViewById<TextView>(R.id.textView)
        val button = findViewById<Button>(R.id.button)                               ①
        button.setOnClickListener { text.text = "单击了Button!" }                    ②
        val imageButton = findViewById<ImageButton>(R.id.imageButton)                ③
        imageButton.setOnClickListener { text.text = "单击了ImageButton!" }

        val toggleButton = findViewById<ToggleButton>(R.id.toggleButton)
        toggleButton.setOnClickListener { view ->
            val toggleButton = view as ToggleButton
            text.setText("单击了ToggleButton,状态：${toggleButton.isChecked}");      ④
        }
    }
}
```

代码第①行通过 findViewById<Button>(R.id.button)函数查找 Button 对象，这是通过布局文件中声明的控件 id 查找的，获得 Button 对象之后，再定义它的事件处理。代码第③行是事件处理代码，采用匿名 Lambda 表达式实现。关于事件处理，读者可以参考第 5 章相关内容。另外两个按钮的事件处理与 Button 类似，此处不再赘述。

在代码第④行中 toggleButton.isChecked 属性用于获得 ToggleButton 的状态，返回布尔值，即 true 或 false。

7.2 标签

在 Android 中的标签控件是 TextView，它是只读的、不能修改，一般用于显示一些信息。TextView 对应类是 android.widget.TextView，TextView 类图如图 7-8 所示，android.widget.TextView 继承了 android. View.View。

在 7.1.4 节的 ButtonSample 实例布局文件 activity_main.xml 中 TextView 控件的声明代码如下：

```xml
<TextView
    android:id="@+id/textView"
```

```
android:layout_width="wrap_content"
android:layout_height="wrap_content" />
```

获得 TextView 控件相关代码如下：

```
val text = findViewById<TextView>(R.id.textView)
```

在程序代码中可以使用 text 属性设置 TextView 显示的文本，以及获得 TextView 的值，返回值是 CharSequence 类型。

提示：CharSequence 是字符序列接口。String、StringBuffer 和 StringBuilder 都实现了 CharSequence 接口。

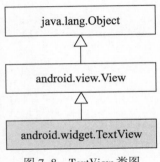

图 7-8　TextView 类图

7.3　文本框

在 Android 中文本框控件是 EditText，用来收集用户输入的文本信息，以及展示文本信息。默认情况下，文本框样式是如图 7-9 所示的 Email address 控件，注意它只有下边框。

EditText 对应类是 android.widget.EditText，EditText 类图如图 7-10 所示，android.widget.EditText 继承了 android.widget.TextView。

图 7-9　EditText 默认样式

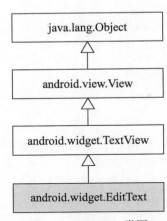

图 7-10　EditText 类图

7.3.1　文本框相关属性

EditText 有很多属性，作为文本框具备以下特有属性。

（1）android:maxLines。设置显示最大行数。

（2）android:minLines。设置最少显示行数。

（3）android:inputType。设置输入类型，目前有 32 种不同类型可以输入，例如：textPassword 控制输入的内容以密码显示；phone 控制弹出的键盘为电话拨号键盘。

（4）android:hint。文本框中的提示文本，当文本框中没有输入任何内容时，该属性设置的内容呈现浅灰色显示。

（5）android:textColorHint。设置提示文本的显示颜色，默认值是浅灰色。

（6）android:singleLine。设置是否单行输入。默认情况下文本框是可以输入多行的，通过设置该属性为true，使文本框只能单行输入。

（7）android:background。设置文本框背景。

7.3.2 实例：用户登录

图 7-11 所示是用户登录实例，屏幕中有两个文本框和一个登录按钮，第一个文本框是输入用户名，第二个文本框是输入密码。点击"按钮"会修改第一个文本框内容。

图 7-11　用户登录实例

布局文件 activity_main.xml 代码如下：

```
<?xml version="1.0" encoding="utf-8"?>
<LinearLayout xmlns:android="http://schemas.android.com/apk/res/android"
    android:layout_width="match_parent"
    android:layout_height="match_parent"
    android:orientation="vertical">
    <EditText
        android:id="@+id/username"
        android:layout_width="match_parent"
        android:layout_height="wrap_content"
        android:background="@android:drawable/editbox_background"         ①
        android:hint="请输入用户名" />                                      ②
    <EditText
        android:id="@+id/pwd"
        android:layout_width="match_parent"
```

```
        android:layout_height="wrap_content"
        android:background="@android:drawable/editbox_background"          ③
        android:hint="请输入密码"                                             ④
        android:inputType="textPassword" />                                 ⑤
    <Button
        android:id="@+id/login_button"
        android:layout_width="match_parent"
        android:layout_height="wrap_content"
        android:text="@string/button" />
</LinearLayout>
```

代码第①行和第③行设置 android:background 属性，其中取值"@android:drawable/editbox_background"是 Android 系统提供的 editbox_background.xml，设置该属性之后，如图 7-11 所示，文本框周围有边框，并且当文本框获得焦点时边框会显示为黄色。

代码第②行和第④行设置 android:hint 属性，如图 7-11 所示显示淡灰色提示信息。代码第⑤行 android:inputType="textPassword"设置控制输入的内容以密码显示。

MainActivity.kt 代码如下：

```
class MainActivity : AppCompatActivity() {
    override fun onCreate(savedInstanceState: Bundle?) {
        super.onCreate(savedInstanceState)
        setContentView(R.layout.activity_main)


        val edittext = findViewById<EditText>(R.id.username)                ①

        val button = findViewById<Button>(R.id.login_button)
        button.setOnClickListener {
            edittext.setText("你好我是 EditText")                            ②
            println(edittext.text)                                          ③
        }

    }
}
```

代码第①行通过 findViewById(R.id.username)函数查找 EditText 对象。

在程序代码中可以使用 setText(android.text.Editable)函数设置 EditText 值，该函数参数是 android.text.Editable 接口类型，Editable 继承 CharSequence 接口。代码第③行通过 text 属性获得 EditText 输入的文本内容，该属性返回值为 android.text.Editable 类型。

7.3.3 实例：文本框输入控制

EditText 控件还有很多输入控制属性，下面通过如图 7-12 所示的实例介绍输入控制的相关属性。

布局文件 activity_main.xml 代码中"最大行数 3"的 EditText 相关代码如下：

```
<?xml version="1.0" encoding="utf-8"?>
<LinearLayout xmlns:android="http://schemas.android.com/apk/res/android"
```

```
    android:layout_width="match_parent"
    android:layout_height="match_parent"
    android:orientation="vertical">
    <EditText
        android:layout_width="match_parent"
        android:layout_height="wrap_content"
        android:hint="最大行数 3"
        android:maxLines="3" />                                                    ①
    …
</LinearLayout>
```

代码第①行 android:maxLines="3"设置最多显示 3 行文本,如图 7-13 所示,虽然输入多行文本,但是最多只显示 3 行文本。

图 7-12　文本框输入控制实例

图 7-13　设置显示 3 行文本

布局文件 activity_main.xml 代码中输入数字的 EditText 相关代码如下:

```
<?xml version="1.0" encoding="utf-8"?>
<LinearLayout xmlns:android="http://schemas.android.com/apk/res/android"
    android:layout_width="match_parent"
    android:layout_height="match_parent"
    android:orientation="vertical">
    …
    <EditText
        android:layout_width="match_parent"
        android:layout_height="wrap_content"
        android:hint="输入数字"
        android:inputType="number"                                                 ①
        android:singleLine="true" />
```

```
<EditText
    android:layout_width="match_parent"
    android:layout_height="wrap_content"
    android:hint="输入带小数点的浮点格式"
    android:inputType="numberDecimal"
    android:singleLine="true" />
…
</LinearLayout>
```
②

图 7-14 设置输入数字

代码第①行 android:inputType="number"设置输入数字，弹出数字键盘（见图 7-14），只能输入数字，不包括小数点和负数。代码第②行 android:inputType="numberDecimal"设置输入带小数点的浮点数。

布局文件 activity_main.xml 代码中输入日期时间的 EditText 相关代码如下：

```
<?xml version="1.0" encoding="utf-8"?>
<LinearLayout xmlns:android="http://schemas.android.com/apk/res/android"
    android:layout_width="match_parent"
    android:layout_height="match_parent"
    android:orientation="vertical">
    …
    <EditText
        android:layout_width="match_parent"
        android:layout_height="wrap_content"
        android:hint="输入日期时间"
        android:inputType="datetime"
        android:singleLine="true" />
    <EditText
        android:layout_width="match_parent"
        android:layout_height="wrap_content"
        android:hint="输入日期"
        android:inputType="date"
        android:singleLine="true" />
    <EditText
        android:layout_width="match_parent"
        android:layout_height="wrap_content"
        android:hint="输入时间"
        android:inputType="time"
        android:singleLine="true" />
    …
</LinearLayout>
```
①

②

③

代码第①行 android:inputType="datetime"设置输入日期时间，弹出日期时间键盘，如图 7-15（a）所示。代码第②行 android:inputType="date"设置输入日期，弹出日期键盘如图 7-15（b）所示。代码第③行 android:inputType="time"设置输入时间，弹出时间键盘如图 7-15（c）所示。

第 7 章　Android 基础控件　113

（a）设置输入日期时间

（b）设置输入日期

（c）设置输入时间

图 7-15　设置输入日期时间、日期、时间

7.4　单选按钮

从一组选项中选择一个，不能多选，同一组中的选项是互斥的，这种控件叫作"单选按钮"，由于非常像老式收音机的按钮，只要按下一个按钮，其他按钮就会弹起，因此也被称为"收音机按钮"。

7.4.1　RadioButton

在 Android 中"单选按钮"是 RadioButton，其默认样式如图 7-16 所示。为了将多个 RadioButton 放置在一组中，使其具有互斥性，则需要将这些 RadioButton 放置在一个 RadioGroup 中。

RadioButton 对应类是 android.widget.RadioButton，类图如图 7-17 所示，android.widget.RadioButton 继承了 android.widget.Button，这说明 RadioButton 是一种按钮。RadioButton 有一个特有属性 android:checked，该属性用于设置 RadioButton 的选中状态，它是一个布尔值，true 表示选中，false 表示未选中。

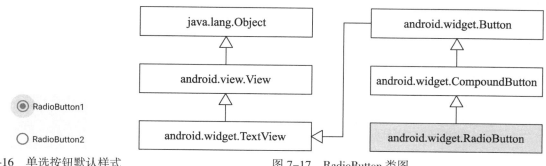

图 7-16　单选按钮默认样式　　　　　　图 7-17　RadioButton 类图

7.4.2 RadioGroup

android.widget.RadioGroup 是一个 ViewGroup，它是 RadioButton 控件的容器，只有放到同一个 RadioGroup 中的 RadioButton 控件才能产生互斥的效果，android.widget.RadioGroup 类图如图 7-18 所示，android.widget.RadioGroup 并不属于基础控件，它属于线性布局。

7.4.3 实例：使用单选按钮

如图 7-19 所示是使用单选按钮的实例，在屏幕上出现了两组 RadioButton，在同一组内的 RadioButton（男和女之间，英语和德语之间）是互斥的，不同组之间没有关系。

图 7-18　RadioGroup 类图　　　　　图 7-19　单选按钮实例

布局文件 activity_main.xml 代码如下：

```xml
<?xml version="1.0" encoding="utf-8"?>
<LinearLayout xmlns:android="http://schemas.android.com/apk/res/android"
    android:layout_width="match_parent"
    android:layout_height="match_parent"
    android:orientation="vertical">
…
    <RadioGroup                                                              ①
        android:id="@+id/RadioGroup01"
        android:layout_width="wrap_content"
        android:layout_height="wrap_content">
        <RadioButton                                                         ②
            android:id="@+id/RadioButton01"
            android:layout_width="wrap_content"
            android:layout_height="wrap_content"
            android:checked="true"                                           ③
            android:text="@string/male"
```

```xml
            android:textSize="@dimen/size" />
        <RadioButton                                                          ④
            android:id="@+id/RadioButton02"
            android:layout_width="wrap_content"
            android:layout_height="wrap_content"
            android:text="@string/female"
            android:textSize="@dimen/size" />
    </RadioGroup>
    …
    <RadioGroup                                                               ⑤
        android:id="@+id/RadioGroup02"
        android:layout_width="wrap_content"
        android:layout_height="wrap_content">
        <RadioButton                                                          ⑥
            android:id="@+id/RadioButton01"
            android:layout_width="wrap_content"
            android:layout_height="wrap_content"
            android:checked="true"                                            ⑦
            android:text="@string/lang_1"
            android:textSize="@dimen/size" />
        <RadioButton                                                          ⑧
            android:id="@+id/RadioButton02"
            android:layout_width="wrap_content"
            android:layout_height="wrap_content"
            android:text="@string/lang_2"
            android:textSize="@dimen/size" />
    </RadioGroup>
</LinearLayout>
```

在布局文件中声明了两个 RadioGroup，见代码第①行和第⑤行，RadioGroup 是线性布局。每一个 RadioGroup 中有两个 RadioButton。

代码第②行声明"男"RadioButton，代码第③行 android:checked="true"是设置选中，代码第④行声明"女"RadioButton。代码第⑥行声明"英语"RadioButton，代码第⑦行 android:checked="true"是设置选中，代码第⑧行声明"德语"RadioButton。

MainActivity.kt 代码如下：

```kotlin
class MainActivity : AppCompatActivity(), RadioGroup.OnCheckedChangeListener {   ①

    var mTextView: TextView? = null

    override fun onCreate(savedInstanceState: Bundle?) {
        super.onCreate(savedInstanceState)
        setContentView(R.layout.activity_main)

        mTextView = findViewById<TextView>(R.id.TextView01)
        val mRadioGroup1 = findViewById<RadioGroup>(R.id.RadioGroup1)
        //注册 RadioGroup1 监听器
        mRadioGroup1.setOnCheckedChangeListener(this)                            ②
        val mRadioGroup2 = findViewById<RadioGroup>(R.id.RadioGroup2)
```

```
        //注册RadioGroup2监听器
        mRadioGroup2.setOnCheckedChangeListener(this)                    ③
    }

    override fun onCheckedChanged(rdp: RadioGroup, checkedId: Int) {     ④
        when (rdp.id) {                                                  ⑤
            R.id.RadioGroup1 -> {
                val rb1 = this.findViewById<RadioButton>(checkedId)      ⑥
                mTextView?.text = "选择性别: ${rb1.text}"                  ⑦
            }
            R.id.RadioGroup2 -> {
                val rb2 = this.findViewById<RadioButton>(checkedId)
                mTextView?.text = "选择语言: ${rb2.text}"
            }
        }
    }
}
```

代码第①行声明 MainActivity 实现 RadioGroup.OnCheckedChangeListener 接口，这样 MainActivity 就成为 RadioGroup 事件监听器，该接口要求实现代码第④行的 onCheckedChanged 函数。代码第②行注册当前 MainActivity 对象作为 RadioGroup1 监听器，代码第③行注册 MainActivity 对象作为 RadioGroup2 监听器。

由于 RadioGroup1 和 RadioGroup2 监听器都是 MainActivity 对象，因此在代码第④行的事件处理函数 fun onCheckedChanged(rdp: RadioGroup, checkedId: Int)中，需要区分事件源是 RadioGroup1 还是 RadioGroup02，其中函数 rdp 参数就是事件源，checkedId 参数是选中的 RadioButton id。代码第⑤行的 rdp.Id()用于获得 RadioGroup 的 id，通过 id 进行比较是否等于 R.id.RadioGroup1 或 R.id.RadioGroup2，则可以判断事件源是哪个 RadioGroup，由于 id 是整数，所以可以使用 when 语句。

代码第⑥行的 findViewById()函数用于查找 id 为 checkedId 的 RadioButton 对象。

7.5 复选框

"复选框"有两个用途：一是可以使用户选择多个选项；二是可以为用户提供两种状态切换的控件，类似于 ToggleButton 和 Switch。当选择多个"复选框"时，与"单选按钮"不同，没有组的概念，选项之间不是互斥的。

7.5.1 CheckBox

在 Android 中"复选框"是 CheckBox，CheckBox 默认样式如图 7-20 所示。

CheckBox 对应类是 android.widget.CheckBox，类图如图 7-21 所示，android.widget.CheckBox 继承了 android.widget.Button，这说明 CheckBox 是一种按钮。CheckBox 有一个特有属性 android:checked，该属性用于设置 CheckBox 的选中状态，它是一个布尔值，true 表示选中，false 表示未选中。

图 7-20 CheckBox 默认样式

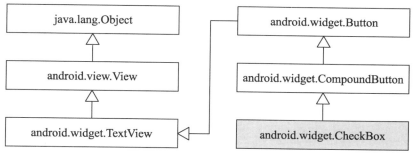

图 7-21　CheckBox 类图

7.5.2　实例：使用复选框

图 7-22 所示是使用复选框实例，在屏幕上出现了 4 个 CheckBox 选项，可以同时进行选择。

图 7-22　使用复选框实例

布局文件 activity_main.xml 代码如下：

```
<?xml version="1.0" encoding="utf-8"?>
<LinearLayout xmlns:android="http://schemas.android.com/apk/res/android"
    android:layout_width="match_parent"
    android:layout_height="match_parent"
    android:orientation="vertical">
…
    <CheckBox
        android:id="@+id/CheckBox01"
        android:layout_width="wrap_content"
        android:layout_height="wrap_content"
        android:checked="true"
        android:text="@string/checkBox01"
```

①

```xml
            android:textSize="@dimen/size" />
        <CheckBox
            android:id="@+id/CheckBox02"
            android:layout_width="wrap_content"
            android:layout_height="wrap_content"
            android:text="@string/checkBox02"
            android:textSize="@dimen/size" />
        <CheckBox
            android:id="@+id/CheckBox03"
            android:layout_width="wrap_content"
            android:layout_height="wrap_content"
            android:text="@string/checkBox03"
            android:textSize="@dimen/size" />
        <CheckBox
            android:id="@+id/CheckBox04"
            android:layout_width="wrap_content"
            android:layout_height="wrap_content"
            android:text="@string/checkBox04"
            android:textSize="@dimen/size" />
</LinearLayout>
```

在布局文件中声明了 4 个 CheckBox，代码第①行 android:checked="true"用于设置 CheckBox1 复选框被选中。

MainActivity.kt 代码如下：

```kotlin
class MainActivity : AppCompatActivity(), CompoundButton.OnCheckedChangeListener {   ①

    var mCheckbox1: CheckBox? = null
    var mCheckbox2: CheckBox? = null
    var mCheckbox3: CheckBox? = null
    var mCheckbox4: CheckBox? = null
    var mTextView: TextView? = null

    override fun onCreate(savedInstanceState: Bundle?) {
        super.onCreate(savedInstanceState)
        setContentView(R.layout.activity_main)

        mTextView = findViewById(R.id.TextView01)
        //获得 CheckBox1 对象
        mCheckbox1 = findViewById(R.id.CheckBox01)
        //注册 CheckBox1 监听器
        mCheckbox1?.setOnCheckedChangeListener(this)
        //获得 CheckBox02 对象
        mCheckbox2 = findViewById(R.id.CheckBox02)
        //注册 CheckBox02 监听器
        mCheckbox2?.setOnCheckedChangeListener(this)
        //获得 CheckBox3 对象
        mCheckbox3 = findViewById(R.id.CheckBox03)
        //注册 CheckBox3 监听器
        mCheckbox3?.setOnCheckedChangeListener(this)
        //获得 CheckBox4 对象
```

②

```
            mCheckbox4 = findViewById(R.id.CheckBox04)
            //注册CheckBox4监听器
            mCheckbox4?.setOnCheckedChangeListener(this)
        }

        override fun onCheckedChanged(buttonView: CompoundButton?, isChecked: Boolean) {   ③
            val ckb = buttonView as CheckBox                                                ④
            mTextView!!.text = "[点击了${ckb.text}，状态是: ${isChecked}]"                   ⑤
        }
    }
```

代码第①行声明 MainActivity 实现 CompoundButton.OnCheckedChangeListener 接口，这样 MainActivity 就成为 CheckBox 事件监听器，该接口要求实现代码第③行的 onCheckedChanged 函数。代码第②行注册当前 MainActivity 对象作为 CheckBox1 监听器，类似地，其他三个 CheckBox 都需要注册。

这 4 个 CheckBox 事件处理都是在代码第③行的 onCheckedChanged 函数中完成，其中参数 buttonView 是事件源对象，即 CheckBox 对象，参数 isChecked 是点击 CheckBox 对象状态。

注意：CheckBox 控件的事件处理者要实现 CompoundButton.OnCheckedChangeListener 接口，这与 RadioButton 控件不同，RadioButton 控件的事件处理者要实现的接口是 RadioGroup.OnCheckedChangeListener。它们的事件源差别很大，CheckBox 控件事件源是 android.widget.CheckBox，而 RadioButton 控件的事件源是 android.widget.RadioGroup，不是 RadioButton。

7.6 进度栏

进度栏（ProgressBar）可以反馈出后台任务正在处理或处理的进度。

在 Android 中进度栏是 android.widget.ProgressBar 类，类图如图 7-23 所示，android.widget.ProgressBar 直接继承了 android.view.View 类。

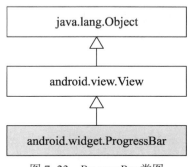

图 7-23　ProgressBar 类图

7.6.1 进度栏相关属性和函数

进度栏有很多属性，具体包括以下 XML 属性。

（1）android:max。设置进度最大值。
（2）android:progress。设置当前进度。
（3）android:secondaryProgress。第二层进度栏进度。
（4）android:indeterminate。设置不确定模式进度栏，true 为不确定模式。

ProgressBar 类中包括以下常用函数。

（1）getMax()。返回进度最大值。
（2）getProgress()。返回进度值。
（3）getSecondaryProgress()。返回第二层进度栏进度值。
（4）incrementProgressBy(int diff)。设置增加进度。
（5）isIndeterminate()。判断是否为不确定模式。
（6）setIndeterminate(boolean indeterminate)。设置为不确定模式。

说明：什么是不确定模式（indeterminate）？一项任务的进度可以分为两种：确定进度和不确定进度。确定进度是通过计算能够知道当前任务进展情况，可以给用户一个完成的进度比例，还可以估算任务结束的时间，例如 Windows 的安装进度，会显示安装了百分之几，还有多长时间完成，该确定进度模式能够给用户很好的体验；不确定进度，是一些无法计算进展情况的任务，这些任务不知何时结束，但可以知道任务是进行还是停止。

Android 系统提供了多种进度栏样式。其中一些与系统主题无关，如图 7-24（a）、（d）、（f）所示；还有一些与系统主题有关，保持与系统主题一致，如图 7-24（b）、（c）、（e）所示。以下是与系统主题无关的 6 种样式。

（1）Widget.ProgressBar.Horizontal：水平条状进度栏。
（2）Widget.ProgressBar.Small：小圆形进度栏（默认为顺时针旋转）。
（3）Widget.ProgressBar.Large：大圆形进度栏（默认为顺时针旋转）。
（4）Widget.ProgressBar.Inverse：圆形进度栏。
（5）Widget.ProgressBar.Small.Inverse：小圆形逆时针旋转进度栏。
（6）Widget.ProgressBar.Large.Inverse：大圆形逆时针旋转进度栏。

在 XML 中可以通过 style="@android:style/<进度栏样式>"进行设置，代码如下：

```xml
<ProgressBar
    android:layout_width="wrap_content"
    android:layout_height="wrap_content"
    style="@android:style/Widget.ProgressBar.Small" />
```

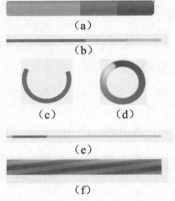

图 7-24　进度栏样式

另外，还具有与系统主题有关的 8 种样式。
（1）progressBarStyleHorizontal：水平条状进度栏。
（2）progressBarStyleSmall：小圆形进度栏。
（3）progressBarStyle：圆形进度栏。
（4）progressBarStyleLarge：大圆形进度栏。
（5）progressBarStyleSmallInverse：小圆形逆时针旋转进度栏。
（6）progressBarStyleInverse：圆形逆时针旋转进度栏。
（7）progressBarStyleLargeInverse：大圆形逆时针旋转进度栏。
（8）progressBarStyleSmallTitle：标题栏中进度栏。

在 XML 中可以通过 style="?android:attr/<进度栏样式>"进行设置，代码如下：

```xml
<ProgressBar
    android:layout_width="wrap_content"
    android:layout_height="wrap_content"
    style="?android:attr/progressBarStyleSmall" />
```

说明：style 属性中带有 Inverse 和不带有 Inverse 的区别是什么？当进度栏控件所在的背景颜色为白色时，需要使用带有 Inverse 样式的属性。注意它们的区别不是旋转方向相反。

7.6.2　实例：水平条状进度栏

水平条状进度栏是样式设置为 Horizontal 的进度栏，条状进度栏非常适合可确定进度（indeterminate =

true）情况，但也可展示不可确定进度（indeterminate = false）情况。

下面通过实例了解它们的使用情况。水平条状进度栏实例如图 7-25 所示，点击"-"和"+"按钮改变进度，条状进度栏还可以有双层进度栏样式。

布局文件 activity_main.xml 代码如下：

```
<?xml version="1.0" encoding="utf-8"?>
<LinearLayout xmlns:android="http://schemas.android.com/apk/res/android"
    android:layout_width="match_parent" android:layout_height="match_parent"
    android:orientation="vertical">
…
<ProgressBar
    android:id="@+id/progress_horizontal01"
    android:layout_width="200dip"
    android:layout_height="wrap_content"
    style="@android:style/Widget.ProgressBar.Horizontal"                    ①
    android:max="100"                                                       ②
    android:progress="50" />                                                ③
<!--包含按钮栏-->
<include
    android:id="@+id/button_bar1" layout="@layout/button_bar" />
…
<ProgressBar
    android:id="@+id/progress_horizontal02"
    style="?android:attr/progressBarStyleHorizontal"                        ④
    android:layout_width="200dip"
    android:layout_height="wrap_content"
    android:max="100"                                                       ⑤
    android:progress="50"                                                   ⑥
    android:secondaryProgress="75" />                                       ⑦
…
<!--包含按钮栏-->
<include
    android:id="@+id/button_bar2" layout="@layout/button_bar" />
…
<!--包含按钮栏-->
<include
    android:id="@+id/button_bar3" layout="@layout/button_bar" />
…
<ProgressBar
    android:id="@+id/progress_horizontal03"
    style="?android:attr/progressBarStyleHorizontal"                        ⑧
    android:layout_width="200dip"
    android:layout_height="wrap_content"
    android:indeterminate="true" />                                         ⑨
</LinearLayout>
```

图 7-25　水平条状进度栏实例

代码第①行设置与系统主题无关的水平条状进度栏，而代码第④行和第⑧行设置与系统主题相关的水平条状进度栏。

由于 id 为 progress_horizontal01 和 progress_horizontal02 的进度栏都是可确定进度的，因此需要知道设定最大值属性 android:max，见代码第②行和第⑤行；当前进度 android:progress 属性，见代码第③行和第⑥行。另外，progress_horizontal02 的进度栏有两层进度栏，需要设定 android:secondaryProgress 属性，见代码第⑦行。

id 为 progress_horizontal03 的进度栏是不可确定进度的，需要 android:indeterminate 属性设置为 true，见代码第⑨行，而 android:max、android:progress 和 android:secondaryProgress 这些属性对于它没有意义，不需要设定。

说明：布局文件 activity_main.xml 中为何使用<include>标签？这是因为界面中三组"-"和"+"按钮形式上完全一样，功能类似。因此将"-"和"+"两个按钮在另外一个布局 button_bar.xml 中声明。然后在三个不同的地方通过<include>标签载入，这样减少维护"-"和"+"两个按钮布局的工作量。

声明"-"和"+"两个按钮的布局文件 button_bar.xml 代码如下：

```xml
<?xml version="1.0" encoding="utf-8"?>
<LinearLayout xmlns:android="http://schemas.android.com/apk/res/android"
    android:layout_width="match_parent" android:layout_height="wrap_content"
    android:orientation="horizontal">
    <Button
        android:id="@+id/decrease"
        android:layout_width="wrap_content"
        android:layout_height="wrap_content"
        android:text="@string/progressbar_1_minus" />
    <Button
        android:id="@+id/increase"
        android:layout_width="wrap_content"
        android:layout_height="wrap_content"
        android:text="@string/progressbar_1_plus" />
</LinearLayout>
```

MainActivity.kt 代码如下：

```kotlin
//定义步长常量
const val STEP = 3


class MainActivity : AppCompatActivity() {

    override fun onCreate(savedInstanceState: Bundle?) {
        super.onCreate(savedInstanceState)
        setContentView(R.layout.activity_main)

        val progressHorizontal01 = findViewById<ProgressBar>(R.id.progress_horizontal01)
        //获取被包含按钮栏 button_bar1
        val buttonBar1 = findViewById<LinearLayout>(R.id.button_bar1)
        //从按钮栏中取出"+"按钮
        val bar1IncreaseButton = buttonBar1.findViewById<Button>(R.id.increase)
        //"+"按钮事件处理
        bar1IncreaseButton.setOnClickListener { progressHorizontal01.incrementProgressBy(STEP) }
```

```kotlin
        //从按钮栏中取出"-"按钮
        val bar1DecreaseButton = buttonBar1.findViewById<Button>(R.id.decrease)
        //"-"按钮事件处理
        bar1DecreaseButton.setOnClickListener { progressHorizontal01.incrementProgressBy(-STEP) }

        val progressHorizontal02 = findViewById<ProgressBar>(R.id.progress_horizontal02)
        //获取被包含按钮栏button_bar2
        val buttonBar2 = findViewById<LinearLayout>(R.id.button_bar2)               ①
        //从按钮栏中取出"+"按钮
        val bar2IncreaseButton = buttonBar2.findViewById<Button>(R.id.increase)     ②
        //从按钮栏中取出"+"按钮
        bar2IncreaseButton.setOnClickListener { progressHorizontal02.incrementProgressBy(STEP) }   ③
        //从按钮栏中取出"-"按钮
        val bar2DecreaseButton = buttonBar2.findViewById<Button>(R.id.decrease)     ④
        //"-"按钮事件处理
        bar2DecreaseButton.setOnClickListener { progressHorizontal02.incrementProgressBy(-STEP) }  ⑤


        //获取被包含按钮栏button_bar3
        val buttonBar3 = findViewById<LinearLayout>(R.id.button_bar3)

        //从按钮栏中取出"+"按钮
        val bar3IncreaseButton = buttonBar3.findViewById<Button>(R.id.increase)     ⑥
        //"+"按钮事件处理
        bar3IncreaseButton.setOnClickListener {
            progressHorizontal02.incrementSecondaryProgressBy(STEP)                 ⑦
        }

        //从按钮栏中取出"-"按钮
        val bar3DecreaseButton = buttonBar3.findViewById<Button>(R.id.decrease)     ⑧
        //"-"按钮事件处理
        bar3DecreaseButton.setOnClickListener { progressHorizontal02.incrementSecondaryProgressBy(-STEP) }  ⑨
    }
}
```

代码第③行和第⑤行通过进度栏的 incrementProgressBy 函数增加和减少第一层进度栏的进度。代码第⑦行和第⑨行通过进度栏的 incrementSecondaryProgressBy 函数增加和减少第二层进度栏的进度。

说明：在布局文件 activity_main.xml 中加载的 button_bar.xml 布局文件中声明了"-"和"+"两个按钮，它们的 id 是 decrease 和 increase，在三个不同地方通过<include>标签载入它们，如何获得这些按钮对象？解决办法是先通过 MainActivity 的 findViewById 函数，获得这些按钮所在的容器（LinearLayout），然后通过容器的 findViewById 函数查询按钮对象。例如上述代码第①行 findViewById(R.id.button_bar2)是获得容器，参数 id 是在布局文件 activity_main.xml 的<include android:id="@+id/button_bar2" layout="@layout/button_bar" />代码中声明的，代码第②行调用 buttonBar2（LinearLayout 容器）findViewById 查询"+"按钮。类似代码第④行获得 buttonBar2 中"-"按钮，代码第⑥行获得 buttonBar3 中"+"按钮。

7.6.3 实例：圆形进度栏

圆形进度栏一般应用在不可确定进度的任务，不需要设置 android:max、android:progress 和 android:secondaryProgress 等属性。

下面通过实例了解它们的使用情况。圆形进度栏实例如图 7-26 所示，屏幕中有两个圆形进度栏和一个 ToggleButton 按钮，通过点击 ToggleButton 按钮可以隐藏或显示进度栏。

（a）显示进度栏　　　　　　　（b）隐藏进度栏

图 7-26　圆形进度栏实例

布局文件 activity_main.xml 代码如下：

```xml
<?xml version="1.0" encoding="utf-8"?>
<LinearLayout xmlns:android="http://schemas.android.com/apk/res/android"
    android:layout_width="match_parent"
    android:layout_height="match_parent"
    android:orientation="vertical">

    <ProgressBar
        android:id="@+id/progressBar1"
        style="?android:attr/progressBarStyleLarge"                              ①
        android:layout_width="wrap_content"
        android:layout_height="wrap_content" />

    <ProgressBar
        android:id="@+id/progressBar2"
        style="@android:style/Widget.ProgressBar.Small"                          ②
        android:layout_width="wrap_content"
        android:layout_height="wrap_content" />

    <ToggleButton                                                                ③
        android:id="@+id/toggleButton"
```

```
            android:layout_width="wrap_content"
            android:layout_height="wrap_content"
            android:textOff="@string/hidden"                            ④
            android:textOn="@string/show" />                            ⑤
</LinearLayout>
```

上述布局文件中声明了两个进度栏，代码第①行设置 progressBar1 进度栏样式是与系统主题有关的大圆形进度栏，代码第②行设置 progressBar2 进度栏样式是与系统主题无关小圆形进度栏。

代码第③行声明了 ToggleButton 用来实现进度栏隐藏和显示两种状态的切换。由于 ToggleButton 默认两种状态的标题是 OFF 或 ON，手机设置为中文显示时是"关闭"或"开启"，但是本例中需要显示"隐藏"或"显示"。

MainActivity.kt 代码如下：

```
class MainActivity : AppCompatActivity() {

    override fun onCreate(savedInstanceState: Bundle?) {
        super.onCreate(savedInstanceState)
        setContentView(R.layout.activity_main)

        val progressBar1 = findViewById<ProgressBar>(R.id.progressBar1)
        val progressBar2 = findViewById<ProgressBar>(R.id.progressBar2)
        val button = findViewById<ToggleButton>(R.id.toggleButton)

        //按钮事件处理
        button.setOnClickListener {
            if (button.isChecked) {
                progressBar1.visibility = ProgressBar.GONE            ①
                progressBar2.visibility = ProgressBar.INVISIBLE       ②
            } else {
                progressBar1.visibility = ProgressBar.VISIBLE         ③
                progressBar2.visibility = ProgressBar.VISIBLE         ④
            }
        }
    }
}
```

代码第①~④行都是通过 setVisibility 函数设置进度栏的隐藏或显示，setVisibility 函数中的参数有以下三个。

（1）ProgressBar.VISIBLE。显示，见代码第③和④行。

（2）ProgressBar.INVISIBLE。隐藏，占有空间。例如上述代码 progressBar2 设置 ProgressBar.INVISIBLE，结果如图 7-26（b）所示，按钮顶部的空白实际上是隐藏的 progressBar2。

（3）ProgressBar.GONE。隐藏，不占有空间。例如上述代码 progressBar1 设置 ProgressBar.GONE，结果如图 7-26（b）所示，按钮位置向上一段距离，实际上该距离是 progressBar1 的高度。

7.7 拖动栏

拖动栏是一种可以拖动的进度栏，使用该控件用户能自己调节进度，所以常应用在播放器中。此外，还可以用于设置连续数值，在如图 7-27 所示设置界面中，可以用拖动栏调节声音大小。拖动栏也可以有两层进度栏，一些在线播放器利用第二层进度栏显示缓存的进度，如图 7-28 所示。

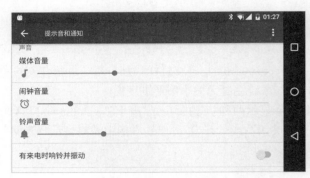
图 7-27　Android 拖动栏

图 7-28　具有两层进度栏的拖动栏

7.7.1　SeekBar

SeekBar 类图如图 7-29 所示，android.widget.SeekBar 继承了 android.widget.ProgressBar，这也说明 SeekBar 是一种进度栏。

拖动栏也具有 android:max、android:progress 和 android:secondaryProgress 等属性，此外，android:thumb 是拖动栏特有属性，通过该属性可以自定义滑块样式。

7.7.2　实例：使用拖动栏

如图 7-30 所示是使用拖动栏实例，在屏幕上有两个拖动栏，上面的是标准拖动栏，而下面的拖动栏滑块是自定义的，拖动滑块可以改变其进度。

图 7-29　SeekBar 类图

图 7-30　拖动栏实例

布局文件 activity_main.xml 代码如下：

```
<?xml version="1.0" encoding="utf-8"?>
<LinearLayout xmlns:android="http://schemas.android.com/apk/res/android"
```

```xml
    android:layout_width="match_parent" android:layout_height="match_parent"
    android:orientation="vertical">
    …
    <SeekBar
        android:id="@+id/seekBar1"
        android:layout_width="match_parent"
        android:layout_height="wrap_content"
        android:max="100"                                                        ①
        android:progress="50"                                                    ②
        android:secondaryProgress="75" />                                        ③
    <SeekBar
        android:id="@+id/seekBar2"
        android:layout_width="match_parent"
        android:layout_height="wrap_content"
        android:max="100"
        android:progress="30"
        android:thumb="@mipmap/handle_hover" />                                  ④

</LinearLayout>
```

代码第①~③行用于设置 seekBar1 的 android:max、android:progress 和 android:secondaryProgress，虽然设置了第二层进度栏，但是拖动滑块所改变的只是第一层进度栏。

seekBar2 的设置类似于 seekBar1，只是没有设置 android:secondaryProgress 属性，另外，代码第④行的 android:thumb="@mipmap/handle_hover"用于设置滑块图片，handle_hover 是存放在 res\mipmap 下的 png 图片。

MainActivity.kt 代码如下：

```kotlin
class MainActivity : AppCompatActivity(), SeekBar.OnSeekBarChangeListener {     ①

    var mProgressText: TextView? = null

    override fun onCreate(savedInstanceState: Bundle?) {
        super.onCreate(savedInstanceState)
        setContentView(R.layout.activity_main)

        mProgressText = findViewById(R.id.progress)

        val seekBar1 = findViewById<SeekBar>(R.id.seekBar1)                      ②
        seekBar1.setOnSeekBarChangeListener(this)                                ③

        val seekBar2 = findViewById<SeekBar>(R.id.seekBar2)                      ④
        seekBar2.setOnSeekBarChangeListener(this)                                ⑤
    }

    override fun onProgressChanged(seekBar: SeekBar?, progress: Int, fromUser:
    Boolean) {                                                                   ⑥
        mProgressText?.text = "当前进度:${progress}%"
        println("当前进度:${progress}%")
    }

    override fun onStartTrackingTouch(seekBar: SeekBar?) {                       ⑦
```

```
        println("开始拖动。")
    }

    override fun onStopTrackingTouch(seekBar: SeekBar?) {                    ⑧
        println("停止拖动。")
    }
}
```

代码第①行声明实现 SeekBar 事件处理接口 SeekBar.OnSeekBarChangeListener，接口要求实现的函数见代码第⑥～⑧行，其中代码第⑥行 onProgressChanged 函数在 SeekBar 进度变化时触发，代码第⑦行的 onStartTrackingTouch 函数是在用户开始拖动滑块时触发，代码第⑧行的 onStopTrackingTouch 函数是在用户停止拖动滑块时候触发。

代码第②行获取 seekBar1 对象，代码第③行注册 seekBar1 事件监听器为 this。代码第④行获取 seekBar2 对象，代码第⑤行注册 seekBar2 事件监听器为 this。

7.8 本章总结

本章重点介绍了 Android 中的基础控件，包括 Button、ImageButton、ToggleButton、TextView、EditText、RadioButton、CheckBox、ProgressBar 和 SeekBar，其中每个控件涉及的函数有很多，但是大部分都继承自 View。

第 8 章 Android 高级控件

CHAPTER 8

第 7 章介绍了 Android 简单控件，本章介绍 Android 高级控件，这些控件不仅包括继承 android.view.ViewGroup 的控件，而且还包括列表类型控件 Toast、对话框、操作栏和菜单。

8.1 列表类型控件

当数据很多的情况下，需要以列表形式展示，在 Android 控件中提供了多种形式的列表类型控件，常用的有 Spinner 和 ListView。在列表类型控件有三个要素：控件、适配器（Adapter）和数据源。

8.1.1 适配器

列表类型控件需要将数据源绑定到控件上，才能看到丰富多彩的界面。而系统能够为控件提供的数据源是多种形式的，它们可能来源于数据库、XML、数组对象或集合对象等。适配器是控件和数据源之间的"桥梁"，通过该"桥梁"可以将不同形式的数据源绑定到控件上，如图 8-1 所示。

图 8-1　适配器作用

Android 提供了多种适配器类，适配器类图如图 8-2 所示，CursorAdapter 是数据库适配器类，ArrayAdapter 是数组适配器类，SimpleAdapter 是 Map 集合适配器类。有时系统提供的适配器不能满足需要，则需要自定义适配器类，这些自定义适配器类按自己的需要实现某些适配器接口或继承某个适配器抽象类。这些适配器类会在后续的内容中逐一向大家介绍。

8.1.2　Spinner

Spinner 也是一种列表类型控件，它提供了可以打开和关闭形式的列表控件，在用户需要选择时打开，选择完成时关闭。打开 Spinner 列表有两种模式：下拉列表风格（见图 8-3（a），为默认风格）和对话框风格（见图 8-3（b））。打开 Spinner 列表模式可通过 XML 中的 android:spinnerMode 属性设置，取值是 dropdown（下拉列表）和 dialog（对话框）。

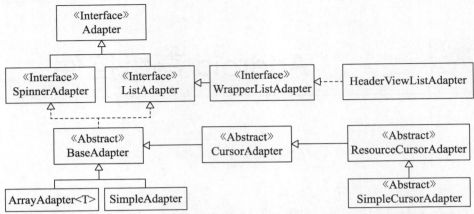

《Interface》表示接口；《Abstract》表示抽象类；◁—表示继承关系；◁--表示实现关系。

图 8-2 适配器类图

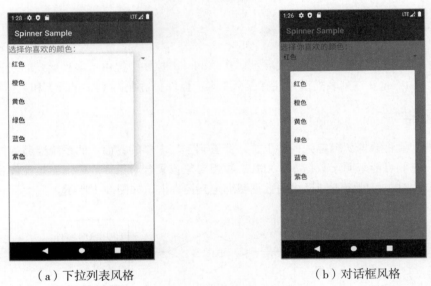

（a）下拉列表风格　　　　　　　　　　（b）对话框风格

图 8-3 Spinner 样式

Spinner 对应类是 android.widget.Spinner，类图如图 8-4 所示，android.widget.Spinner 继承了抽象类 android.widget.AdapterView，AdapterView 是一种能够由 Adapter 管理的控件。AdapterView 子类还有 ListView、GridView 和 Gallery 等。

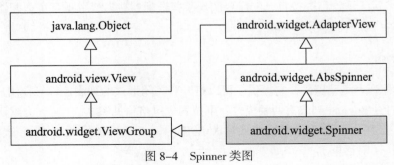

图 8-4 Spinner 类图

AdapterView 还定义了所用列表控件事件处理，AdapterView 为列表控件事件处理事件监听器接口：AdapterView.OnItemSelectedListener。当列表项被选择时触发。

8.1.3 实例：使用 Spinner 进行选择

为了熟悉 Spinner 控件的使用，下面将图 8-3 所示的实例进行实现。

实现布局文件 activity_main.xml，代码如下：

```xml
<?xml version="1.0" encoding="utf-8"?>
<LinearLayout xmlns:android="http://schemas.android.com/apk/res/android"
    android:layout_width="match_parent"
    android:layout_height="match_parent"
    android:orientation="vertical">

    <TextView
        android:layout_width="match_parent"
        android:layout_height="wrap_content"
        android:text="@string/constellation"
        android:textSize="20sp"/>

    <Spinner
        android:id="@+id/spinner"
        android:spinnerMode="dropdown"                                          ①
        android:layout_width="match_parent"
        android:layout_height="wrap_content" />

</LinearLayout>
```

代码第①行声明了 Spinner，其中 android:spinnerMode 属性是默认值，此代码运行结果为如图 8-3（a）所示的下拉列表风格。如果修改 Spinner 代码如下：

```xml
<Spinner
    android:id="@+id/spinner"
    android:spinnerMode="dialog"                                                ①
    android:layout_width="match_parent"
    android:layout_height="wrap_content" />
```

修改代码第①行为 android:spinnerMode="dialog"，运行结果为如图 8-3（b）所示对话框风格。

MainActivity.kt 代码如下：

```kotlin
val COLORS = arrayOf("红色", "橙色", "黄色", "绿色", "蓝色", "紫色")

class MainActivity : AppCompatActivity() {

    override fun onCreate(savedInstanceState: Bundle?) {
        super.onCreate(savedInstanceState)
        setContentView(R.layout.activity_main)

        val adapter = ArrayAdapter<CharSequence>(                               ①
            this,
            android.R.layout.simple_spinner_item, COLORS
```

```
        )
        adapter.setDropDownViewResource(android.R.layout.simple_spinner_dropdown_
item)                                                                              ②
        val spinner = findViewById<Spinner>(R.id.spinner)                          ③
        spinner.adapter = adapter                                                  ④

        //注册事件 ItemSelected 监听器
        spinner.onItemSelectedListener = object : AdapterView.OnItemSelectedListener {  ⑤
            override fun onItemSelected(                                           ⑥
                parent: AdapterView<*>?,
                view: View?, position: Int, id: Long
            ) {
                println("选择了选项:${adapter.getItem(position)}")
            }

            override fun onNothingSelected(parent: AdapterView<*>?) {              ⑦
                println("未选中")
            }

        }
    }
}
```

代码第①行创建数组适配器 ArrayAdapter 对象，作为数组类型数据源的适配器，除了提供数组作为数据源以外，还要为 Spinner 中列表项提供布局样式。ArrayAdapter 构造函数的第一个参数 android.R.layout.simple_spinner_item 是布局，使用 Android 系统提供的 simple_spinner_item.xml 布局文件。ArrayAdapter 构造函数的第二个参数 COLORS 是数据源，ArrayAdapter 需要的数据源是数组。

代码第②行通过 Spinner 的 setDropDownViewResource 函数设置弹出的下拉列表的布局样式，参数 android.R.layout.simple_spinner_dropdown_item 使用 Android 系统提供的 simple_spinner_dropdown_item.xml 布局文件。

代码第③行获得 Spinner 控件对象，然后再通过代码第④行 spinner.adapter = adapter 把适配器与 Spinner 控件绑定到一起。

代码第⑤行 onItemSelectedListener 属性是注册 Spinner 控件的选择事件监听器，通过对象表达式实现 AdapterView.OnItemSelectedListener 接口，并实现了接口的两个函数，见代码第⑥行的 onItemSelected 函数（是在选择列表项时调用）和代码第⑦行的 onNothingSelected 函数（是在选项未选中时调用）。两个函数的参数 position 是选项的位置，id 是选项的编号。

8.1.4 ListView

ListView 是 Android 中最常用的列表类型控件，ListView 的选择项目中样式有很多，有的是纯文字的，有的带有图片。

ListView 对应类是 android.widget.ListView，类图如图 8-5 所示，android.widget.ListView 继承了抽象类 android.widget.AdapterView。

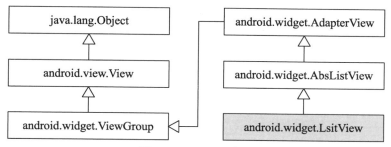

图 8-5 ListView 类图

8.1.5 实例：使用 ListView 实现显示文本

事实上所有列表类型控件的技术难点是适配器。适配器一方面用于管理数据源，另一方面用于管理列表项的布局样式。列表中只是显示文本可以使用 ArrayAdapter、SimpleAdapter 或 CursorAdapter 等适配器，如果这些适配器不能满足需要可以自定义。

本节先介绍在 ListView 中显示文本实例，实例运行效果如图 8-6 所示。
实现布局文件为 activity_main.xml，其代码如下：

图 8-6 实例运行效果

```xml
<?xml version="1.0" encoding="utf-8"?>
<LinearLayout xmlns:android="http://schemas.android.com/apk/res/android"
    android:layout_width="match_parent"
    android:layout_height="match_parent"
    android:orientation="horizontal">

    <ListView
        android:id="@+id/ListView01"
        android:layout_width="match_parent"
        android:layout_height="match_parent" />
</LinearLayout>
```

上述代码中声明了 ListView 控件，属性设置非常简单。
MainActivity.kt 代码如下：

```kotlin
val mStrings = arrayOf(
    "北京", "天津", "上海", "…, "澳门"
)

class MainActivity : AppCompatActivity() {

    override fun onCreate(savedInstanceState: Bundle?) {
        super.onCreate(savedInstanceState)
        setContentView(R.layout.activity_main)

        val adapter: ArrayAdapter<String> = ArrayAdapter<String>( this,
            android.R.layout.simple_list_item_1, mStrings)                    ①
```

```kotlin
        val listview = findViewById<ListView>(R.id.ListView01)    ②
        listview.adapter = adapter                                ③

        listview.onItemClickListener = object : AdapterView.OnItemClickListener { ④
            override fun onItemClick(
                parent: AdapterView<*>?,
                view: View?,
                position: Int,
                id: Long
            ) {
                println("点击了选项:" + mStrings[position])
            }

        }
    }
}
```

代码第①行创建数组适配器 ArrayAdapter 对象，构造函数 ArrayAdapter 的参数 android.R.layout.simple_list_item_1 是使用系统提供的布局 simple_list_item_1.xml 文件，该布局文件中只有一个 TextView 控件，每一个列表项只能显示文本内容。

构造函数 ArrayAdapter 的参数 mStrings 是数组数据源。

提示：Android 系统本身提供了很多这样的布局文件，但是有的适合于 ListView 控件，有的适合于 Spinner 控件，有的适合于其他的列表控件，使用时需要注意。例如：8.1.3 节实例，Spinner 控件使用了 Android 系统布局文件 simple_spinner_item.xml，该文件就不适合 ListView 控件使用。

代码第②行获得 ListView 控件对象，然后再通过代码第③行 listview.adapter = adapter 把适配器与 ListView 控件绑定到一起。

代码第④行注册 ListView 控件的选择事件监听器，通过对象表达式实现事件监听器需要实现 AdapterView.OnItemClickListener 接口。注意，该接口是监听点击列表项目事件。

8.1.6 实例：使用 ListView 实现显示文本+图片

本节介绍如何自定义适配器实现在 ListView 中显示文本+图片实例。自定义适配器主要通过继承 BaseAdapter 抽象类实现。实例运行效果如图 8-7 所示。

该实例布局文件有两个：一个是主屏幕布局文件 activity_main.xml；另一个是列表控件中每一个列表项的布局文件 listview_item.xml。

主屏幕布局文件 activity_main.xml 代码如下：

```xml
<?xml version="1.0" encoding="utf-8"?>
<LinearLayout xmlns:android="http://schemas.android.com/apk/res/android"
    android:layout_width="match_parent"
    android:layout_height="match_parent"
    android:orientation="horizontal">
```

图 8-7 实例运行效果

```xml
    <ListView
        android:id="@+id/ListView01"
        android:layout_width="match_parent"
        android:layout_height="match_parent" />
</LinearLayout>
```

列表项的布局文件 listview_item.xml 代码如下：

```xml
<?xml version="1.0" encoding="utf-8"?>
<RelativeLayout xmlns:android="http://schemas.android.com/apk/res/android"
    android:layout_width="match_parent"
    android:layout_height="match_parent">

    <ImageView
        android:id="@+id/icon"
        android:layout_width="48dp"
        android:layout_height="48dp"
        android:layout_marginLeft="5dp" />

    <TextView                                                                       ①
        android:id="@+id/textview"
        android:layout_width="wrap_content"
        android:layout_height="wrap_content"
        android:layout_toEndOf="@id/icon"
        android:layout_marginLeft="15dp"
        android:layout_marginTop="10dp"
        android:textSize="20sp" />
</RelativeLayout>
```

列表项的布局采用相对布局，代码第①行设定了 TextView 在 ImageView 后面。

该实例中 Kotlin 源代码文件有两个：屏幕 Activity 类 MainActivity.kt 和自定义适配器类 EfficientAdapter.kt

MainActivity.kt 代码如下：

```kotlin
var DATA = arrayOf(.., "澳门")                                                     ①

var icons = intArrayOf(…, R.mipmap.aomen)                                          ②

class MainActivity : AppCompatActivity() {
    override fun onCreate(savedInstanceState: Bundle?) {
        super.onCreate(savedInstanceState)
        setContentView(R.layout.activity_main)

        val adapter = EfficientAdapter(                                            ③
            this, R.layout.listview_item, DATA, icons )

        val listview = findViewById<ListView>(R.id.ListView01)
        listview.adapter = adapter

        listview.onItemSelectedListener = object : AdapterView.OnItemSelectedListener {
            override fun onItemSelected(
                parent: AdapterView<*>?,
                view: View?,
```

```kotlin
            position: Int,
            id: Long
        ) {
            println("选择了选项:" + DATA[position])
        }

        override fun onNothingSelected(parent: AdapterView<*>?) {
            println("未选中")
        }

    }
}
```

上述代码第①行用于定义数据源中城市名称数组。代码第②行用于设置与城市名称数组对应的城市图标数组，该数组是 int 类型，保存的是放置在 res/mipmap 目录中的图标 id。

注意：DATA 和 icons 两个数组元素是一一对应的，即 DATA 中第一个元素对应 icons 中第一个元素，以此类推，所以两个数组的长度也是相等的。如果读者感觉两个相互关联的数组不好管理，可以使用 Map 数据结构保存城市名称和城市图标数据。

上述代码第③行是实例化定义的适配器 EfficientAdapter 类，构造函数需要提供 4 个参数。

下面看看 EfficientAdapter.kt 代码：

```kotlin
class EfficientAdapter(                                                     ①
    context: Context, resource: Int,
    dataSource: Array<String>, icons: IntArray
) : BaseAdapter() {

    //数据源数组属性
    private val mDataSource = dataSource                                    ②

    //与数据源数组对应的图标 id 属性
    private val mIcons = icons

    //列表项布局文件属性
    private val mResource = resource

    //所在上下文属性
    private val mContext = context                                          ③

    //布局填充器属性
    private val mInflater: LayoutInflater                                   ④
        get() {
            //通过上下文对象创建布局填充器
            return LayoutInflater.from(mContext)                            ⑤
        }


    //返回总数据源中总的记录数
    override fun getCount(): Int {
```

```kotlin
        return mDataSource.size
    }

    //根据选择列表项位置，返回列表项所需数据
    override fun getItem(position: Int): Any {
        return mDataSource[position]
    }

    //根据选择列表项位置，返回列表项 id
    override fun getItemId(position: Int): Long {
        return position.toLong()
    }

    //返回列表项所在视图对象
    override fun getView(position: Int, convertView: View?, parent: ViewGroup?): View? {   ⑥
        var convertView = convertView
        val holder: ViewHolder
        if (convertView == null) {
            convertView = mInflater.inflate(mResource, null)

            //列表项中 TextView
            val textView = convertView.findViewById<TextView>(R.id.textview)
            //列表项中 ImageView
            val imageView = convertView.findViewById<ImageView>(R.id.icon)

            holder = ViewHolder(textView, imageView)                                        ⑦
            convertView.tag = holder                                                        ⑧
        } else {
            holder = convertView.tag as ViewHolder                                          ⑨
        }
        holder.textView.text = mDataSource[position]
        val icon = BitmapFactory.decodeResource(mContext.resources, mIcons[position])       ⑩
        holder.imageView.setImageBitmap(icon)
        return convertView
    }

    //保存列表项中控件的封装类
    data class ViewHolder(                                                                  ⑪
        val textView: TextView,             //列表项中 TextView
        val imageView: ImageView            //列表项中 ImageView
    )
}
```

上述代码第①行声明适配器 EfficientAdapter 类，该类继承抽象类 BaseAdapter。代码第②行声明数据源数组属性，代码第③行声明所在上下文属性 mContext，它是 Context 类型，Context 类称为"上下文"，上下文描述了应用的环境信息，Context 是抽象类，它的子类有 Activity、Service 和广播接收器等，在本例中就是当前 Activity 对象。

代码第④行声明布局填充器属性 mInflater，初始化该属性见代码第⑤行的 LayoutInflater.from(mContext)

语句，它是通过上下文对象创建布局填充器，是一种工厂设计模式。

继承 BaseAdapter 重写 getView 函数，见代码第⑥行，该函数是将 ListView 中的每个列表项呈现到屏幕上被调用，该函数返回值 View 是列表项显示的视图。

注意：getView 函数中的 convertView 参数非常重要！当用户向上滑动屏幕翻动列表时，屏幕上面的列表项目退出屏幕，屏幕下面原来不可见的列表项会进入屏幕，这些动作都会调用 getView 函数，如果每次都实例化列表项视图，那么必然会导致大量对象被创建，消耗大量的内存。参数 convertView 就是为了解决该问题而设计的，它是一个可重用的列表项视图对象。如果 convertView 为空值时（一般是刚进入屏幕），则实例化 convertView（见代码第⑦行）；如果 convertView 不为空值则直接返回 convertView。

代码第⑦行创建 ViewHolder 对象 holder，ViewHolder 类是在代码第⑪行定义的，用来封装列表项中控件的封装类。代码第⑧行 holder 对象被保存在 convertView 的 tag 属性中。每一个 View 都有 tag 属性，该属性可以保存任何对象。如果 convertView 不为空，可以通过代码第⑨行的 tag 属性取出 holder 对象，但是该 holder 是个旧的对象，保存了上次显示列表项所需内容，所以要通过代码第⑩行的 BitmapFactory 类创建图片对象，decodeResource 函数可以通过图片资源 id 获得图片对象。

8.2 Toast

Toast 是用于向用户显示一些帮助或提示的控件，有以下三种类型。
（1）文本类型。
（2）图片类型。
（3）复合类型。

实例：文本类型 Toast

下面看一个文本类型 Toast 的实例，如图 8-8 所示，点击按钮会在屏幕的中下部分出现一个气泡，过一会又消失了。

由于布局比较简单，这里不再介绍，下面介绍 MainActivity.kt，代码如下：

```
public class MainActivity extends AppCompatActivity {
    @Override
    protected void onCreate(Bundle savedInstanceState) {
        super.onCreate(savedInstanceState);
        setContentView(R.layout.activity_main);

        Button button = (Button) findViewById(R.id.Button01);
        button.setOnClickListener(new View.OnClickListener() {
            @Override
            public void onClick(View v) {
                Toast.makeText(MainActivity.this, "你好我是Toast! ", Toast.LENGTH_LONG).show();      ①
            }
        });
    }
}
```

图 8-8　实例运行效果

上述代码第①行是通过 Toast 类的静态函数 makeText 创建 Toast 对象,然后再调用 Toast 对象的 show 函数实现文本内容的展示。静态 makeText 函数有以下两个版本。

(1) static Toast makeText(Context context, int resId, int duration)。resId 参数是字符串资源 id,一般是在 res/values/strings.xml 文件中声明的。

(2) static Toast makeText(Context context, CharSequence text, int duration)。text 参数为字符串。

上述两个函数中的 context 参数是上下文对象,在本例中是当前 Activity 对象,函数中的 duration 参数为 Toast 显示的时间,有两种时间模式:Toast.LENGTH_LONG 指定显示的时间是长时间模式,还有一种短时间模式 Toast.LENGTH_SHORT。

8.3 对话框

对话框也是 Android 系统中用来显示信息的一种机制,与 Toast 不同的是,Toast 没有焦点而且显示的时间有限,对话框则没有这些限制。

对话框类是 android.app.AlertDialog,创建和设置 AlertDialog 对象,需要 AlertDialog.Builder 类帮助完成,参考代码如下:

```
AlertDialog dialog = new AlertDialog.Builder(this).setXXX()…setXXX().create();
```

setXXX 就是 Setter 函数,它们是在 AlertDialog.Builder 中定义的,并且返回值还是 AlertDialog.Builder 类型,可以有多个 Setter 函数,根据需要调用 Setter 函数完成 AlertDialog 的设置。AlertDialog.Builder 对象调用 create 函数创建 AlertDialog 对象。由于有多个 Setter 函数调用,所以创建和设置 AlertDialog 语句虽然只有一条,但是语句会很长。

提示:类似于 AlertDialog.Builder 中的函数,AlertDialog.Builder 对象调用该函数,还是返回 AlertDialog.Builder 对象本身。这是一种被称为 Fluent Interface(流接口)编程风格,流接口编程风格采用函数级联,函数级联就是能够使用同一个对象调用多个函数,形成一个函数调用链条。流接口编程是 2005 年由 Eric Evans 和 Martin Fowler 首次提出的,Eric Evans 和 Martin Fowler 是软件工程学方面的泰斗。

8.3.1 实例:显示文本信息对话框

下面是有三个按钮和文本信息对话框实例,如图 8-9 所示,点击按钮会在屏幕中弹出具有 3 个按钮的显示文本信息的对话框,点击其中的按钮关闭对话框。

提示:在 Android 系统中对话框底部的按钮最多有三个,最右边的按钮是"确定"按钮,可以完成确定性任务;中间是"取消"按钮,点击它关闭对话框,不做任何处理;最左边是其他按钮,可以完成其他一些任务。三个按钮同时使用的情况不是很多,常见的是使用一个或两个按钮的情况。

由于该实例的布局比较简单,这里不再介绍,下面介绍 MainActivity.kt,其代码如下:

```
class MainActivity : AppCompatActivity(), View.OnClickListener {
    override fun onCreate(savedInstanceState: Bundle?) {
        super.onCreate(savedInstanceState)
        setContentView(R.layout.activity_main)

        val button = findViewById<Button>(R.id.Button01)
```

```kotlin
        button.setOnClickListener(this)

    }

    //点击button事件处理
    override fun onClick(v: View?) {
        val dialog = AlertDialog.Builder(this)                                  ①
            .setIcon(R.mipmap.ic_launcher)           //设置对话框图标
            .setTitle("标题")                         //设置对话框标题
            .setMessage("文本信息对话框")              //设置对话框显示文本信息
            .setPositiveButton(                                                 ②
                R.string.confirm
            ) { dialog, which ->
                makeText(this, "你点击了确定按钮", LENGTH_SHORT).show()
            }
            .setNeutralButton(                                                  ③
                R.string.other
            ) { dialog, which ->
                makeText(this, "你点击了其他按钮", LENGTH_SHORT).show()
            }
            .setNegativeButton(                                                 ④
                R.string.cancel
            ) { dialog, which ->
                makeText(this, "你点击了取消按钮", LENGTH_SHORT).show()
            }
            .create()                                                           ⑤
        dialog.show()                                                           ⑥
    }
}
```

图 8-9 实例运行效果

上述代码第①行~④行都只是一条语句有多个 Setter 函数对话框进行设置，其中 setIcon 函数用于设置图标，setTitle 函数用于设置对话框标题，setMessage 用于设置对话框显示的文本消息。代码第②行 setPositiveButton 函数用于设置"确定"按钮，代码第③行 setNeutralButton 函数用于设置其他按钮，代码第④行 setNegativeButton 函数用于设置取消按钮，这 3 个函数的第二个参数是点击按钮事件监听接口 DialogInterface.OnClickListener。经过多个 setter 函数设置完成对话框后再调用 create 函数创建 AlertDialog 对象，见代码第⑤行。创建对象之后再调用 show 函数显示对话框，见代码第⑥行。

8.3.2 实例：简单列表项对话框

还可以有简单列表项对话框，如图 8-10 所示。

图 8-10 简单列表项对话框实例

MainActivity.kt 代码如下：

```
class MainActivity : AppCompatActivity(), View.OnClickListener {

    override fun onCreate(savedInstanceState: Bundle?) {
        super.onCreate(savedInstanceState)
        setContentView(R.layout.activity_main)

        val button = findViewById<Button>(R.id.Button01)
        button.setOnClickListener(this)

    }

    //点击 button 事件处理
    override fun onClick(v: View?) {
        val dialog = AlertDialog.Builder(this)                              ①
            .setTitle(R.string.selectdialog)                                ②
            .setItems(                       //设置对话框列表                ③
                R.array.select_dialog_items
            ) { dialog, which ->                                            ④
```

```
                val items = resources.getStringArray(R.array.select_dialog_items)   ⑤
                makeText(this, "你选择的位置是：${which},你选择的洲是：${items[which]}",
LENGTH_SHORT).show()                                                                 ⑥
            }                                                                        ⑦
            .create()
        dialog.show()
    }
}
```

代码第①~⑦行创建 AlertDialog 对象语句。代码第②行是设置对话框标题，代码第③行 setItems 函数是弹出简单列表对话框的关键，其中参数 R.array.select_dialog_items 是列表资源文件，它放置在 res/values/arrays.xml 文件中，在该文件中声明文本列表，代码如下：

```xml
<?xml version="1.0" encoding="utf-8"?>
<resources>
    <string-array name="Radio_dialog_items">
        <item>亚洲</item>
        <item>欧洲</item>
        <item>北美洲</item>
        <item>南美洲</item>
        <item>非洲</item>
        <item>大洋洲</item>
        <item>南极洲</item>
    </string-array>
</resources>
```

setItems 函数的第二个参数是注册列表项单击事件监听器，见代码第④~⑦行。

注意：代码第④~⑦行实现事件监听器实现的接口 DialogInterface.OnClickListener，与 8.3.1 节实例中对话框底部三个按钮的监听器接口完全一样。使用起来有一些区别，在 8.3.1 节实例接口实现函数 onClick(DialogInterface dialog, int which)中没有用到 which 参数。而在本节简单列表对话框实例中该参数是对话框中选中的列表项索引，见代码第⑦行是通过索引取出选择的洲名。

代码第⑤行 resources.getStringArray(R.array.select_dialog_items)语句是从资源文件 arrays.xml 中返回其中的数组。

8.3.3 实例：单选列表对话框

单选列表对话框实例如图 8-11 所示，有两个按钮：确定和取消。
MainActivity.kt 代码如下：

```kotlin
class MainActivity : AppCompatActivity(), View.OnClickListener {

    override fun onCreate(savedInstanceState: Bundle?) {
        super.onCreate(savedInstanceState)
        setContentView(R.layout.activity_main)

        val button = findViewById<Button>(R.id.Button01)
        button.setOnClickListener(this)

    }
```

```
//点击 button 事件处理
override fun onClick(v: View?) {
    val dialog = AlertDialog.Builder(this)
        .setIcon(R.mipmap.globe)

        .setTitle(R.string.radiodialog)
        .setSingleChoiceItems(                                                    ①
            R.array.Radio_dialog_items, 0
        ) { dialog, which ->                                                      ②
            val items = resources.getStringArray(R.array.Radio_dialog_items)
            val locationname = items[which]
            Toast.makeText(this, locationname, LENGTH_LONG).show()
        }

        .setPositiveButton(                                                       ③
            R.string.confirm
        ) { dialog, which ->
            makeText(this, "你点击了确定按钮", LENGTH_SHORT).show()
        }
        .setNegativeButton(                                                       ④
            R.string.cancel
        ) { dialog, which ->
            makeText(this, "你点击了取消按钮", LENGTH_SHORT).show()
        }

        .create()
    dialog.show()
}
```

图 8-11　单选列表对话框

单选列表对话框实现的关键是 AlertDialog.Builder 的 setSingleChoiceItems 函数，见代码第①行，它设置对话框是单选列表。第一个参数 R.array.Radio_dialog_items 是从 arrays.xml 资源文件中取出来的；第二个参数是默认选中项，0 表示默认第一个选项被选中。代码第②行是点击选项的事件监听器。

另外，代码第③行和第④行用于设置对话框底部显示"确定"和"取消"按钮。

8.3.4 实例：复选列表对话框

复选列表对话框实例如图 8-12 所示，有两个按钮：确定和取消。

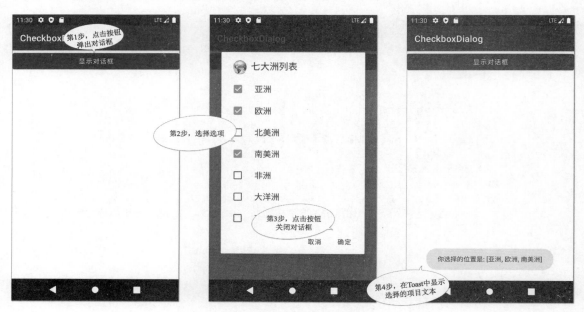

图 8-12 复选列表对话框

MainActivity.kt 代码如下：

```
class MainActivity : AppCompatActivity(), View.OnClickListener {

    override fun onCreate(savedInstanceState: Bundle?) {
        super.onCreate(savedInstanceState)
        setContentView(R.layout.activity_main)

        val button = findViewById<Button>(R.id.Button01)
        button.setOnClickListener(this)

    }

    //初始化显示时选中情况
    var selectedList = booleanArrayOf( false, true, false, true, false, false, false )        ①

    //点击 button 事件处理
    override fun onClick(v: View?) {
        val dialog = AlertDialog.Builder(this)
```

```kotlin
            .setIcon(R.mipmap.globe)
            .setTitle(R.string.radiodialog)
            .setMultiChoiceItems(                                         ②
                R.array.Radio_dialog_items,
                selectedList,
                object : DialogInterface.OnMultiChoiceClickListener {     ③
                    override fun onClick(dialog: DialogInterface?, which: Int,
isChecked: Boolean) {                                                     ④
                        //保存选项状态
                        selectedList[which] = isChecked                   ⑤
                    }
                }
            )

            .setPositiveButton(                                           ⑥
                R.string.confirm
            ) { dialog, which ->
                //从资源文件 dialog_items 获得数组
                val items = resources.getStringArray(R.array.Radio_dialog_items)
                //被选择的七大洲的洲名
                val selected = mutableListOf<String>()                    ⑦

                for (idx in selectedList.indices) {                       ⑧
                    if (selectedList[idx]) {
                        selected.add(items[idx])
                    }
                }
                Toast.makeText(
                    this,
                    "你选择的位置是：$selected",
                    Toast.LENGTH_LONG
                ).show()
            }
            .setNegativeButton(
                R.string.cancel
            ) { dialog, which ->
                makeText(this, "你点击了取消按钮", LENGTH_SHORT).show()
            }

            .create()
        dialog.show()
    }
}
```

上述代码第①行声明布尔类型数组，用来初始化对话框选项的状态，复选列表对话框实现的关键是 AlertDialog.Builder 的 setMultiChoiceItem 函数，见代码第②行，其中第一个参数是对话框显示的列表文本，第二个参数是对话框初始化显示时默认选中的选项，它是一个由代码第①行定义的数组；第三个参数是多选时点击选项事件监听器，需要实现 DialogInterface.OnMultiChoiceClickListener 接口，该接口实现函数见代码第③行，代码第④行实现 OnMultiChoiceClickListener 接口方法，其中参数 whichButton 是当前选项的索引，参数 isChecked 是否选中。代码第⑤行是将选择后选项的状态保持在 selectedList 数组中。代码第⑥行点击"确定"按钮，代码第⑦行声明可变字符串数组用来保存选中的七大洲的名称。代码第⑧行遍历选项状态列表，其中 indices 属性获得遍历列表的索引。

8.3.5 实例：复杂布局对话框

在对话框中除了系统提供的布局文件外，还可以自定义布局文件，自定义布局对话框如图 8-13 所示。

图 8-13　自定义布局对话框

MainActivity.kt 代码如下：

```kotlin
class MainActivity : AppCompatActivity(), View.OnClickListener {

    override fun onCreate(savedInstanceState: Bundle?) {
        super.onCreate(savedInstanceState)
        setContentView(R.layout.activity_main)

        val button = findViewById<Button>(R.id.Button01)
        button.setOnClickListener(this)

    }

    //点击 button 事件处理
    override fun onClick(v: View?) {
        val factory = LayoutInflater.from(this)                              ①
        val textEntryView: View = factory.inflate(R.layout.layoutdialog, null)  ②

        val dialog = AlertDialog.Builder(this)
            .setTitle(R.string.title)
            .setView(textEntryView)                                          ③
```

```
            .setPositiveButton(
                R.string.login
            ) { dialog, which ->


                val user = textEntryView
                    .findViewById<EditText>(R.id.username)                    ④
                val pass = textEntryView
                    .findViewById<EditText>(R.id.password)                    ⑤
                makeText(this, "用户名：${user.text}　密码：${pass.text}", LENGTH_
SHORT).show()
            }

            .setNegativeButton(
                R.string.cancel,
            ) { dialog, which ->
                makeText(this, "你点击了取消按钮", LENGTH_SHORT).show()
            }

            .create()
        dialog.show()
    }
}
```

实现自定义布局的关键是 setView(textEntryView) 函数，见代码第③行，其中参数 textEntryView 是通过自定义的布局文件创建出来的一个 View 对象。代码第①行的 LayoutInflater.from(this) 语句可以创建 LayoutInflater 对象，然后再通过 LayoutInflater 对象的 inflate 函数创建 View 对象，R.layout.layoutdialog 是布局文件 id。

代码第④行是获取 textEntryView 视图中的用户名 EditText 控件，代码第⑤行是获取 textEntryView 视图中的密码 EditText 控件。

对话框布局文件 res/layout/layoutdialog.xml 代码如下：

```xml
<?xml version="1.0" encoding="utf-8"?>
<LinearLayout xmlns:android="http://schemas.android.com/apk/res/android"
    android:layout_width="match_parent"
    android:layout_height="match_parent"
    android:orientation="vertical">
    <TextView
        android:layout_width="wrap_content"
        android:layout_height="wrap_content"
        android:layout_marginLeft="20dp"
        android:text="@string/username"
        android:textSize="18sp" />
    <EditText
        android:id="@+id/username"
        android:layout_width="match_parent"
        android:layout_height="wrap_content"
        android:layout_marginLeft="20dp"
        android:layout_marginRight="20dp" />
    <TextView
        android:layout_width="wrap_content"
```

```
        android:layout_height="wrap_content"
        android:layout_marginLeft="20dp"
        android:text="@string/password"
        android:textSize="18sp" />
    <EditText
        android:id="@+id/password"
        android:layout_width="match_parent"
        android:layout_height="wrap_content"
        android:layout_marginLeft="20dp"
        android:layout_marginRight="20dp" />
</LinearLayout>
```

该布局文件比较简单，不再赘述。

8.4 操作栏和菜单

Android 3.0 引入操作栏（ActionBar）后，Android 系统的菜单也有了很大的变化，而且新款的 Android 手机也不再有菜单（Menu）硬件支持了。

如图 8-14 所示是 Android 系统中 Gmail 应用编写的邮件界面，点击图 8-14（a）中操作栏后面的"溢出"按钮，弹出如图 8-14（b）所示菜单，这里的菜单项都是文本，不能带有图标。另外，如果菜单项设置为图标，菜单项会变为如图 8-14（a）所示的操作栏按钮。

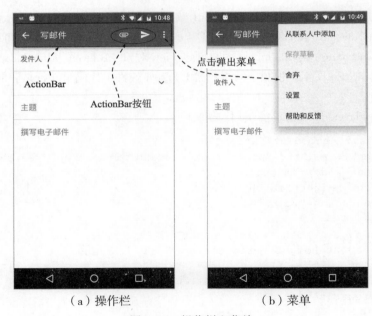

（a）操作栏　　　　　　　　（b）菜单

图 8-14　操作栏和菜单

8.4.1 操作栏

Android 系统中操作栏主要用于导航，基本的操作栏构成如图 8-15 所示，主要分为 4 个区域。其中①部分为应用图标，如果不是顶级视图界面会有"向上"按钮；②部分放置的是一个 Spinner，用来快速切

换视图;③部分放置一些完成当前界面操作的按钮;
④部分"溢出"按钮。由于在③部分不能摆放很多
按钮,可以点击"溢出"按钮,显示一些其他的不
常用的操作按钮。

图8-15 操作栏构成

在应用中添加操作栏很简单,可以让活动继承AppCompatActivity父类,这样当前活动就添加了操作栏,具体代码如下:

```
public class MainActivity extends AppCompatActivity {
    ...
}
```

8.4.2 菜单编程

编写具有菜单功能的应用与前面介绍的其他控件编程有很大的区别,需要在菜单所在的Activity中重写以下两个函数。

(1) public boolean onCreateOptionsMenu(Menu menu)。创建和初始化菜单及菜单项。

(2) public boolean onOptionsItemSelected(MenuItem item)。当菜单项被选中时触发,MenuItem是菜单项。

在onCreateOptionsMenu函数中创建和初始化菜单时,可以通过代码或XML布局文件初始化菜单。本章重点介绍通过代码方式初始化菜单,代码方式需要通过android.view.Menu类的add函数将菜单项一一添加到菜单中,使用的add函数有以下两个版本。

(1) MenuItem add(int groupId, int itemId, int order, CharSequence title)。

(2) MenuItem add(int groupId, int itemId, int order, int titleRes)。

8.4.3 实例:文本菜单

本例使用一个文本菜单改变屏幕中TextView控件所显示的文字和背景颜色,如图8-16所示,从中可以了解如何在应用程序中使用文本菜单。

图8-16 菜单运行效果

布局比较简单，此处不再介绍，下面介绍 Activity 代码 MainActivity.kt：

```kotlin
class MainActivity : AppCompatActivity() {

    var mTextView: TextView? = null
    val RED_MENU_ID: Int = Menu.FIRST                                    ①
    val GREEN_MENU_ID: Int = Menu.FIRST + 1
    val BLUE_MENU_ID: Int = Menu.FIRST + 2                               ②

    override fun onCreate(savedInstanceState: Bundle?) {
        super.onCreate(savedInstanceState)
        setContentView(R.layout.activity_main)
        mTextView = findViewById(R.id.textview)
    }


    override fun onCreateOptionsMenu(menu: Menu): Boolean {              ③
        menu.add(0, RED_MENU_ID, 0, R.string.menu1)                      ④
        menu.add(0, GREEN_MENU_ID, 0, R.string.menu2)
        menu.add(0, BLUE_MENU_ID, 0, R.string.menu3)                     ⑤
        return super.onCreateOptionsMenu(menu)
    }

    override fun onOptionsItemSelected(item: MenuItem): Boolean {        ⑥

        when (item.itemId) {                                             ⑦
            RED_MENU_ID -> {
                mTextView?.setBackgroundColor(Color.RED)
                mTextView?.setText(R.string.menu1)
            }
            GREEN_MENU_ID -> {
                mTextView?.setBackgroundColor(Color.YELLOW)
                mTextView?.setText(R.string.menu2)
            }

            BLUE_MENU_ID -> {
                mTextView?.setBackgroundColor(Color.BLUE)
                mTextView?.setText(R.string.menu3)
            }
        }
        return super.onOptionsItemSelected(item)
    }
}
```

代码第①行和第②行用于设置菜单项 ID，每个菜单项都有一个唯一的 ID，Menu.FIRST 是 Android 提供的有关菜单常量，以 Menu.FIRST 为基础定义其他菜单项。

代码第③行的 onCreateOptionsMenu 函数用于创建和初始化菜单，开发人员需要在 Activity 中定义该函数。代码第④行和第⑤行用于通过 Menu 的 add 函数添加菜单项。add 函数的第一个参数是菜单项的组 ID，第二个参数是菜单项 ID，第三个参数是菜单项的顺序，第四个参数设置菜单项显示的文本信息，这些文本信息最好不要采用硬编码方式，而要在 strings.xml 资源文件中定义。

菜单项被选择时调用代码第⑥行的 onOptionsItemSelected(item)函数，item 参数是选择的菜单项，代码第⑦行通过 tem.itemId 表达式获得菜单项 ID，然后通过 when 语句判断处理。

8.4.4 实例：操作表按钮

本例使用一个操作表按钮改变屏幕中 TextView 控件显示的文字和背景颜色，如图 8-17 所示，从中可以了解如何在应用程序中使用菜单。

该实例的布局比较简单，此处不再介绍，下面介绍 Activity 代码 MainActivity.kt：

图 8-17 操作表按钮运行效果

```
class MainActivity : AppCompatActivity() {

    var mTextView: TextView? = null
    val RED_MENU_ID: Int = Menu.FIRST
    val GREEN_MENU_ID: Int = Menu.FIRST + 1
    val BLUE_MENU_ID: Int = Menu.FIRST + 2

    override fun onCreate(savedInstanceState: Bundle?) {
        super.onCreate(savedInstanceState)
        setContentView(R.layout.activity_main)
        mTextView = findViewById(R.id.textview)
    }

    override fun onCreateOptionsMenu(menu: Menu): Boolean {
        menu.add(0, RED_MENU_ID, 0, R.string.menu1)
            .setIcon(R.mipmap.redimage)
            .setShowAsAction(MenuItem.SHOW_AS_ACTION_ALWAYS)             ①
        menu.add(0, GREEN_MENU_ID, 0, R.string.menu2)
            .setIcon(R.mipmap.yellowimage)
            .setShowAsAction(MenuItem.SHOW_AS_ACTION_ALWAYS)             ②
        menu.add(0, BLUE_MENU_ID, 0, R.string.menu3)
            .setIcon(R.mipmap.blueimage)
            .setShowAsAction(MenuItem.SHOW_AS_ACTION_ALWAYS);            ③

        return super.onCreateOptionsMenu(menu)
    }

    override fun onOptionsItemSelected(item: MenuItem): Boolean {

        when (item.itemId) {
            RED_MENU_ID -> {
                mTextView?.setBackgroundColor(Color.RED)
                mTextView?.setText(R.string.menu1)
            }
            GREEN_MENU_ID -> {
                mTextView?.setBackgroundColor(Color.YELLOW)
                mTextView?.setText(R.string.menu2)
            }
```

```
            BLUE_MENU_ID -> {
                mTextView?.setBackgroundColor(Color.BLUE)
                mTextView?.setText(R.string.menu3)
            }
        }
        return super.onOptionsItemSelected(item)
    }
}
```

```
public class MainActivity extends AppCompatActivity {
    private TextView mTextView;
    public static final int RED_MENU_ID = Menu.FIRST;
    public static final int GREEN_MENU_ID = Menu.FIRST + 1;
    public static final int BLUE_MENU_ID = Menu.FIRST + 2;

    @Override
    protected void onCreate(Bundle savedInstanceState) {
        super.onCreate(savedInstanceState);
        setContentView(R.layout.activity_main);
        mTextView = (TextView) findViewById(R.id.textview);
    }
```

上述代码与 8.4.3 节类似，不同的只是 onCreateOptionsMenu 函数中初始化的菜单项。代码第①~③行使用 setShowAsAction(MenuItem.SHOW_AS_ACTION_ALWAYS)函数设置菜单项，该函数可以设置菜单项作为操作栏按钮显示，其中 MenuItem.SHOW_AS_ACTION_ALWAYS 常量说明该菜单项总是作为操作栏按钮显示。

8.5 本章总结

本章重点介绍 Android 中的高级控件，列表控件通常用来显示数据，让用户能直观地看到各种信息。Toast 控件和对话框控件为用户提供了强大的提示功能。另外，还介绍了操作表和菜单的使用。

第 9 章 活　　动

CHAPTER 9

Android 系统中有 4 个常用的组件：活动（Activity）、服务（Service）、广播接收器（Broadcast Receiver）和内容提供者（Content Provider），本章介绍活动。

9.1 活动概述

活动是 Android 应用的重要组件，类似于 Java Swing 中的 JFrame 和 .NET 中的 WinForm。活动中能够包含若干个视图，它是一个视图的"容器"或"载体"。一个活动可以用来绘制用户界面窗口，这些窗口通常填充整个屏幕，也可以使对话框浮动在屏幕之上。

9.1.1 创建活动

Android 的 4 个常用组件的创建流程都是类似的，具体流程如下：

（1）编写相应的组件类。

（2）在 AndroidManifest.xml 文件中注册。

首先，编写相应的活动类，要求继承 android.app.Activity 或其子类，并覆盖它的某些函数，活动类图如图 9-1 所示，活动有很多重要的子类，常用的包括以下几个。

（1）Activity。最基本的活动类，活动界面如图 9-2 所示。

（2）ListActivity。提供列表控件的活动类。

（3）FragmentActivity。支持 Fragment（碎片）功能的活动类。

（4）AppCompatActivity。支持 ActionBar 的活动类，应用主题是 Theme.AppCompat，活动界面如图 9-3 所示。

另外，Context 是上下文对象，它表示保存了当前组件的信息。活动和服务（Service）等组件都继承自 Context 类。

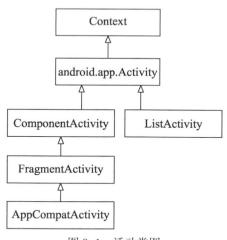

图 9-1 活动类图

创建活动类实例代码如下：

```
public class MainActivity extends Activity {
    @Override
    protected void onCreate(Bundle savedInstanceState) {
        super.onCreate(savedInstanceState);
```

```
        setContentView(R.layout.activity_main);
        …
    }
}
```

图 9-2 Activity 活动界面　　　　图 9-3 AppCompatActivity 活动界面

其次，编写完活动类后，还要在 AndroidManifest.xml 文件中注册，通过<activity>标签实现注册。

```
<?xml version="1.0" encoding="utf-8"?>
<manifest xmlns:android="http://schemas.android.com/apk/res/android"
    package="com.zhijieketang">                                               ①

    <application
        android:allowBackup="true"
        android:icon="@mipmap/ic_launcher"
        android:label="@string/app_name"
        android:roundIcon="@mipmap/ic_launcher_round"
        android:supportsRtl="true"
        android:theme="@style/Theme.HelloAndroid">
        <activity android:name=".MainActivity">                               ②
            <intent-filter>
                <action android:name="android.intent.action.MAIN" />

                <category android:name="android.intent.category.LAUNCHER" />
            </intent-filter>
        </activity>
    </application>

</manifest>
```

注册活动是在<activity>标签的 android:name=".MainActivity"属性中完成的，见代码第②行，.MainActivity 只是类名，加上 manifest 标签包声明 package="com.zhijieketang"，见代码第①行，构成完整的活动类 com.zhijieketang.MainActivity。

9.1.2 活动的生命周期

Android 应用可以有多个活动，这些活动是由任务（Task）管理的，任务将活动放到返回栈（Back Stack）中，处于栈顶的活动是当前活动，负责显示当前屏幕。

图 9-4 是活动的生命周期，可以从 3 个不同角度（3 种状态、7 个函数和 3 个嵌套循环）进行分析。

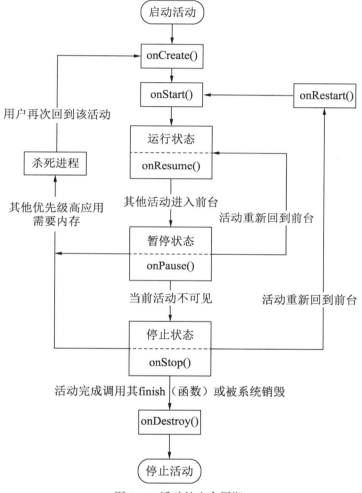

图 9-4 活动的生命周期

1．3 种状态

活动主要有 3 种状态。

（1）运行状态。活动进入前台，位于栈顶，此时活动处于运行状态。运行状态的活动可以获得焦点，活动中的内容会高亮显示。

（2）暂停状态。其他活动进入前台，当前活动不再处于栈顶，但仍然可见，只是颜色变暗，此时活动处于暂停状态。暂停状态的活动不能获得焦点，活动中内容的颜色会变暗。当系统内存过低，其他应用需要内存，系统会回收停止状态的活动。

（3）停止状态。当活动不再处于栈顶，被其他活动完全覆盖，不可见时，此活动处于停止状态。处于停止状态的活动虽然不可见，但是仍然保存所有状态（成员变量值）。当系统内存过低，其他应用需要内存，系统会回收停止状态的活动。

2. 7个函数

在活动的生命周期中活动的状态会发生转移，如图9-4所示，该过程中会回调Activity类中一些函数，可以根据自己的需要重写这些函数。这些函数有7个。

（1）onCreate()。当活动初始化时调用，前面的很多实例都重写了该函数。

（2）onStart()。活动从不可见变为可见，但是还是暗色，不能获得焦点，不能接收用户事件。此时调用该函数。

（3）onResume()。活动从暗色可见变成高亮可见，活动可以获得焦点，接收用户事件。此时调用该函数。

（4）onPause()。当活动从运行状态到暂停状态时调用该函数。

（5）onStop()。当活动从暂停状态到停止状态时调用该函数。

（6）onRestart()。当处于停止状态的活动，活动重新回到前台，变成活动状态时调用。

（7）onDestroy()。当活动被销毁时调用。

3. 3个嵌套循环

在上述7个函数中，除了onRestart()函数，其他6个函数都是两两相对的，可以根据自己的情况实现这些函数监控活动生命周期中的3个嵌套循环。

（1）整个生命周期循环。活动的整个生命周期发生在 onCreate() 调用与 onDestroy()调用之间。在onCreate()中初始化设置，例如加载布局文件，在onDestroy()中释放所有资源。

（2）可见生命周期循环。活动的可见生命周期发生在 onStart()调用与 onStop()调用之间。在此期间活动可见，用户能与之交互。活动会在可见和不可见两种状态中交替变化，系统会多次调用onStart()和onStop()。

（3）前台生命周期循环。活动的前台生命周期循环发生在 onResume()调用与 onPause()调用之间。在此期间活动位于屏幕上所有其他活动之前。活动可频繁进入和退出前台，系统会多次调用 onResume()和onPause()。由于频繁调用，这两个函数采用轻量级的代码，以避免程序运行缓慢而影响用户体验。

9.1.3 实例：Back 和 Home 按钮的区别

Android 手机都配有 Back 和 Home 按钮，图9-5是 Android 5之后的手机屏幕，Back 和 Home 按钮位于屏幕底部导航栏中，◁是 Back 按钮，○是 Home 按钮。那么 Back 和 Home 按钮在活动生命周期中有什么区别呢？

注意： 如图9-5所示，屏幕底部导航栏中▢按钮是最近使用应用（Recent Apps）按钮，点击该按钮可以快速找到最近使用过的应用，从而可以快速启动该应用，其效果与直接在桌面点击应用图标完全一样。如果此时活动处于停止状态，则通过 onRestart → onStart → onResume 路径使活动进入运行状态；如果此时活动处于销毁状态，则通过 onCreate → onStart → onResume 路径使活动进入运行状态。

下面通过实例熟悉活动的生命周期，了解 Back 和 Home 按钮的区别。
MyActivity.kt 代码如下：

```kotlin
import android.app.Activity
import android.os.Bundle
import android.util.Log                                    ①

//活动标签
const val TAG = "HelloAndroid"                             ②

class MainActivity : Activity() {

    override fun onCreate(savedInstanceState: Bundle?) {   ③
        super.onCreate(savedInstanceState)
        setContentView(R.layout.activity_main)
        Log.i(TAG, "调用 MainActivity|onCreate 函数")      ④
    }

    override fun onDestroy() {                             ⑤
        super.onDestroy()
        Log.i(TAG, "调用 MainActivity|onDestroy 函数")
    }


    override fun onPause() {                               ⑥
        super.onPause()
        Log.i(TAG, "调用 MainActivity|onPause 函数")
    }


    override fun onRestart() {                             ⑦
        super.onRestart()
        Log.i(TAG, "调用 MainActivity|onRestart 函数")
    }

    override fun onResume() {                              ⑧
        super.onResume()
        Log.i(TAG, "调用 MainActivity|onResume 函数")
    }

    override fun onStop() {                                ⑨
        super.onStop()
        Log.i(TAG, "调用 MainActivity|onStop 函数")
    }

    override fun onStart() {                               ⑩
        super.onStart()
        Log.i(TAG, "调用 MainActivity|onStart 函数")
```

图 9-5　Android 5 之后的屏幕底部导航按钮

                }
        }

代码第①行导入 Log 类，Log 是 Android 提供的日志类，它可以配合 Android 提供的日志工具 LogCat 使用。代码第②行定义日志标签常量，由于日志信息很多，标签可以帮助定义日志过滤器，过滤日志信息。代码第③、⑤、⑥、⑦、⑨和⑩行重写活动父类函数，这些函数会在活动不同的生命周期阶段调用。代码第④行 Log.i 函数是输出调试级别日志信息，该函数第一个参数 TAG 是日志标签，第二个参数是要输出的日志信息。

提示：LogCat 能够分级别输出调试信息。根据输出信息的"轻重缓急"和"严重程度"，LogCat 提供了 6 个级别的日志输出信息。

（1）Verbose。详细模式，输出最低级别的信息，不过滤，输出所有调试信息，包括输出 VERBOSE、DEBUG、INFO、WARN、ERROR 和 ASSERT 级别信息。程序中使用 Log.v 函数输出。

（2）Debug。调试模式，一些调试信息通过该模式输出，包括输出 DEBUG、INFO、WARN、ERROR 级别信息。程序中使用 Log.d()函数输出。

（3）Info。信息模式，包括输出 INFO、WARN、ERROR 级别信息。程序中使用 Log.i 函数输出。

（4）Warn。警告模式，包括输出 WARN、ERROR 级别信息。程序中使用 Log.w 函数输出。

（5）Error。错误模式，包括输出 ERROR 级别信息。程序中使用 Log.e 函数输出。

（6）Assert。断言模式，当程序中断言失败抛出异常，输出日志信息。程序中使用 Log.wtf 函数输出。

在 Logcat 选择日志级别，如图 9-6 所示。

图 9-6　选择日志级别

提示：由于 Android 系统运行过程中会输出很多日志信息，开发人员想看到自己输出的信息，可以添加日志过滤器，在 Android Studio 中添加日志过滤器，如图 9-7 所示单击下拉按钮，选择 Edit Filter Configuration，弹出日志过滤器对话框，如图 9-8 所示，然后添加过滤器内容。

单个活动在不同场景活动状态变化时，函数调用是不同的，下面分不同场景讲述。

（1）场景 1：当应用启动之后，当前活动全部可见，活动进入运行状态，日志输出结果如图 9-9 所示。

图 9-7　添加日志过滤器

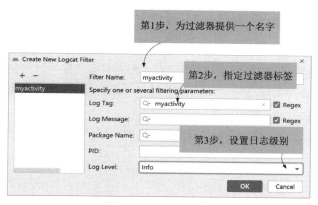

图 9-8　日志过滤器

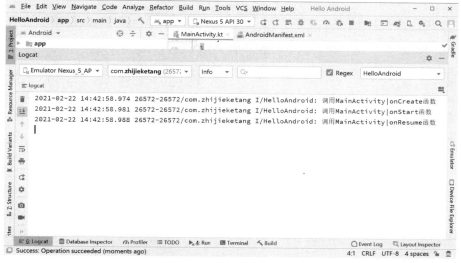

图 9-9　日志输出结果 1

（2）场景2：活动处于运行状态时，用户点击Back按钮，日志输出结果如图9-10所示。

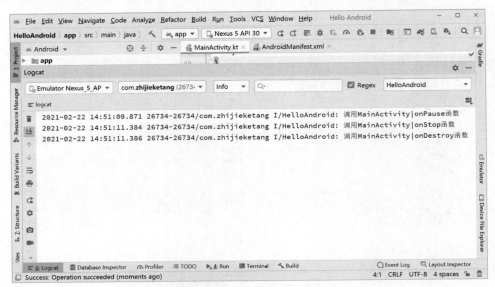

图9-10　日志输出结果2

从日志结果分析，点击Back按钮不仅会使活动进入停止状态，还会进入销毁状态。

（3）场景3：当活动处于运行状态时，用户点击Home按钮，日志输出结果如图9-11所示。

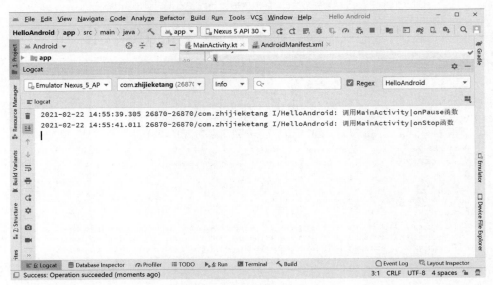

图9-11　日志输出结果3

从日志结果分析，点击Home按钮会使活动进入停止状态，但不会进入销毁状态。

综上所述，通过比较Back和Home按钮在活动生命周期的日志，可以得出结论：Back按钮会将活动从返回栈中移除；Home按钮将Android桌面活动入栈，这样当前活动不再处于栈顶，使其进入停止状态。

9.2 多个活动之间的跳转

前面介绍的应用都只有一个活动,事实上很多应用都有多个活动,这就必然存在多个活动之间的跳转问题,多个活动之间的跳转问题涉及以下三方面问题。
(1)从第一个活动进入第二个活动。
(2)从第二个活动返回到第一个活动。
(3)活动之间参数传递问题。

9.2.1 用户登录

为了便于讲解上述三方面问题,设计如图 9-12 所示登录实例原型,其中图 9-12(a)是登录界面,UserID 和 Password 栏分别输入用户 ID 和密码,点击 LOGIN 按钮登录,如果登录成功,则进入如图 9-12(b)所示登录成功界面;如果登录失败,则进入如图 9-12(c)所示登录失败界面。

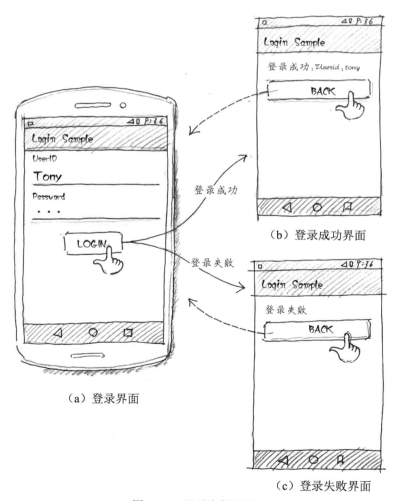

(a)登录界面

(b)登录成功界面

(c)登录失败界面

图 9-12　登录实例原型

登录成功界面会接收从登录界面传递过来的参数 UserID，点击 Back 按钮返回登录界面，此时也会将 UserID 参数回传给登录界面。

在登录失败界面点击 Back 按钮可以返回登录界面，登录失败界面与登录界面之间没有参数的传递。

从图 9-12 可见实例包括三个界面（屏幕），因此会有三个活动。

（1）LoginActivity。登录活动。
（2）SuccessActivity。登录成功活动。
（3）FailureActivity。登录失败活动。

3 个活动要求在 AndroidManifest.xml 文件中注册：

```xml
<?xml version="1.0" encoding="utf-8"?>
<manifest xmlns:android="http://schemas.android.com/apk/res/android"
    package="com.zhijieketang">
    <application
        android:allowBackup="true"
        android:icon="@mipmap/ic_launcher"
        android:label="@string/app_name"
        android:supportsRtl="true"
        android:theme="@style/AppTheme">
        <activity android:name=".LoginActivity">                          ①
            <intent-filter>                                               ②
                <action android:name="android.intent.action.MAIN" />
                <category android:name="android.intent.category.LAUNCHER" />
            </intent-filter>
        </activity>
        <activity android:name=".SuccessActivity"/>                       ③
        <activity android:name=".FailureActivity"/>                       ④
    </application>
</manifest>
```

代码第①行是注册 LoginActivity，登录活动是主屏幕活动，需要添加 Intent Filter（意图过滤器），见代码第②行，有关意图知识将在第 11 章介绍。

代码第③行和第④行是注册 SuccessActivity 和 FailureActivity，它们都不需要意图过滤器。

9.2.2 启动下一个活动

从当前活动启动进入下一个活动的函数如下：

void startActivity(Intent intent)

其中，intent 为一个意图对象。

MainActivity.kt 主要代码如下：

```kotlin
//设置实例标签

const val TAG = "loginsample"

class MainActivity : Activity() {

    private var txtUserid: EditText? = null
    private var txtPwd: EditText? = null
```

```kotlin
        private var btnLogin: Button? = null

    override fun onCreate(savedInstanceState: Bundle?) {
        Log.i(TAG, "调用 MainActivity|onCreate 函数")
        super.onCreate(savedInstanceState)
        setContentView(R.layout.activity_login)

        btnLogin = findViewById(R.id.button_login)
        txtUserid = findViewById(R.id.editText_userid)
        txtPwd = findViewById(R.id.editText_password)

        btnLogin?.setOnClickListener() {

            if (txtUserid?.text.toString() == "tony" && txtPwd?.text.toString() ==
"123" ) {                                                                              ①
                println("登录成功！")
                //定义意图
                val it = Intent(this,SuccessActivity::class.java                       ②
                )
                //跳转 SuccessActivity 活动
                startActivity(it)                                                      ③
            } else {
                println("登录失败！")
                //定义意图
                val it = Intent( this, FailureActivity::class.java     )               ④
                //跳转 FailureActivity 活动
                startActivity(it)                                                      ⑤

            }
        }
    }

    override fun onDestroy() {
        super.onDestroy()
        Log.i(TAG, "调用 MainActivity|onDestroy 函数")
    }


    override fun onPause() {
        super.onPause()
        Log.i(TAG, "调用 MainActivity|onPause 函数")
    }


    override fun onRestart() {
        super.onRestart()
        Log.i(TAG, "调用 MainActivity|onRestart 函数")
    }

    override fun onResume() {
```

```kotlin
        super.onResume()
        Log.i(TAG, "调用MainActivity|onResume函数")
    }

    override fun onStop() {
        super.onStop()
        Log.i(TAG, "调用MainActivity|onStop函数")
    }

    override fun onStart() {
        super.onStart()
        Log.i(TAG, "调用MainActivity|onStart函数")
    }
}
```

代码第①行用于判断是否登录成功，本例采用硬编码判断，

实际开发时会从数据库或网络服务器返回 UserID 和密码进行比较。无论判断是 true 还是 false，都会通过代码第③行或第⑤行的 startActivity(it) 语句启动下一个活动，代码第②行和第④行分别创建一个显示意图对象，意图可以有显式和隐式之分，有关两者的区别将在第 11 章介绍。

提示：显式意图构造函数为：public Intent(Context packageContext, Class<?> cls)。第一个参数 packageContext 的类型是 Context，它是一个抽象类，子类有很多，其中活动和服务都是 Context 的子类。Intent 构造函数的第二个参数 cls 是具体组件类名，通过该类名，意图会启动并实例化该组件。注意活动组件在 Kotlin 语言中表示 Java 类型是 SuccessActivity::class.java。

两个活动跳转时，两个活动状态是交替进行的，日志信息如图 9-13 所示。

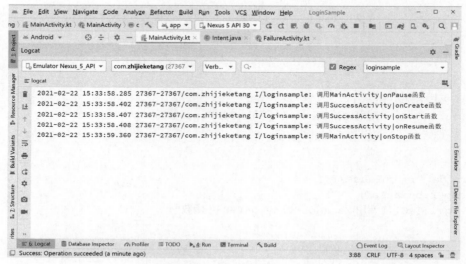

图 9-13　两个活动跳转的日志信息

9.2.3　参数传递

多个活动之间参数的传递主要通过意图实现，意图有一个附加数据（Extras）字段，可以保存多种形式

的数据，意图通过 putExtras(name, value)函数，以"键-值"对的形式保存数据，保存单值参数的函数如下：

（1）putExtra(String name, String value)。value 是单个 int 值。
（2）putExtra(String name, int value)。value 是单个 int 值。

保存多值参数函数如下：

（1）putExtra(String name, int[] value)。value 是 int 数组。
（2）putExtra(String name, Serializable value)。value 是任何可序列化的数据。

putExtra 函数还有很多可以根据需要使用的相关函数，其他函数可以查询 API 文档。

启动活动 MainActivity.kt 相关代码如下：

```
//定义意图
val it = Intent( this, SuccessActivity::class.java )
//设置参数
it.putExtra("userid", txtUserid?.text.toString())                    ①
//启动 SuccessActivity 活动
startActivity(it)
```

代码第①行设置要传递到意图中的参数，其中 userid 是要传递数据的键，在下一个活动（SuccessActivity.kt）中接收参数，相关代码如下：

```
val bundle = this.intent.extras                                      ①
val userid = bundle?.getString("userid")                             ②
```

代码第①行 this.intent.extras 表达式获得 bundle 对象，代码第②行从 bundle 对象按照键取出数据。活动中可以通过 intent 属性获得意图，意图有一个附加数据（Extras）字段，可以通过意图的 extras 属性获得该字段，该字段是一个 bundle 对象，bundle 是数据包，简单说就是多个数据集合体。bundle 提供了很多 getter 函数，根据不同的数据类型采用相应的 getter 函数。bundle 中主要的 getter 函数有以下几个。

（1）int getInt(String key)。通过 key 获取 Int 类型数据。
（2）int getInt(String key, int defaultValue)。通过 key 获取 Int 类型数据，defaultValue 是默认值。
（3）int[] getIntArray(String key)。通过 key 获取 Int 数组类型的数据。
（4）String getString(String key)。通过 key 获取字符串类型数据。
（5）String getString(String key, String defaultValue)。通过 key 获取字符串类型数据，defaultValue 是默认值。
（6）Serializable getSerializable(String key)。通过 key 获取可序列化类型数据。

bundle 中的 getter 函数还有很多，可以查询 API 文档，这里不再赘述。

9.2.4 返回上一个活动

多个活动之间的跳转是将多个活动放到栈中，通过入栈和出栈实现的，进行下一个活动是通过 startActivity（Intent）函数将意图所找到的活动入栈，使其处于栈顶，这样就实现了跳转。如果想返回上一个活动，则可以使用活动的 finish 函数。

从登录成功活动返回到登录活动，SuccessActivity.kt 代码如下：

```
class SuccessActivity : Activity() {

    override fun onCreate(savedInstanceState: Bundle?) {
        super.onCreate(savedInstanceState)
```

```kotlin
        setContentView(R.layout.activity_success)
        Log.i(TAG, "调用SuccessActivity|onCreate函数")


        val bundle = this.intent.extras
        val userid = bundle?.getString("userid")

        val textView = findViewById<TextView>(R.id.textView)
        textView.text = "登录成功, Userid:$userid"

        val btnBack = findViewById<Button>(R.id.button_Back)

        btnBack.setOnClickListener {                                              ①
            this.finish()                                                         ②
        }
    }
    …
    override fun onStart() {
        super.onStart()
        Log.i(TAG, "调用SuccessActivity|onStart函数")
    }
}
```

上述代码第①行是用户点击登录成功界面中的 Back 按钮的处理代码，代码第②行是调用当前活动的 finish 函数回到上一个活动（登录活动）。

有时返回的活动很多，上一个活动想知道是从哪个活动返回的，这种情况在启动下一个活动时可以采用以下函数：

```
void startActivityForResult(Intent intent, int requestCode)
```

该函数与 startActivity 类似，用于启动下一个活动。

第二个参数 requestCode 是请求编码，它可以传递给下一个活动，再由当前活动的 finish 函数返回给上一个活动。

9.3 活动任务与返回栈

在 Android 中有一个任务（Task）概念，任务是将多个活动放在一起进行管理，这些活动可以是同一个应用中的，也可以是不同应用中的，任务通过一个返回栈（Back Stack）管理这些活动。处于返回栈栈顶的活动，就是当前活动。startActivity(it)语句可以实现活动入栈处理。假设有两个活动：A 和 B。如果任务的屏幕跳转路径是：A→B→A。当用户点击 Back 按钮或在程序中调用 finish 函数时，实现活动出栈，返回任务中的上一个活动。

活动 A 的文件为 A_Activity.kt，代码如下：

```kotlin
class A_Activity : Activity() {

    override fun onCreate(savedInstanceState: Bundle?) {
        super.onCreate(savedInstanceState)
        setContentView(R.layout.a)
```

```kotlin
        val btn = findViewById<Button>(R.id.btn)

        btn.setOnClickListener {
            val it = Intent(this, B_Activity::class.java)

            startActivity(it)
        }
    }
}
```

活动 B 的文件为 B_Activity.kt，其代码如下：

```kotlin
class B_Activity : Activity() {

    override fun onCreate(savedInstanceState: Bundle?) {
        super.onCreate(savedInstanceState)
        setContentView(R.layout.b)

        val btn = findViewById<Button>(R.id.btn)
        btn.setOnClickListener {
            val it = Intent(this, A_Activity::class.java)
            it.flags = (Intent.FLAG_ACTIVITY_CLEAR_TOP or Intent.FLAG_ACTIVITY_NEW_TASK)        ①
            startActivity(it)
        }
    }
}
```

默认情况下点击 Back 按钮回到上一个活动，但是有时需要回到桌面，这就需要设置意图标志（Flag）来改变默认的返回状态，在 Android 平台有很多标志，与任务有关的标志主要有以下两个。

（1）FLAG_ACTIVITY_NEW_TASK。开始一个新的任务。

（2）FLAG_ACTIVITY_CLEAR_TOP。清除返回栈中活动。

上述代码第①行中的 Intent.FLAG_ACTIVITY_CLEAR_TOP or Intent.FLAG_ACTIVITY_NEW_TASK)表达式是设置活动标志。该标志会开始一个新任务并且清除活动返回栈。注意这里的 or 表示位或运算，是将两种标志效果合并。

9.4 本章总结

本章重点介绍了 Android 的活动，活动在 Android 中是非常重要的，活动的生命周期是难点。此外，本章还介绍了多个活动之间的跳转，以及活动任务与返回栈。

第 10 章　碎　片

CHAPTER 10

碎片（Fragment）是为了适用于 Android 设备多样化而产生的概念，搭载 Android 系统的设备包括手机、手表、平板电脑和电视机。碎片是类似于活动功能的"局部界面"，通过使用碎片可以使应用适配于多种设备和屏幕尺寸。

提示：Fragment 通常被翻译为"碎片""片段""分段"等，笔者认为 Fragment 是将屏幕分成几片可重用部分，因此本书统一将 Fragment 翻译为"碎片"。

10.1 界面重用问题

如图 10-1 所示是同样的 Android 系统分别应用在手机上的界面布局［见图 10-1（a）］和应用在平板电脑上的界面布局［见图 10-1（b）］。其中①区域是列表，②区域是标题，③区域是详细内容。

如图 10-1（a）所示，手机屏幕比较小，因此当显示比较多的数据时往往要分屏幕显示，即：①是在一个活动中，②和③是在另外一个活动中。

如图 10-1（b）所示，平板电脑屏幕比较大，可以把所有内容放置在一个屏幕中，即：①、②和③都在一个活动中。

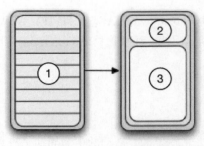 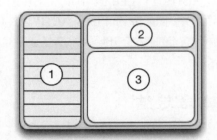

（a）应用在手机上的界面布局　　　　（b）应用在平板电脑上的界面布局

图 10-1　界面布局

从图 10-1 所示界面布局可见，同一个应用在手机和平板电脑等设备中，某些部分界面布局非常相似，而且功能也相同。具体实现是每一个设备都有自己的活动，手机需要两个活动，平板电脑需要一个活动，因此活动中有很多重复的代码。

10.2 碎片技术

在 Android 3.0 之后的版本中谷歌公司推出了碎片技术，它类似于活动技术，但是要比活动更加复杂。

碎片概念的引入帮助解决了多种设备和屏幕尺寸的界面重用问题，采用碎片的界面布局如图 10-2 所示，手机和平板电脑中"碎片 1""碎片 2""碎片 3"是共用的。虽然手机是用两个屏幕显示碎片，但还是一个活动，如图 10-2（a）所示。

碎片与活动十分相似，它用来描述在一个活动中部分界面。一个活动可以包含多个碎片，而一个碎片也可以在多个不同活动中重用。如图 10-2（b）所示，一个活动中包含三个碎片（碎片 1、碎片 2 和碎片 3）。

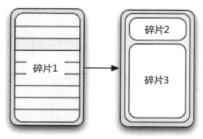

（a）手机上碎片的布局　　　　　（b）平板电脑上碎片的布局

图 10-2　采用碎片界面布局

提示：一个活动中包含多个碎片，但是设计时为了避免碎片之间直接通信和调用，而是通过活动实现两个碎片之间的通信和调用。

10.3 碎片的生命周期

碎片嵌入活动中，与活动的生命周期协调一致，碎片所在的活动生命周期会影响碎片的生命周期，如此碎片的生命周期就会变得比活动生命周期还要复杂。

如图 10-4 所示是碎片的生命周期，可以从两个不同角度（3 种状态和 11 个函数）进行分析。

1. 碎片生命周期中的 3 种状态

（1）运行状态。碎片所在活动处于运行状态，而当前碎片可见，可以获得焦点，内容会高亮显示。

（2）暂停状态。碎片所在活动处于暂停状态，暂停状态的碎片不能获得焦点，碎片中内容的颜色会变暗。

（3）停止状态。碎片所在活动处于停止状态。

2. 碎片生命周期中的 11 个函数

碎片生命周期中碎片的状态发生转移，如图 10-3 所示，这个过程中会回调 Fragment 类中一些函数，根据需要可以重写以下 11 个函数。

（1）onAttach()。当碎片添加到活动，并与活动建立关联时调用。

（2）onCreate()。创建碎片时调用，可以用来初始化碎片。

（3）onCreateView()。系统会在第一次绘制碎片相关视图时调用，返回值是碎片中相关视图。

（4）onActivityCreated()。当碎片所在活动被创建完成，并且碎片相关视图也创建完成，此时调用该函数。

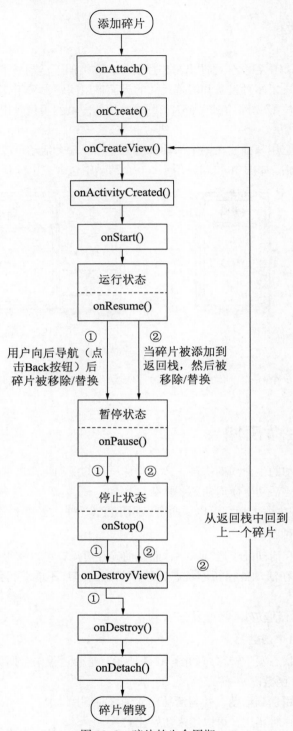

图 10-3 碎片的生命周期

（5）onStart()。当碎片所在的活动从不可见变为可见，但是还是暗色，不能获得焦点，不能接收用户事件，此时调用该函数。

（6）onResume()。当碎片所在活动从暗色可见变成高亮可见，活动可以获得焦点，可接收用户事件，此时调用该函数。

（7）onPause()。当碎片从运行状态到暂停状态时调用该函数。

（8）onStop()。当碎片从暂停状态到停止状态时调用该函数。

（9）onDestroyView()。当销毁碎片相关视图时调用该函数。

（10）onDestroy()。当碎片被销毁时调用该函数。

（11）onDetach()。当碎片与活动解除关联时调用该函数。

虽然碎片生命周期中相关函数有 11 个，但是并非所有的碎片都需要重写这 11 个回调函数，可根据需要重写相应函数。其中 onCreateView()、onStart()和 onStop()等函数用得比较多。

10.4 使用碎片开发

下面详细介绍使用碎片开发应用界面的相关内容。

10.4.1 碎片相关类

与活动不同，使用碎片开发涉及很多相关类，如图 10-4 所示是碎片主要的相关类图，包括以下说明。

（1）Fragment：核心碎片类，开发人员需要继承 Fragment 或其子类，并覆盖它的某些函数，这些在图 10-3 的碎片生命周期中已经介绍了。

（2）FragmentActivity：androidx.fragment.app.FragmentActivity 类，支持碎片的活动类。

（3）FragmentManager：碎片管理类，管理碎片和碎片所在活动之间的交互及通信。

（4）FragmentTransaction：碎片事务管理类，管理碎片事务，碎片事务是一系列的碎片操作（添加、替换和移除等）。

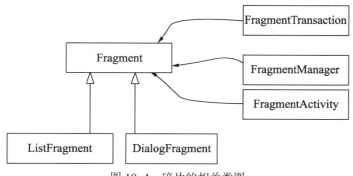

图 10-4　碎片的相关类图

另外，Fragment 类最为核心了，有很多子类，常用的有以下两个。

（1）ListFragment。类似于 ListActivity 的包含 ListView 控件碎片类。

（2）DialogFragment。显示以对话框形式浮动在所有活动窗口上的碎片。

10.4.2 创建碎片

创建一个碎片需要做以下两件事情。

1. 创建碎片类

碎片类必须直接或间接继承 Fragment 类，一般要重写 onCreateView 函数，类似以下代码：

```java
public class EventsDetailFragment extends Fragment {
    ...
    @Override
    public View onCreateView(LayoutInflater inflater,
                    ViewGroup container, Bundle savedInstanceState) {
        ...
        //从布局文件中创建视图
        View v = inflater.inflate(R.layout.fragment_detail, container, false); ①
        return v;
    }
    ...
}
```

在 onCreateView 函数中要求返回一个 View 用于碎片显示，返回 null 则该碎片没有显示。代码第①行是从布局文件创建视图，其中参数 inflater 是布局填充器 LayoutInflater，布局填充器在第 8 章介绍过，LayoutInflater 的 inflate 函数声明如下：

```
inflate(int resource, ViewGroup root, boolean attachToRoot)
```

其中第一个参数 resource 是资源 id，第二个参数 root 是父视图，第三个参数 attachToRoot 表示是否将创建的 View 自动添加到 root 视图中，如果是 true，则自动添加，由于在碎片中使用 inflate 函数，添加过程由 FragmentManager 负责，因此碎片中使用 inflate 函数时，第三个参数 attachToRoot 必须设置为 false。

2. 创建碎片布局文件

创建碎片布局 fragment_detail.xml 文件代码：

```xml
<?xml version="1.0" encoding="utf-8"?>
<LinearLayout xmlns:android="http://schemas.android.com/apk/res/android"
    android:layout_width="match_parent"
    android:layout_height="match_parent"
    android:orientation="horizontal">

    <ImageView
        android:id="@+id/imageView_detail"
        android:layout_width="wrap_content"
        android:layout_height="wrap_content"
        android:paddingLeft="20dp"
        android:paddingTop="20dp" />

    <TextView
        android:id="@+id/textView_detail"
        android:layout_width="match_parent"
        android:layout_height="wrap_content"
        android:padding="16dp"
```

```
         android:textSize="18sp" />
```
```
</LinearLayout>
```
上述碎片布局与活动中使用的布局没有区别,此处不再赘述。

提示:虽然大部分情况下,创建一个碎片需要做两件事情,即创建碎片类和创建碎片布局文件。但有两种情况除外:一是列表类型碎片,即继承 ListFragment 类;二是通过代码创建的布局。列表类型碎片 ListFragment 与列表类型活动 ListActivity 类似,不需要指定布局文件,不需要重写 onCreateView 函数。

10.4.3 静态添加碎片到活动

静态添加就是在活动布局文件中,通过<fragment>标签将碎片包含到活动布局文件中,活动布局文件 activity_main.xml 代码如下:

```
<?xml version="1.0" encoding="utf-8"?>
<LinearLayout xmlns:android="http://schemas.android.com/apk/res/android"
    android:layout_width="match_parent"
    android:layout_height="match_parent"
    android:orientation="horizontal">
    <!--比赛项目列表信息碎片-->
    <fragment
        android:id="@+id/fragment_master"
        android:name="com.zhijieketang.EventsMasterFragment"                    ①
        android:layout_width="0dp"
        android:layout_height="match_parent"
        android:layout_weight="1" />
    <!--两个碎片之间的分割线-->
    <View
        android:layout_width="0.6dp"
        android:layout_height="wrap_content"
        android:background="#FF4081" />
    <!--比赛项目详细信息碎片-->
    <fragment
        android:id="@+id/fragment_detail"
        android:name="com.zhijieketang.EventsDetailFragment"                    ②
        android:layout_width="0dp"
        android:layout_height="match_parent"
        android:layout_weight="2" />
    fragment_container
</LinearLayout>
```

在<fragment>标签中 android:name 属性指定了碎片具体类,见代码第①行和第②行,注意要包含完整的包名和类名。

注意:这种静态添加碎片到活动的函数,并不能在运行期间动态删除和替换。

从布局文件中返回碎片对象,可以通过 FragmentManager 提供的如下函数获得。

(1)Fragment findFragmentById (int id)。参数 id 是布局文件中 fragment 所声明的 id,不能重复。

(2)Fragment findFragmentByTag (String tag)。参数 tag 是布局文件中 fragment 所声明的标签,它是一个

字符串，不能重复。

10.4.4 动态添加碎片到活动

动态添加碎片到活动就是使用程序代码实现动态添加，具体通过碎片事务 FragmentTransaction 实现。动态添加碎片到活动需要重写活动的 onCreate 函数，实例代码如下：

```kotlin
class MainActivity : AppCompatActivity{{                                    ①

    override fun onCreate(savedInstanceState: Bundle?) {                    ②
        super.onCreate(savedInstanceState)
        setContentView(R.layout.activity_main)

        …

            //创建碎片实例
            val firstFragment = EventsMasterFragment()                      ③
            //将意图的扩展数据（Extras），放到碎片参数中
            firstFragment.arguments = intent.extras

            val fragmentManager: FragmentManager = supportFragmentManager   ④

            //获得 FragmentTransaction 对象
            val transaction = fragmentManager.beginTransaction()            ⑤

            //添加 firstFragment 碎片到 fragment_container 容器
            transaction.add(R.id.fragment_container, firstFragment)         ⑥
            //提交碎片
            transaction.commit()                                            ⑦
        }
    }

}
…
```

代码第①行用于声明活动实现父类，通常使用 Activity 或 AppCompatActivity 类。第②行要判断 savedInstanceState 是否为 null，如果 savedInstanceState 为 null，则说明系统第一次调用 onCreate 函数，只有第一次调用 onCreate 函数才创建和添加碎片对象。

代码第③行用于创建碎片实例。代码第④行用于从当前活动的 supportFragmentManage 对象中获得 FragmentManager 对象。

代码第⑤行的 fragmentManager.beginTransaction 函数是获得碎片事务对象 FragmentTransaction，这标志碎片事务的开始。

代码第⑥行是添加碎片的操作，第一个参数是 R.id.fragment_container 是碎片所在容器，第二个参数是要添加的碎片对象。最后要提交碎片，见代码第⑦行。

FragmentTransaction 添加碎片函数还有以下两个。

（1）FragmentTransaction add(Fragment fragment, String tag)。添加碎片，参数 tag 是标签。

（2）FragmentTransaction add(int containerViewId, Fragment fragment, String tag)。添加碎片，指定容器 id （containerViewId）和标签（tag）。

10.4.5 管理碎片事务

碎片事务包括一连串的碎片操作，例如添加、删除和替换，10.4.3 节和 10.4.4 节已经实现了添加碎片操作。下面介绍碎片删除和替换操作。

1. 碎片删除

碎片删除通过 FragmentTransaction 的 remove 函数实现，在活动中实例代码如下：

```
fragmentManager
    .beginTransaction()
    .remove(EventsMasterFragment())
    .commit()
```

2. 碎片替换

碎片替换通过 FragmentTransaction 的 replace 函数实现，在活动中实例代码如下：

```
fragmentManager
    .beginTransaction()
    .replace(R.id.fragment_container, EventsMasterFragment())
    .commit()
```

通过容器 id（fragment_container）替换碎片对象。FragmentTransaction 还有一个重载 replace 函数，声明如下：

FragmentTransaction replace(int containerViewId, Fragment fragment, String tag)。containerViewId 是容器 id，tag 是替换后碎片对象的标签。

默认情况下，当碎片被替换后，用户点击 Back 键时，不会返回上一个碎片。如果想返回上一个碎片，可以将碎片添加到返回栈中，可以在事务提交，即执行 transaction.commit 函数之前执行 transaction.addToBackStack(null)，参考代码如下：

```
fragmentManager
    .beginTransaction()
    .replace(R.id.fragment_container, EventsMasterFragment())
    .addToBackStack(null)
    .commit()
```

10.4.6 碎片与活动之间的通信

在使用碎片时，经常需要在碎片与活动之间进行通信，如图 10-5 所示。

下面解释图 10-5 中标号的含义。

①号路径。在碎片中获得所在活动的对象，通过 getActivity 函数获得活动对象。参考代码如下：

```
MainActivity activity = (MainActivity)
getActivity();
```

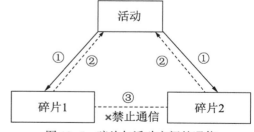

图 10-5　碎片与活动之间的通信

②号路径。在活动中获得碎片对象，通过 getFragmentManager().findFragmentById(id) 或 getFragmentManager().findFragmentByTag(tag) 表达式获得碎片对象。参考代码如下：

```
EventsDetailFragment detailFragment = (EventsDetailFragment)
    getFragmentManager().findFragmentById(R.id.fragment_detail)
```

③号路径。指两碎片之间的通信，碎片之间禁止通信和直接调用，而是通过活动这个"桥梁"实现，即碎片1先获得所在活动，通过活动获得碎片2。

10.5 实例：比赛项目

下面通过一个实例完整地介绍如何在应用中使用碎片技术。如图10-6和图10-7所示是同一个比赛项目实例应用在不同设备上的运行效果，可以在该应用中使用碎片技术。

图10-6 比赛项目实例运行效果（手机设备）

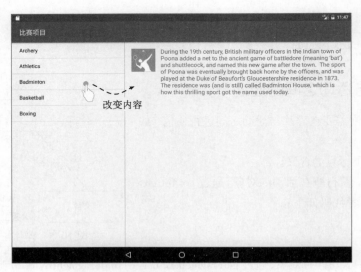

图10-7 比赛项目实例运行效果（平板电脑）

10.5.1 创建两个碎片

从图 10-6 和 10-7 可见，显示比赛项目信息的应用需要设计两个碎片：Master 碎片和 Detail 碎片，如图 10-8（a）所示是手机上运行单栏布局，分两个屏幕显示，如图 10-8（b）所示是平板电脑上运行，在一个屏幕上双栏布局显示。

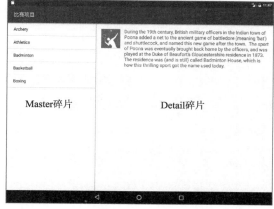

（a）手机上运行（单栏布局）　　（b）平板电脑上运行（一个屏幕上双栏布局）

图 10-8　碎片设计

Master 碎片文件 EventsMasterFragment.kt 代码如下：

```
class EventsMasterFragment : ListFragment() {                                    ①
    //实现 OnTitleSelectedListener 接口的回调对象
    var mCallback: OnTitleSelectedListener? = null

    //当前碎片所在的活动必须实现该接口，碎片通过该接口可以回调所在活动
    interface OnTitleSelectedListener {
        //点击列表项选择时调用
        fun onEventsSelected(position: Int)
    }

    override fun onAttach(context: Context) {
        super.onAttach(context)
        //context 参数事实上是 MainActivity 对象

        //确保所在活动已经实现，如果没有实现则抛出异常

        mCallback = context as OnTitleSelectedListener
    }

    override fun onCreate(savedInstanceState: Bundle?) {
        super.onCreate(savedInstanceState)

        val dao = EventsDAO()                                                    ②
```

```kotlin
        //返回所有项目名称String集合
        val titles = dao.list.map { it.name }                               ③

        listAdapter = activity?.let {                                       ④
            ArrayAdapter(
                it,
                android.R.layout.simple_list_item_activated_1, titles
            )
        }
    }

    override fun onListItemClick(l: ListView, v: View, position: Int, id: Long) {   ⑤
        //回调活动，通过活动选中列表项位置
        mCallback?.onEventsSelected(position)
    }
}
```

代码第①行声明碎片 EventsMasterFragment 继承 ListFragment，EventsMasterFragment 是一种列表类型碎片，这种碎片不需要提供布局文件。为了响应点击列表项事件处理，要求重写代码第⑤行 onListItemClick 函数。

代码第②行中的 EventsDAO 是比赛项目数据访问对，稍后再介绍。代码第③行用于获得返回所有项目名称 String 集合，其中 dao.list 表达式可以获得所有项目的列表，然后调用 map 函数返回所有项目名称的列表。代码第④行的 let 函数是在 activity 非空时创建 ArrayAdapter 对象。

Detail 碎片文件 EventsDetailFragment.kt 代码如下：

```kotlin
//保存选中列表项位置
const val EVENTS_POSITION = "position"

class EventsDetailFragment : Fragment() {
    //选中列表项位置
    var mCurrentPosition = -1
    override fun onCreateView(
        inflater: LayoutInflater,
        container: ViewGroup?, savedInstanceState: Bundle?
    ): View {
        if (savedInstanceState != null) {
            //恢复之前保存的选中列表项位置
            mCurrentPosition = savedInstanceState.getInt(EVENTS_POSITION)   ①
        }
        //从布局文件中创建视图
        return inflater.inflate(R.layout.fragment_detail, container, false)
    }

    override fun onStart() {
        super.onStart()
        //获得碎片中的参数
        val args: Bundle? = arguments                                       ②
        if (args != null) {
            //通过选中列表项位置，设置详细视图
```

```kotlin
            updateDetailView(args.getInt(EVENTS_POSITION))                ③
    } else if (mCurrentPosition != -1) {
        //在onCreateView调用期间，设置详细视图
        updateDetailView(mCurrentPosition)
    }
}

override fun onSaveInstanceState(outState: Bundle) {                      ④
    super.onSaveInstanceState(outState)
    //保存选中项目的位置，以备在碎片重新创建时使用
    outState.putInt(EVENTS_POSITION, mCurrentPosition)                    ⑤
}

/*** 设置详细视图*/
fun updateDetailView(position: Int) {

    //获取选中的比赛项目
    val dao = EventsDAO()
    //获取选中的比赛项目
    val events = dao.list[position]

    //获取当前碎片所在的活动
    val activity = this.activity
    //获取选中的比赛项目

    //获得碎片中的ImageView对象
    val imageView = activity?.findViewById<ImageView>(R.id.imageView_detail)
    val id = getLogoResId(events.logo)                                    ⑥
    if (id != null) {
        imageView?.setImageResource(id)
    }

    //获得碎片中的TextView对象
    val textView = activity?.findViewById<TextView>(R.id.textView_detail)
    textView?.text = events.description
    mCurrentPosition = position

}

//通过logo资源文件名获得资源id
private fun getLogoResId(logo: String): Int? {                            ⑦
    //获得活动的包名
    val packageName: String? = this.activity?.packageName

    //截取掉文件后缀名
    val pos = logo.indexOf(".")
    val logoFile = logo.substring(0, pos)
```

```
        //通过资源文件名获得资源 id
        return this.activity?.resources?.getIdentifier(logoFile, "mipmap", packageName) ⑧
    }
}
```

在 EventsDetailFragment 中有一个非常重要的成员变量 mCurrentPosition，mCurrentPosition 记录了选中的列表项位置，根据该位置取出当前比赛项目的详细信息。因此，在碎片的生命周期的不同阶段需要保存或更新 mCurrentPosition 状态。

首先在代码第①行取出之前保存的 mCurrentPosition 状态，savedInstanceState != null 的条件说明这不是第一次显示碎片。代码第②行通过当前碎片的对象的 arguments 属性获得碎片中参数，参数是 Bundle 类型，参数与代码第①行的 savedInstanceState 对象是同一对象。代码第③行中的 args.getInt（EVENTS–POSITION）是从参数中取出 mCurrentPosition 状态。

保存 mCurrentPosition 状态是在代码第④行 onSaveInstanceState 函数中实现的，该函数是在碎片停止时保存状态时调用的。具体保存是通过代码第⑤行的 outState.putInt(EVENTS_POSITION, mCurrentPosition)语句实现的。

提示：代码第⑥行的 getLogoResId(events.logo)函数是根据资源图片文件名获得资源图片 id，这是因为开发人员只知道资源图片文件名，不知道 id。如何通过资源文件名获得资源 id 呢？代码第⑦行的 getLogoResId 函数帮助实现转换，其中代码第⑧行语句是转换的核心语句，第一个参数 logoFile 是资源图片文件名，注意不要包含后缀名；第二个参数是资源文件类型，即资源文件夹；第三个参数是资源文件包名，就是 AndroidManifest.xml 中注册的包名。

Detail 碎片布局文件 fragment_detail.xml 代码如下：

```xml
<?xml version="1.0" encoding="utf-8"?>
<LinearLayout xmlns:android="http://schemas.android.com/apk/res/android"
    android:layout_width="match_parent"
    android:layout_height="match_parent"
    android:orientation="horizontal">

    <ImageView
        android:id="@+id/imageView_detail"
        android:layout_width="wrap_content"
        android:layout_height="wrap_content"
        android:paddingLeft="20dp"
        android:paddingTop="20dp" />

    <TextView
        android:id="@+id/textView_detail"
        android:layout_width="match_parent"
        android:layout_height="wrap_content"
        android:padding="16dp"
        android:textSize="18sp" />

</LinearLayout>
```

10.5.2 创建 MainActivity 活动

MainActivity 活动管理两个碎片。MainActivity 活动类似于 MVC 设计模式①中的 C（控制器），而碎片类似于 V（视图）。MainActivity 担负着非常重要的职责，MainActivity.kt 代码如下：

```
class MainActivity : AppCompatActivity(), EventsMasterFragment.OnTitleSelected
Listener {                                                                      ①

    override fun onCreate(savedInstanceState: Bundle?) {
        super.onCreate(savedInstanceState)
        setContentView(R.layout.activity_main)                                  ②

        println("设备是平板电脑: ${isTablet(this)} ")

        if (isTablet(this)) {
            //如果是平板电脑设备，则设置为横屏
            requestedOrientation = ActivityInfo.SCREEN_ORIENTATION_LANDSCAPE
        } else {
            //如果是手机设备，则设置为竖屏
            requestedOrientation = ActivityInfo.SCREEN_ORIENTATION_PORTRAIT
        }

        //findViewById(R.id.fragment_container) != null
        //表达式结果为 true，代表是手机设备，为 false，代表是平板电脑设备
        if (findViewById<View?>(R.id.fragment_container) != null) {              ③
            if (savedInstanceState != null) {
                return
            }

            //创建碎片实例
            val firstFragment = EventsMasterFragment()                           ④
            //将意图的扩展数据（Extras）放到碎片参数中
            firstFragment.arguments = intent.extras

            val fragmentManager: FragmentManager = supportFragmentManager

            //获得 FragmentTransaction 对象
            val transaction = fragmentManager.beginTransaction()

            //添加 firstFragment 碎片到 fragment_container 容器
            transaction.add(R.id.fragment_container, firstFragment)
            //提交碎片
            transaction.commit()                                                 ⑤
        }
    }
```

---

① MVC 是一种界面设计模式，其中 M 是指业务模型，V 是指用户界面，C 是指控制器，使用 MVC 的目的是将 M 和 V 实现代码分离，从而使同一个程序可以使用不同的表现形式。

```kotlin
//用户从 Master 碎片选中列表项时调用
override fun onEventsSelected(position: Int) {            ⑥
        ...
    }
}
```

代码第①行声明 MainActivity 活动实现 EventsMasterFragment.OnTitleSelectedListener 接口，代码第⑥行是实现该接口的函数，实现该接口的目的能够让用户点击 Master 碎片选中列表项时调用 MainActivity 活动。稍后将介绍该调用过程。

代码第②行加载布局文件 activity_main.xml，activity_main.xml 文件有两个版本，如图 10-9 所示。在 Android Studio 工程中 res 目录下，一个文件放到 layout 目录，另一个文件放到 layout-large 目录，layout-large 目录下的资源是为大屏幕设备准备的。

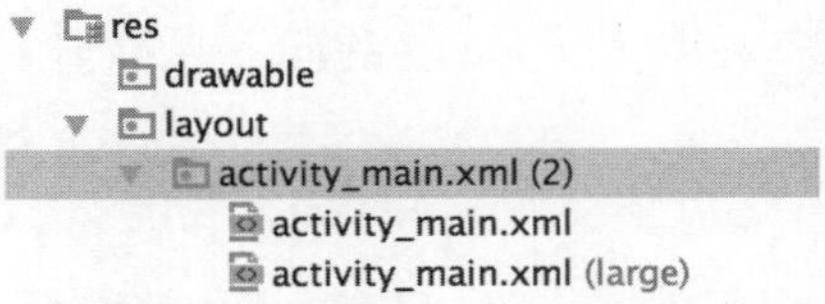

Android 系统会根据设备屏幕情况加载 activity_main.xml 还是 activity_main.xml(large)文件。

图 10-9 activity_main.xml 布局文件

代码第③行的 findViewById(R.id.fragment_container) != null 表达式结果为 true，代表是手机设备，为 false，则代表是平板电脑设备。因为 fragment_container 的 id 只是在 activity_main.xml 中声明，而在 activity_main.xml(large)中没有。该应用在手机设备上采用动态加载碎片方式，代码第④行~第⑤行用于动态添加 Master 碎片；而在平板电脑设备上采用静态加载碎片方式。

在手机设备上加载 activity_main.xml 文件，其代码如下：

```xml
<?xml version="1.0" encoding="utf-8"?>
<FrameLayout xmlns:android="http://schemas.android.com/apk/res/android"
    android:id="@+id/fragment_container"
    android:layout_width="match_parent"
    android:layout_height="match_parent" />
```

可以在布局文件中声明 id 为 fragment_container 的帧布局，帧布局非常时候作为一个容器使用。

在平板电脑设备上加载 activity_main.xml(large)文件，其代码如下：

```xml
<?xml version="1.0" encoding="utf-8"?>
<LinearLayout xmlns:android="http://schemas.android.com/apk/res/android"
    android:layout_width="match_parent"
    android:layout_height="match_parent"
    android:orientation="horizontal">
    <!--比赛项目列表信息碎片-->
    <fragment
        android:id="@+id/fragment_master"
        android:name="com.zhijieketang.EventsMasterFragment"
        android:layout_width="0dp"
        android:layout_height="match_parent"
        android:layout_weight="1" />
    <!--两个碎片之间的分割线-->
    <View
        android:layout_width="0.6dp"
        android:layout_height="wrap_content"
        android:background="#4070FF" />
```

①

```xml
        <!--比赛项目详细信息碎片-->
        <fragment
            android:id="@+id/fragment_detail"
            android:name="com.zhijieketang.EventsDetailFragment"
            android:layout_width="0dp"
            android:layout_height="match_parent"
            android:layout_weight="2" />
            fragment_container
</LinearLayout>
```

在上述布局文件中声明了两个碎片，可见这是静态加载碎片方式。另外，需要注意代码第①行的 View 是在左右两个碎片中间添加一条分割线，如图 10-10（a）所示有分割线，这样用户体验比较好，如图 10-10（b）所示是没有分割线的，很显然用户体验不好。

（a）有分割线　　　　　　　　　　　（b）无分割线

图 10-10　分割线

10.5.3　点击 Master 碎片列表项

点击 Master 碎片列表项会在 Detail 碎片呈现详细信息。但是由于两个碎片不能直接通信，则需要 Master 碎片回调 MainActivity 活动，再由 MainActivity 活动调用 Detail 碎片。由于调用处理比较复杂，所以绘制了时序图，如图 10-11 所示。

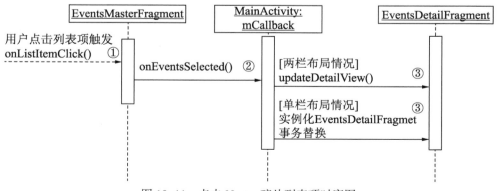

图 10-11　点击 Master 碎片列表项时序图

从图 10-11 可见，用户点击 Master 碎片列表项，会触发 EventsMasterFragment 的 onListItemClick()函数，该函数又会调用 mCallback 对象（MainActivity 活动实例）的 onEventsSelected()函数。在该函数中需要判断是两栏布局还是单栏布局情况，如果是两栏布局，则调用 EventsDetailFragment 的 updateDetailView()函数；如果是单栏布局，则实例化 EventsDetailFragment 对象，然后替换其他碎片。

Master 碎片文件 EventsMasterFragment.kt 相关代码如下：

```kotlin
class EventsMasterFragment : ListFragment() {
    //实现 OnTitleSelectedListener 接口的回调对象
    var mCallback: OnTitleSelectedListener? = null                              ①

    //当前碎片所在的活动必须实现该接口，碎片通过该接口可以回调所在活动
    interface OnTitleSelectedListener {                                         ②
        //点击列表项选择时调用
        fun onEventsSelected(position: Int)                                     ③
    }

    override fun onAttach(context: Context) {                                   ④
        super.onAttach(context)
        //context 参数事实上是 MainActivity 对象
        mCallback = context as OnTitleSelectedListener                          ⑤
    }

    override fun onCreate(savedInstanceState: Bundle?) {
        super.onCreate(savedInstanceState)

        val dao = EventsDAO()

        //返回所有项目名称 String 集合
        val titles = dao.list.map { it.name }

        listAdapter = activity?.let {
            ArrayAdapter(
                it,
                android.R.layout.simple_list_item_activated_1, titles
            )
        }
    }
    override fun onListItemClick(l: ListView, v: View, position: Int, id: Long) { ⑥
        //回调活动，通过活动选中列表项位置
        mCallback?.onEventsSelected(position)                                   ⑦
    }
    ...
}
```

代码第①行声明了一个成员变量 mCallback，它是 OnTitleSelectedListener 接口类型，该接口是我们定义的，见代码第②行。为什么需要定义这样一个接口呢？这是为了实现碎片 EventsMasterFragment 回调活动 MainActivity，由于活动中包含碎片，正常调用是活动调用碎片，如果要想碎片调用活动，需要回调方式。为了回调需要 MainActivity 必须实现 OnTitleSelectedListener 接口，实现第③行要求实现的函数。

成员变量 mCallback 事实上是 MainActivity 对象，它的初始化是在代码第⑤行完成的，由于代码第④行的 onAttach(context: Context)函数中 context 参数事实上就是当前碎片所在的活动 MainActivity 对象，并且 MainActivity 还实现 OnTitleSelectedListener 接口。

当用户点击列表项时，会触发代码第⑥行的 onListItemClick 函数，如图 10-11 所示序号为①的调用。代码第⑦行 mCallback?.onEventsSelected(position)语句会回调 MainActivity 对象中的 onEventsSelected 函数，因为 mCallback 对象事实上就是当前的 MainActivity 对象，如图 10-11 所示序号为②的调用。

活动 MainActivity.kt 相关代码如下：

```kotlin
class MainActivity : AppCompatActivity(), EventsMasterFragment.OnTitleSelected
Listener {                                                                    ①
    ...
    override fun onCreate(savedInstanceState: Bundle?) {
        super.onCreate(savedInstanceState)
        setContentView(R.layout.activity_main)

        println("设备是平板电脑：${isTablet(this)} ")

        if (isTablet(this)) {                                                 ②
            //如果是平板电脑设备，则设置为横屏
            requestedOrientation = ActivityInfo.SCREEN_ORIENTATION_LANDSCAPE   ③
        } else {
            //如果是手机设备，则设置为竖屏
            requestedOrientation = ActivityInfo.SCREEN_ORIENTATION_PORTRAIT    ④

        //创建碎片实例
        val firstFragment = EventsMasterFragment()
        //将意图的扩展数据（Extras）放到碎片参数中
        firstFragment.arguments = intent.extras                                ⑤

        val fragmentManager: FragmentManager = supportFragmentManager

        //获得 FragmentTransaction 对象
        val transaction = fragmentManager.beginTransaction()

        //添加 firstFragment 碎片到 fragment_container 容器
        transaction.add(R.id.fragment_container, firstFragment)
        //提交碎片
        transaction.commit()
        }
    }

    //用户从 Master 碎片选中列表项时调用
    override fun onEventsSelected(position: Int) {                             ⑥

        val fragmentManager = supportFragmentManager

        //使用 FragmentManager 通过 id 获得详细碎片
        val detailFragment = fragmentManager.findFragmentById(R.id.fragment_detail)
                                                                               ⑦
```

```
            if (detailFragment != null) {        // 1.如果 Detail 碎片可用,则说明是两栏布局情况
                //调用该方法更新 Detail 碎片内容
                (detailFragment as EventsDetailFragment).updateDetailView(position)    ⑧
            } else {
                // 2.如果 Detail 碎片不可用,则说明是单栏布局情况
                //创建新的 Detail 碎片
                val newFragment = EventsDetailFragment()                               ⑨
                val args = Bundle()
                args.putInt(EVENTS_POSITION, position)
                newFragment.arguments = args

                val transaction = fragmentManager.beginTransaction()

                //替换 fragment_container 中的原有碎片
                transaction.replace(R.id.fragment_container, newFragment)
                //添加碎片事务到返回栈,以便于用户点击 Back 按钮能够导航回到上一个碎片
                transaction.addToBackStack(null)

                //提交碎片事务
                transaction.commit()                                                   ⑩
            }


        }

        //判断是否为平板电脑设备
        private fun isTablet(context: Context): Boolean {                              ⑪
            return this.resources.configuration.screenLayout and SCREENLAYOUT_SIZE_MASK
    >= SCREENLAYOUT_SIZE_LARGE                                                         ⑫
        }
    }
```

代码第①行实现 EventsMasterFragment.OnTitleSelectedListener 接口的要求实现函数 onEventsSelected,见代码第⑥行。

代码第②行通过 isTablet 函数判断是手机设备还是平板电脑设备,如果是平板电脑设备,则需要将屏幕显示设置为横屏,见代码第③行;如果是手机设备,则将屏幕显示设置为竖屏,见代码第④行。

第⑤行是将意图的扩展数据(Extras)字段放到碎片参数中,arguments 是碎片参数属性。

代码第⑪行定义判断设备的 isTablet 函数,其参数是 Context 类型参数,实际使用是当前的活动对象。代码第⑫行中表达式 this.resources.configuration.screenLayout and SCREENLAYOUT_SIZE_MASK 用于取出当前设备的屏幕配置信息。注意其中 and 运算符是"位与"运算符。

当用户点击不用的项目时,展示详细信息的碎片需要动态替换。代码第⑨~⑩行是创建新的 Detail 碎片,然后替换、添加碎片操作到返回栈,最后提交碎片事务。

10.5.4 数据访问对象

碎片中数据是通过数据访问对象 EventsDAO 类和比赛项目实体类访问,它们都是在 EventsDAO.kt 文件中定义的,相关代码如下:

```kotlin
/*** 比赛项目实体类 */
data class Events(                                                          ①
    //比赛项目名称
    val name: String,
    //项目图标
    val logo: String,
    //项目描述信息
    val description: String,
)

/*** Events 数据访问对象 */
class EventsDAO {                                                           ②

    //声明保存所有数据的 Events 列表属性
    val list = mutableListOf<Events>()        //初始化空的可变 List 集合对象  ③

    //初始化 Events 数据
    init {

        //为了测试数据写入的
        list.add(
            Events(
                "Archery",
                "archery.gif",
                "A..."
            )
        )
        …
    }                                                                       ④
}
```

代码第①行声明比赛项目实体类，它是数据类，代码第②行声明 EventsDAO 类，是数据访问对象用来访问比赛项目数据的，实际项目中数据是从数据库或网络云服务器返回的，但是本例中为了测试，数据是写的，即数据是编码到程序代码中的，见代码第③~④行。

10.6 本章总结

本章重点介绍了 Android 的碎片技术，碎片在 Android 中非常重要，碎片的生命周期和开发过程是难点，还介绍了使用碎片的案例。

进 阶 篇

第 11 章　意图
第 12 章　数据存储
第 13 章　使用内容提供者共享数据
第 14 章　Android 多任务开发
第 15 章　服务
第 16 章　广播接收器
第 17 章　多媒体开发
第 18 章　网络通信技术
第 19 章　百度地图与定位服务
第 20 章　Android 绘图与动画技术
第 21 章　手机电话功能开发

第 11 章 意　　图

CHAPTER 11

第 10 章介绍多个活动之间的跳转时，已经用到了意图（Intent），只是没有详细介绍，本章将详细介绍意图和意图过滤器（Intent Filter）。

11.1　意图概述

在 Android 中，应用程序从某种意义上说就是由活动、服务、广播接收器和内容提供者等组件构建的，除了内容提供者外，活动、服务和广播接收器这些组件之间的调用和消息传递都是通过意图实现的，意图是一种消息机制。图 11–1 说明了意图与活动、服务和广播接收器之间的关系，实际上意图是活动、服务和广播接收器调用的行为和所需要的数据。

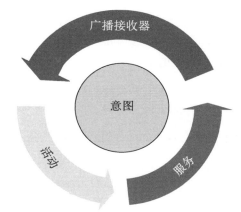

图 11–1　意图与活动、服务和广播接收器之间的关系

11.1.1　意图与目标组件间的通信

意图就像快递员，穿行在各个目标组件之间。意图通过以下三种主要的方式实现组件间的通信。

（1）启动活动。通过将意图对象传递给活动的 startActivity 函数或 startActivityForResult 函数来启动一个活动。关于这两个函数在第 9 章已经使用过了。

（2）启动服务。通过将意图对象传递给服务 startService 函数启动一个本地服务，通过将意图传递给服务 bindService 函数连接一个远程服务。关于这两个函数将在第 15 章详细介绍。

（3）发送广播。通过传递给广播接收器 sendBroadcast 等函数可将广播发送给其他应用。关于该函数将在第 16 章详细介绍。

11.1.2　意图对象包含的内容

一个意图对象包含的内容如图 11–2 所示。其中，目标组件（Component）可以帮助应用发送显式意图调用请求，而动作（Action）、数据（Data）以及类别（Category）可以构建一个意图过滤器（Intent Filter），该意图过滤器可以帮助应用发送隐式意图调用请求，实现查询目标组件。附加数据（Extra）

目标组件（Component）
动作（Action）
数据（Data）
类别（Category）
附加数据（Extra）
标志（Flag）

图 11–2　意图对象包含的内容

用于传递参数给目标组件，标志（Flag）是指定目标组件任务行为，都已在第 9 章中进行了介绍，此处不再详述。

11.2 意图类型

意图分为两种类型：显式意图（Explicit Intent）和隐式意图（Implicit Intent）。

11.2.1 显式意图

显式意图请求是通过指定组件名称直接启动组件，可以通过以下函数实现显式意图。

（1）setComponent(String pkg, String cls)是意图设置目标组件，其中 pkg 参数是组件包名，cls 参数是组件类名。

（2）setClassName(Context packageContext,String className)是设置目标组件，其中 packageContext 参数是组件所在上下文对象，className 参数是组件类名。

（3）setClass(packageContext, cls) 是设置目标组件，其中 packageContext 参数是组件所在上下文对象，cls 参数是组件类的 Java 数据类型。

提示：Context 上下文对象是一个抽象类，它的子类有很多，其中，Activity 和 Service 是比较常见的。上文提到的 Context 对象实际上指活动对象和服务对象。

9.2 节的 LoginSample 实例在直接构造意图对象时，指定 Context 对象和目标组件类的 Java 数据类型，代码如下：

```
val it = Intent(this,SuccessActivity::class.java
startActivity(it)
    )
```

也可以使用空构造函数，然后调用上述 3 个函数中的一个设置函数意图对象。使用 setComponent 方法的代码如下：

```
//创建一个意图
val it = Intent()

//（1）setComponent 设置目标组件
//使用方法设置组件
it.setComponent(ComponentName( "com.zhijieketang",  "com.zhijieketang.
SuccessActivity" ))                                                           ①
//使用属性设置组件
it.component = ComponentName("com.zhijieketang", "com.zhijieketang.
SuccessActivity")                                                             ②
```

代码第①行使用 setComponent 设置目标组件，另外，在 Kotlin 语言中这种 set 方法可以使用属性替代，这样使语法更加简洁，见代码第②行。ComponentName 对象是一个组件对象，初始化组件对象的构造函数的两个参数都是字符串类型，其中第一个参数是组件包名，第二个参数是组件类名，注意类名必须是全类名，即"包名+类名"。

使用 setClassName 方法设置意图的代码如下：

```
// (2) setClassName 设置目标组件
```
it.setClassName(this,"com.zhijieketang.SuccessActivity")

使用 packageContext 方法设置意图的代码如下:

```
// (3) setClass(packageContext, cls) 设置目标组件
it.setClass(this, SuccessActivity::class.java)
```

11.2.2 隐式意图

隐式意图一般用于不同应用之间的调用,因为在不同的应用之间不能共用 Context 对象,也不能引用目标组件的类,所以一个隐式意图请求要求提供意图过滤器(Intent Filter)。

意图过滤器描述目标组件如何响应隐式意图。与显式意图请求不同,显式意图请求明确地指定了目标组件的类名,而隐式意图请求没有指定目标组件的类名,它通过意图过滤器告诉调用者如何找到匹配的目标组件。

目标组件要在它所在应用的 AndroidManifest.xml 中注册该组件和意图过滤器:

```
<activity android:name=".MainActivity">
    <intent-filter>
        <action android:name="android.intent.action.MAIN" />            ①
        <category android:name="android.intent.category.LAUNCHER" />    ②
    </intent-filter>
</activity>
```

上述代码声明 MainActivity 活动,意图过滤器通过嵌入在<activity>标签中<intent-filter>标签声明。意图过滤器声明标签<intent-filter>也可以嵌入<service>和<receiver>组件标签中。

由于 MainActivity 活动应用第一个界面,应用的入口,当用户点击桌面上应用图标时,系统会启动 MainActivity 活动。为此需要为意图过滤器添加 ACTION_MAIN 动作,见代码第①行,以及添加 CATEGORY_LAUNCHER 类别,见代码第②行,CATEGORY_LAUNCHER 类别指示 MainActivity 活动图标(<activity>标签指定的)放入系统应用启动器中。如果活动没有指定图标则使用应用(<application>标签指定的)图标。

提示: 显式意图请求的目标组件也需要在应用的 AndroidManifest.xml 中注册,但是该组件不需要注册意图过滤器,例如:<activity android:name=".FailureActivity"/>。

11.3 匹配组件

为了能够找到应用程序的组件,Android 通过一些隐式意图请求实现,Android 系统查找所有与意图匹配的意图过滤器组件,找到之后启动目标组件。

匹配组件过程如图 11-3 所示。

(1)活动 A 创建包含动作、类别和数据等信息的隐式意图,并将其传递给 startActivity()。

(2)Android 系统查找所有应用,如果有与隐式意图相匹配的目标组件,即满足目标组件声明的意图过滤器条件。

(3)找到匹配的过滤器后,Android 系统启动目标组件活动(活动 B)的 onCreate()、函数并将其传递给意图,以此启动匹配活动。

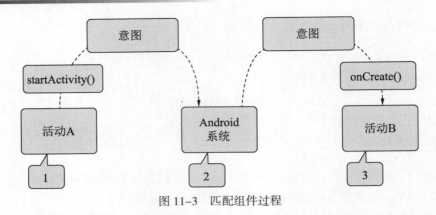

图 11-3 匹配组件过程

在进行匹配时，通过以下三个意图属性考虑匹配。
（1）动作（Action）。
（2）数据（Data）。
（3）类别（Category）。

实际上，一个隐式意图请求要传递给目标组件，必须通过这三个属性的检查。如果任何一方面不匹配，Android 都不会将该隐式意图传递给目标组件。接下来讲解这三个属性检查的具体规则。

11.3.1 动作

动作用于指定意图要执行的任务，它是用一个字符串常量描述的。在 Android 系统中提供了一些预订的通用动作，如表 11-1 所示。

表 11-1 通用动作

常　　量	目 标 组 件	动　　作
ACTION_CALL	活动	初始化电话
ACTION_EDIT	活动	为编辑用户显示数据
ACTION_MAIN	活动	启动一个应用的初始活动
ACTION_VIEW	活动	显示数据
ACTION_SENDTO	活动	发送消息
ACTION_BATTERY_LOW	广播接收器	低电量警告
ACTION_HEADSET_PLUG	广播接收器	耳机插入或拔出
ACTION_SCREEN_ON	广播接收器	屏幕打开
ACTION_TIMEZONE_CHANGED	广播接收器	时区设置改变

在 AndroidManifest.xml 文件中，指定系统定义 SENDTO 动作过滤器的代码如下：

```
<activity android:name="SendActivity">
    <intent-filter>
        <action android:name="android.intent.action.SENDTO"/>
        <category android:name="android.intent.category.DEFAULT"/>
    </intent-filter>
</activity>
```

①

代码第①行 android.intent.action.SENDTO 属性是系统定义的 SENDTO 动作字符串，隐式意图则需要设置该动作才能匹配，示例代码如下：

```
val it = Intent()
it.ACTION_SENDTO                                                             ①
```

代码第①行的 intent.action.SENDTO 常量也是保存了 android.intent.action.SENDTO 字符串内容。代码中为意图设置的动作与意图过滤器<action>声明的动作要匹配，才能找到目标组件。

另外，可以在应用中指定动作，它的命名规则一般是"应用包名+自己动作"。自定义动作的意图过滤器在 AndroidManifest.xml 文件中代码如下：

```
<activity android:name=".SuccessActivity">
    <intent-filter>
        <action android:name="com.zhijieketang.SUCCESS" />             ①
        ...
    </intent-filter>
</activity>
```

代码第①行是定义隐式意图动作，相关配套代码如下：

```
const val ACTION_APP_SUCCESS = "com.com.zhijieketang.SUCCESS"
...
val it = Intent()
it.action = ACTION_APP_SUCCESS
...
startActivity(it);
```

ACTION_APP_SUCCESS 是应用中自定义的常量。

11.3.2 数据

数据用于指定目标组件需要的数据，数据是由指定数据的 URI 和数据的 MIME 类型两部分组成。

URI 是统一资源标识符，它可以指定一个资源，URI 的每个部分均包含单独的 scheme、host、port 和 path 属性，URI 语法如下：

```
<scheme>://<host>:<port>/<path>
```

例如：

```
http://www.sina.com:80/index.html
```

在此 URI 中，scheme 是 http，主机是 www.sina.com，端口是 80，路径是 index.html。

MIME 类型是资源的数据类型，如：

```
text/html
multipart/form-data
image/png
```

在 AndroidManifest.xml 文件中添加数据的意图过滤器，代码如下：

```
<intent-filter>
    <data android:mimeType="audio/MP3" android:scheme="http" ... />
    ...
</intent-filter>
```

<Data>标签中声明过滤器中数据，android:mimeType 属性设置数据类型，android:scheme 属性设置 URI 中的 scheme，此外还要设置 android:host、android:port 和 android:path 等属性。

隐式意图则需要设置数据的 MIME 类型和 URI 才能匹配，代码如下：

```
val it = Intent()
val playUri = Uri.parse("file:///sdcard/ma_mma.mp3")
it.setDataAndType(playUri, "audio/MP3")
startActivity(it)
```
①

在隐式意图中单独设置 MIME 类型使用 setType 函数，单独设置 URI 使用 setData 函数，但是如果同时设置需要使用 setDataAndType 函数，而不能同时使用 setType 和 setData 函数，这会覆盖数据的设置。

如果意图过滤器代码如下：

```
<intent-filter>
    <data android:scheme="http" ... />
    ...
</intent-filter>
```

则隐式意图代码如下：

```
val it = Intent()
val playUri = Uri.parse("file:///sdcard/ma_mma.mp3")
it.data = playUri
startActivity(it)
```

如果意图过滤器代码如下：

```
<intent-filter>
    <data android:mimeType=" audio/MP3" android:scheme="http" ... />
    ...
</intent-filter>
```

则隐式意图代码如下：

```
val it = Intent()
val playUri = Uri.parse("file:///sdcard/ma_mma.mp3")
it.type = "audio/MP3"
startActivity(it)
```

11.3.3 类别

类别包含了请求组件的一些附加信息，常用的类别有以下几种。

（1）android.intent.category.LAUNCHER 和 android.intent.action.MAIN 动作一起使用，表明该活动是一个启动的活动。

```
<activity android:name=".MainActivity">
    <intent-filter>
        <action android:name="android.intent.action.MAIN" />

        <category android:name="android.intent.category.LAUNCHER" />
    </intent-filter>
</activity>
```

（2）android.intent.category.DEFAULT 指定默认的类别，意图过滤器必须要指定一个类别，默认情况下可以使用该类别。

```xml
<activity android:name=".FailureActivity">
    <intent-filter>
        <action android:name="com.zhijieketang.FAILURE" />
        <category android:name="android.intent.category.DEFAULT" />
    </intent-filter>
</activity>
```

每一个通过测试的隐式意图都至少有一个类别，如果没有别的指定类别，默认要指定"android.intent.category.DEFAULT"，如果没有任何的类别，系统会抛出异常，导致隐式意图测试失败。

另外，开发人员可以根据需要自定义类别。在AndroidManifest.xml文件中添加自定义类别意图过滤器，其代码如下：

```xml
<activity android:name=".SuccessActivity">
    <intent-filter>
        <action android:name="com.zhijieketang.SUCCESS" />
        <category android:name="android.intent.category.DEFAULT" />                ①
        <category android:name="com.zhijieketang.SUCCESS" />                       ②
        <data android:mimeType="text/html" />
    </intent-filter>
</activity>
```

代码第①行是系统提供的默认类别，代码第②行是自定义的类别。

使用隐式意图代码如下：

```kotlin
const val ACTION_APP_SUCCESS = "com.com.zhijieketang.SUCCESS
const val CATEGORY_APP_SUCCESS = "com.com.zhijieketang.SUCCESS"
...

// 创建一个意图
val it = Intent()
it.action = ACTION_APP_SUCCESS
it.addCategory(CATEGORY_APP_SUCCESS)                                               ①
it.type = "text/html"
...
startActivity(it);
```

虽然在AndroidManifest.xml文件中意图过滤器有两个类别（默认类别和自定义类别），但是上述代码中只需要添加自定类别，不需要添加默认类别，这是因为意图本身就携带了默认类别。代码第①行是添加自定义类别。

11.4 实例：Android系统内置意图

Android提供了很多内置的意图用于调用Android系统内部的资源，例如，可以使用这些内置的意图打开Android内置的浏览器、地图，播放MP3，卸载和安装应用程序，拨打电话，发送短信和彩信等。

下面通过一个实例了解几个常用的内置意图，实例界面如图11-4所示。

MainActivity.kt代码如下：

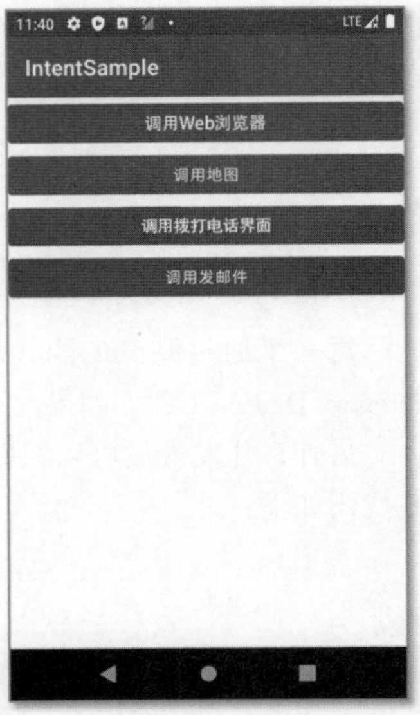

```kotlin
class MainActivity : AppCompatActivity() {
    private val btn1: Button? = null
    private val btn2: Button? = null
    private val btn3: Button? = null
    private val btn4: Button? = null

    override fun onCreate(savedInstanceState: Bundle?) {
        super.onCreate(savedInstanceState)
        setContentView(R.layout.activity_main)

        val btn1 = findViewById<Button>(R.id.btn1)
        val btn2 = findViewById<Button>(R.id.btn2)
        val btn3 = findViewById<Button>(R.id.btn3)
        val btn4 = findViewById<Button>(R.id.btn4)

        btn1?.setOnClickListener {
            //打开Web浏览器
            val uri = Uri.parse("http://www.sina.com/")         ①
            val it = Intent(Intent.ACTION_VIEW, uri)            ②
            startActivity(it)
        }

        btn2?.setOnClickListener {
            //打开地图
            val uri: Uri = Uri.parse("geo:39.904667,116.408198")
            val it = Intent(Intent.ACTION_VIEW, uri)            ③
            startActivity(it)
        }

        btn3?.setOnClickListener {
            //拨打电话
            val uri = Uri.parse("tel:100861")
            val it = Intent(Intent.ACTION_VIEW, uri)            ④
            startActivity(it)
        }

        btn4?.setOnClickListener {
            //发送Email
            val it = Intent(Intent.ACTION_SEND)                 ⑤
            //发送内容
            it.putExtra(Intent.EXTRA_TEXT, "The email body text") ⑥
            //发送主题
            it.putExtra(Intent.EXTRA_SUBJECT, "Subject")        ⑦
            //设置数据类型
            it.type = "text/plain"
            startActivity(it)
        }
    }
}
```

图 11-4 内置意图实例界面

打开 Web 浏览器时，可以通过一个 URI 指定网址，http://www.sina.com/ 通常被称为 URL，事实上 URL 是

URI 的一种。通过代码第①行将字符串转换为 URI 对象，代码第②行指定意图的动作 Intent.ACTION_VIEW。

打开地图时，可以通过一个 URI 指定经纬度，代码第③行的 geo:39.904667,116.408198 中，39.904667 是纬度，116.408198 是经度。

代码第④行是拨打电话 URI，指定的意图的动作是 Intent.ACTION_VIEW。当用户点击该按钮，系统会启动 Android 手机中拨打电话界面。

发送 Email 有些复杂，没有使用 URI，而是使用类意图动作的 Action 为 Intent.ACTION_SEND，见代码第⑤行。代码第⑥行是通过附加信息 Intent.EXTRA_TEXT 指定邮件的内容，代码第⑦行是通过附加信息 Intent.EXTRA_SUBJECT 指定邮件的标题，最后还要通过 setType("text/plain")函数指定邮件的格式。

11.5 本章总结

本章重点介绍了 Android 的意图和意图过滤器。意图机制是 Android 最为独特的组件技术，通过意图和意图过滤器可以匹配要调用的组件，这些组件不受是否在同一个应用的限制。通过意图可以实现活动、服务和广播接收器之间的互相调用。

第 12 章 数 据 存 储

CHAPTER 12

数据和信息已经成为人们现代生活中不能缺少的东西，例如电话号码本、QQ 通信录和消费记录等。这些数据和信息会以传统的方式（纸）展现，也会以现代的方式（PC、平板电脑、手机等）展现。

Android 系统作为平板电脑和智能手机的操作系统，基于该系统的很多应用软件都离不开数据的存储和读取。本章将向大家讲述 Android 系统中数据的多种存取方式。

12.1 Android 数据存储概述

在 Android 平台中数据存储有四种形式。

（1）文件系统。可以把数据放到本地文件中保存起来，使用 Java IO 流技术实现对数据的读写。

（2）数据库。移动设备可以安装一些嵌入式数据库，Android 和 iOS 系统安装的是 SQLite 数据库，从性能编程的角度考虑，嵌入式数据库是个不错的选择。

（3）云服务。如果数据量比较大，而且还要通过复杂数学计算获得，访问的时候要进行严格的安全限制，这种情况下应该把数据放在云服务中，通过网络通信技术访问，例如天气信息、交通实时信息等。

（4）SharedPreferences（共享参数）。可以存放少量的"键-值"对形式的数据，用于保存系统设置参数，例如控件的状态、用户使用偏好（背景、字体）设置等。

本章实例的数据存储分别采用文件系统和数据库存取数据，而使用 SharedPreferences 存取案例中的业务数据，可以保存用户的使用偏好。云服务存储方式将在第 18 章介绍。

12.2 本地文件

数据是存储在文件中的，Android 文件系统是依赖于 Linux 系统的，文件的访问需要有用户权限，作为一个应用所能够访问的文件只能放在 SD 卡和应用程序的目录（/data/data/<应用包名>/files）下。本地文件的数据结构完全由开发人员设计，按照设计的格式读写文件即可。

12.2.1 沙箱目录设计

在 Android 平台上应用程序目录（/data/data/<应用包名>）采用沙箱目录设计。

提示：沙箱目录是一种数据安全策略，很多系统都采用沙箱设计，实现 HTML5 规范的一些浏览器也采用沙箱设计。沙箱目录设计的原理就是只能允许自己的应用访问目录，而不允许其他的应用访问目录。

在运行一个应用时,系统会为应用分配一个用户,应用通过该用户运行,可以通过查看系统进程了解这些内容。图 12-1 所示是用 adb shell ps 指令看到的应用与用户的关系。应用 com.zhijieketang(在 Android 系统通过应用程序包名作为应用程序名)运行的用户是 u0_a153,该用户一般只有运行本应用和访问应用目录(/data/data/<应用包名>)的权限。两个应用之间的目录(/data/data/<应用包名>)不能互相访问。那么,数据就不能共享了吗?可以通过内容提供者实现数据共享。内容提供者相关内容将在第 13 章介绍。

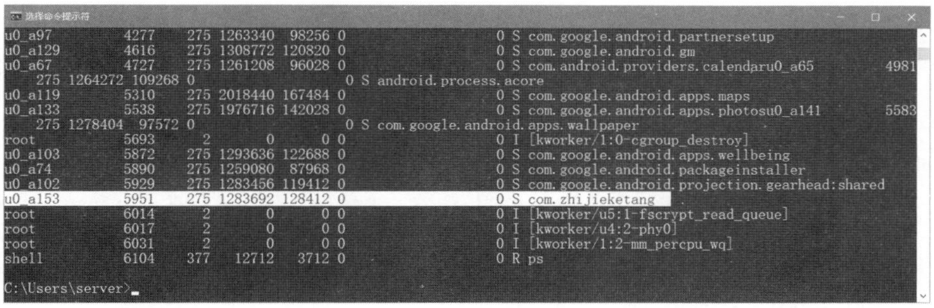

图 12-1 查看进程

提示:adb shell ps 指令是使用 Android SDK 提供的 adb(Android Debug Bridge)工具进入 Android 系统的 Shell,并执行 ps 指令,ps 指令是 Linux 参考进程指令。adb 是强大的调试工具,可以用于查询模拟器和设备、进入 Shell、导入导出文件等。在 Windows 平台的 adb 工具位于<Android SDK 安装目录>\platform-tools\adb.exe 下。如果参考 3.2.1 节设置 Android SDK 环境变量,就可以在任何目录下运行 adb 指令。

12.2.2 访问应用程序 files 目录

应用程序目录(/data/data/<应用包名>/)下还有很多目录,如果是文件,要放到 files 目录下。访问文件主要通过 Java IO 流技术访问,如果在活动或服务等组件中可通过以下函数打开文件 IO 流对象。

(1)FileInputStream openFileInput(String name):打开文件输入流。
(2)FileOutputStream openFileOutput(String name, int mode) throws FileNotFoundException:打开文件输出流。

以上两个函数中参数 name 是文件名,其位于应用程序目录(/data/data/<应用包名>/)的 files 目录下,该目录是放置文件的,因此不要指定 name 文件的路径,openFileOutput 函数中的参数 mode 指定文件访问方式,访问方式基本有两种,它们是在 Context 类定义的两个常用访问方式。

(1)MODE_APPEND。如果文件存在,则在文件末尾将数据写入文件。
(2)MODE_PRIVATE。以只让应用程序读写的模式创建文件,这也是默认模式。

如果要使用多个模式可以用"位或"运算符号(or)连接起来,例如同时以 MODE_APPEND 和 MODE_PRIVATE 两种模式打开文件,代码如下:

```
val out = openFileOutput("Health.csv", MODE_APPEND or MODE_PRIVATE)
```

12.2.3 实例:访问本地 CSV 文件

下面通过一个实例介绍本地文件的访问方法。实例运行界面如图 12-2 所示。当用户点击"写入数据"按钮,则将 CSV 数据写入应用程序文件 files 目录(/data/data/<应用包名>/files)下,如果点击"读取数据"按钮,则会读取刚刚写入的数据,并将读取的数据输出。

提示：CSV 被称为"逗号分隔值"（Comma-Separated Values），是一种通用的、相对简单的数据格式，最广泛的应用是在程序之间转移表格数据。CSV 是以英文逗号","分割数据项（字段），每行有一个结束换行符"\n"。本例中 CSV 结构：第一个数据项是日期"_id"，是描述时间的 13 位长整数（long）；第二个数据项是一天的摄入热量"input"，是字符类型；第三个数据项是一天的消耗热量"output"，是字符类型；第四个数据项是当天体重"weight"，是字符类型；第五个数据项是当天运动情况"amountExercise"，是字符类型。

图 12-2　实例运行界面

1. 写入数据

在 MainActivity.kt 中写入数据的相关代码如下：

```kotlin
package com.zhijieketang
...
//设置实例标签
const val TAG = "FileSample"

//文件名
const val DATABASE_NAME = "Health.csv"

//健康表名
const val TABLE_NAME = "Health"

//日期
const val TABLE_FIELD_DATE = "_id"

//摄入热量
const val TABLE_FIELD_INPUT = "input"

//消耗热量
const val TABLE_FIELD_OUTPUT = "output"

//体重
const val TABLE_FIELD_WEIGHT = "weight"

//运动情况
const val TABLE_FIELD_AMOUNTEXERCISE = "amountExercise"


class MainActivity : Activity(), View.OnClickListener {

    override fun onCreate(savedInstanceState: Bundle?) {
        super.onCreate(savedInstanceState)
        setContentView(R.layout.activity_main)

        val btnRead = findViewById<Button>(R.id.button_read);
        btnRead.setOnClickListener(this)
```

```kotlin
        var btnWrite = findViewById<Button>(R.id.button_write);
        btnWrite.setOnClickListener(this)
    }

    override fun onClick(v: View?) {

        when (v?.id) {
            //写入数据
            R.id.button_write -> {
                create()
            }
            //读取数据
            R.id.button_read -> {
                //返回数据
                val list = findAll()

                //判断返回的数据为空
                if (list.isEmpty()) {
                 makeText(this, "数据为空！请先写入数据,再读取数据。", LENGTH_LONG).show()
                    Log.d(TAG, "数据为空")
                }
                //遍历返回的数据
                list.forEachIndexed { index, rows ->
                 Log.i(TAG, "===========第${index + 1}条数据======================")
                    Log.i(TAG, "日期: ${rows[TABLE_FIELD_DATE]}")
                    Log.i(TAG, "摄入热量: ${rows[TABLE_FIELD_INPUT]}")
                    Log.i(TAG, "消耗热量: ${rows[TABLE_FIELD_OUTPUT]}")
                    Log.i(TAG, "体重: ${rows[TABLE_FIELD_WEIGHT]}")
                    Log.i(TAG, "运动情况: ${rows[TABLE_FIELD_AMOUNTEXERCISE]}")
                }
            }
        }
    }
    ...
//写入数据函数
private fun create() {                                                          ①
    Log.i(TAG, "写入数据")
    val rows = StringBuffer()                                                   ②
    rows.append("1289645040579,1500kcal,3000kcal,90kg,5km").append("\n")
    rows.append("1289732522328,2500kcal,4000kcal,95kg,5km").append("\n")        ③


    try {
        //打开文件输出流
        this.openFileOutput(DATABASE_NAME, MODE_PRIVATE).use { outputStream ->  ④

            //从输出流构建字符缓冲区输出流
            val bw = outputStream.bufferedWriter()
            bw.use {
                bw.write(rows.toString())                                       ⑤
```

```
            }
         }
      } catch (e: IOException) {
         Log.d(TAG, "写入数据失败！")
      }
   }
}
```

代码第①行声明写入数据 create 函数。代码第②和第③行用于准备 CSV 数据，注意每一行结束都用换行符 "\n"。代码第④行用于打开文件输出流，其中参数 DATABASE_NAME 是自己定义的常量，第二个参数是 MODE_PRIVATE，说明只能允许自己的应用访问。代码第⑤行用于将数据写入文件中。

提示： 如何查看沙箱目录中生成的 CSV 文件呢？开发人员可以用 Android Studio 或 adb 工具查看该文件，在 Android Studio 工具中查看步骤是：打开设备浏览器，如图 12-3 所示，如果启动了多个模拟器或设备，首先要选择设备或模拟器。通过设备浏览器找到 Health.csv 文件，然后右击该文件，在弹出的菜单中选择 Save As 命令将文件保存到本地。Health.csv 文件是文本文件，可以使用任何文本编辑工具打开并查看文件内容。

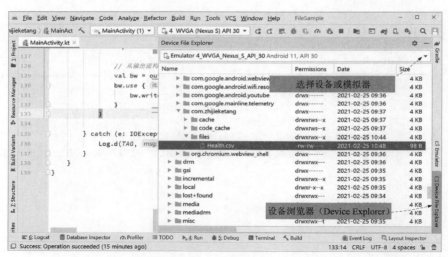

图 12-3　设备浏览器

2. 读取数据

在 MainActivity.kt 中读取数据的相关代码如下：

```
//读取所有数据
private fun findAll(): List<Map<String, String>> {                                    ①
   Log.i(TAG, "读取所有数据")
   //创建可变集合对象
   val list = mutableListOf<Map<String, String>>()

   try {
      //打开文件输入流
      openFileInput(DATABASE_NAME).use { inputStream ->                               ②
         //从输入流构建字符缓冲区输入流
```

```
            val br = inputStream.bufferedReader()                              ③
            //遍历输入流中的每一行数据,对每一行数据进行处理
            br.forEachLine { line ->                                           ④
                //通过逗号分隔字符串数据
                val fields = line.split(",")
                //创建保存一行数据的可变 Map 集合对象 row
                val row = mutableMapOf<String, String>()                       ⑤
                row[TABLE_FIELD_DATE] = fields[0]
                row[TABLE_FIELD_INPUT] = fields[1]
                row[TABLE_FIELD_OUTPUT] = fields[2]
                row[TABLE_FIELD_WEIGHT] = fields[3]
                row[TABLE_FIELD_AMOUNTEXERCISE] = fields[4]
                // 把一行数据对象 row 放到 list 集合中
                list.add(row)

            }
        }
    } catch (e: IOException) {
        Log.d(TAG, "读取数据失败!")                                             ⑥
    }
    return list
}
```

代码第①行通过声明 findAll 函数查询 CSV 文件中的所有数据。代码第②行通过 openFileInput 函数打开文件输入流。代码第③行通过文件输入流构建字符缓冲区输入流 bufferedReader,bufferedReader 具有一些读取数据高级函数。代码第④行的 forEachLine 函数可以遍历输入流中的每一行数据,并分别进行处理。代码第⑤行用于声明可变 Map 集合对象。代码第⑥行用于捕获异常,通常在文件不保存时抛出异常。

12.3 SQLite 数据库

SQLite 是一个开源的嵌入式关系数据库,在 2000 年由理查德·希普开发。SQLite 具有可移植性好、易使用、高效、可靠的特点。与 Oracle、SQL Server 等企业级数据库不同的是,SQLite 嵌入使用它的应用程序中,共用相同的进程空间,而不是两个不同进程,而 Oracle、SQL Server 等企业级数据库与应用程序是在不同的进程中的。

SQLite 提供了对 SQL 92 标准的支持,支持多表和索引、事务、视图、触发。SQLite 是无数据类型的数据库,就是字段不用指定类型,以下代码在 SQLite 中是合法的。

```
Create Table student(_id, name,class)
```

12.3.1 SQLite 数据类型

虽然 SQLite 可以忽略数据类型,但通常会在 Create Table 语句中指定数据类型,因为数据类型可以告知这个字段的含义,便于代码的阅读和理解。SQLite 支持的常见数据类型包括以下几种。

(1) INTEGER,是一个有符号的整数类型。
(2) REAL,是浮点类型。
(3) TEXT,是字符串类型,采用 UTF-8、UTF-16 编码。
(4) BLOB,是大二进制对象类型,能够存放任何二进制数据。

在SQLite中没有Boolean类型，可以采用整数0和1替代。在SQLite中也没有日期和时间类型，日期和时间类型是存储在TEXT、REAL和INTEGER类型中的。

为了兼容SQL 92中的其他数据类型，其他数据类型可以转换为上述几种数据类型。

（1）VARCHAR、CHAR、CLOB转换为TEXT类型。

（2）FLOAT、DOUBLE转换为REAL类型。

（3）NUMERIC转换为INTEGER或者REAL类型。

12.3.2 Android平台下管理SQLite数据库

SQLite附带一个命令行管理工具，可以管理数据库全部功能。在Android平台下进入SQLite数据库命令行有些麻烦，首先进入模拟器或设备的Shell，然后在Shell下输入指令sqlite3 <数据库文件名>，就可以进入sqlite的命令行。

例如访问Android平台自带的youtube应用数据库，该数据库文件存放在/data/data/ com.google.android.youtube/databases下，如图12-4所示。

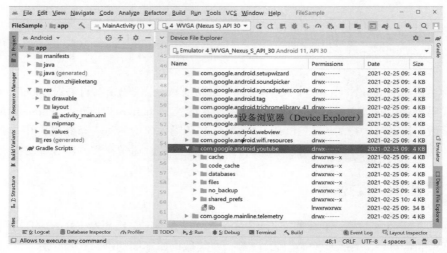

图12-4　youtube应用数据库

进入Android系统Shell，使用命令adb shell，如图12-5所示。如图12-6所示，在Shell中使用如下指令进入youtube应用数据库文件所在的目录：

　　cd /data/data/com.google.android.youtube/databases

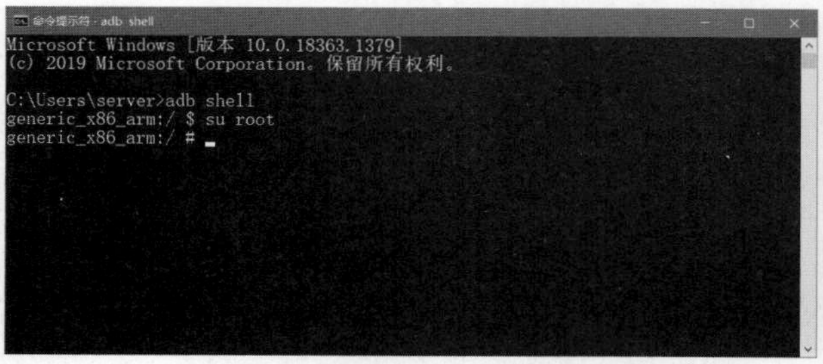

图12-5　进入Android系统Shell 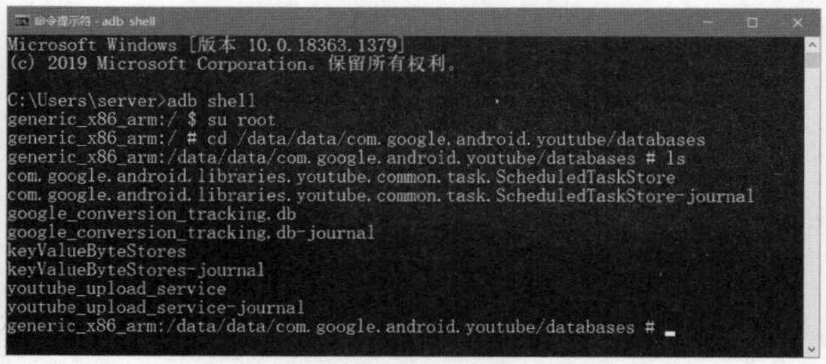　　　　　　　　图12-6　进入数据库文件

注意：通过 adb 工具进入模拟器或设备的 Shell 时，如果权限不够，则会提示 Permission denied 信息，此时可以使用 su root 指令切换到 root 用户下再进入。

12.4 SQLite 数据存储实例：我的备忘录

以下详细介绍通过 Android 提供的 SQLite API 实现的备忘录应用数据存储。

12.4.1 我的备忘录 App 概述

我的备忘录（MyNotes）原本是智捷课堂开发的一款基于 iOS 平台的 App，它具有增加、删除和查询备忘录的基本功能。图 12-7 是"我的备忘录" App 的用例图。

分层设计之后，表示层可以有 iPhone 版本和 iPad 版本，而业务逻辑层、数据持久层和信息系统层可以公用，这样大大减少了工作量。

iPhone 平台原型草图，如图 12-8 所示。

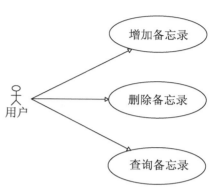

图 12-7 "我的备忘录" App 的用例图

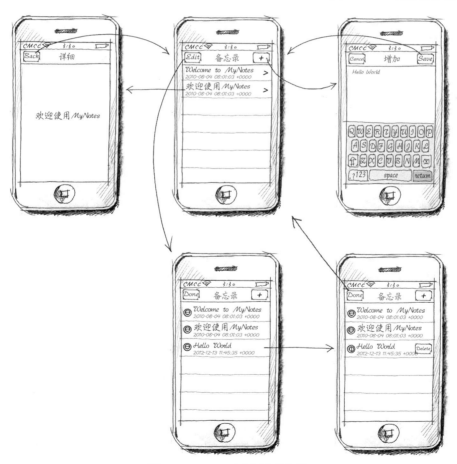

图 12-8 iPhone 平台原型草图

本章将我的备忘录 App 重构为 Android 版本，通过该实例介绍 Android 中 SQLite 数据存储技术相关 API。

12.4.2 数据库设计

我的备忘录 App 数据库只有一个表，即健康（Health）表结构，如表 12-1 所示。

表 12-1 健康（Health）表

字段中文名	字段英文名	数 据 类 型	主　　键
备忘录日期	_id	Text	是
备忘录内容	content	Text	否

12.4.3 SQLiteOpenHelper 帮助类

本章为了实现对 SQLite 数据存储，Android 提供了一个帮助类 android.database.sqlite.SQLiteOpenHelper，SQLiteOpenHelper 是一个抽象类，实现它必须实现以下两个函数。

（1）void onCreate(SQLiteDatabase db)。

（2）void onUpgrade(SQLiteDatabase db, int oldVersion, int newVersion)。

开发人员需要编写自己的帮助类，DBHelper.kt 代码如下：

```kotlin
//数据文件名
const val DATABASE_NAME = "MyNote.sqlite3"
//健康表名
const val TABLE_NAME = "Note"
//应用的数据版本
const val DATABASE_VERSION = 1
//备忘录日期
const val TABLE_FIELD_DATE = "_id"
//备忘录内容
const val TABLE_FIELD_CONTENT = "content"


class DBHelper(context: Context?) :                                            ①
    SQLiteOpenHelper(
        context, DATABASE_NAME, null, DATABASE_VERSION ) {                     ②
    override fun onCreate(db: SQLiteDatabase?) {                               ③
        val sql = """CREATE TABLE IF NOT EXISTS  Note (
            _id Text PRIMARY KEY,
            content TEXT)"""                                                   ④
        Log.i(TAG, sql)

        try {
            db?.execSQL(sql)                                                   ⑤

            // TODO 插入两条测试数据
            db?.execSQL(
                "insert into Note (_id, content) values('2021-01-01 18:01:09','Welcome to MyNote.')"
                                                                               ⑥
            )
```

```kotlin
            db?.execSQL(
                "insert into Note (_id, content) values('2022-08-08 8:01:16','欢迎使用MyNote。')"
            )                                                                                    ⑦
        } catch (e: Exception) {
            Log.e(TAG, "数据库初始化发生异常！")
            e.printStackTrace()
        }
    }

    override fun onUpgrade(db: SQLiteDatabase?, oldVersion: Int, newVersion: Int) {           ⑧
        // 删除表
        db?.execSQL("DROP TABLE IF EXISTS Note ")                                              ⑨
        onCreate(db)
    }
}
```

代码第①行是 DBHelper 构造函数，参数 context 是上下文对象，它是 Context 类型。代码第②行调用父类构造函数，父类构造函数 API：

`SQLiteOpenHelper(Context context, String name, CursorFactory factory, int version)`

第一个参数 context 是上下文对象，第二个参数 name 是数据库文件名字，第三个参数 factory 是 CursorFactory 对象，用来构造查询完成后返回的 Cursor 的子类对象，为 null 时，使用默认的 CursorFactory 构造，第四个参数 version 是数据库版本，数据库版本是从 1 开始的，可以用来管理数据库。

代码第③行实现 onCreate 函数，该函数的主要作用是创建和初始化数据库中的表等数据库对象，并且初始化表中的数据，该函数在数据库第一次创建时调用。代码第④行声明创建表的 SQL 语句，注意表示该 SQL 语句的字符串是原始字符串，即字符串的开始和结束使用三重双引号。

代码第⑤行的 db.execSQL(sql)语句执行 SQL 语句，执行完成该语句会在数据库中创建数据表。创建数据表后还需要插入一些测试数据，见代码第⑥和⑦行，通过 execSQL 函数插入数据。

代码第⑧行用于实现 onUpgrade(SQLiteDatabase db, int oldVersion, int newVersion)函数，该函数的作用是更新数据库，当数据库版本发生变化时 onUpgrade 函数被调用。代码第⑨行用于删除数据库中的表。

提示：修改数据库版本，SQLiteOpenHelper 构造函数的第四个参数就是数据库版本，如果刚开始设定数据库版本号是 1，后来由于业务等原因表结构发生变化，需要重新建表或修改表，这时需要修改版本号。在 Android 程序运行时，Android 系统会比较当前的数据库版本号与保存的上一次数据库的版本号是否一致，如果不一致则调用 onUpgrade 函数。也就是如果需要调整表结构，就要改变 DATABASE_VERSION 常量中的数据库版本号。

12.4.4 数据查询

数据查询比较麻烦，下面分几个步骤进行介绍。

1. 主界面布局

主界面布局文件是 activity_main.xml，代码如下：

```xml
<LinearLayout xmlns:android="http://schemas.android.com/apk/res/android"
    android:layout_width="match_parent"
```

```xml
    android:layout_height="match_parent"
    android:orientation="vertical">

    <ListView                                                                    ①
        android:id="@+id/listview"
        android:layout_width="match_parent"
        android:layout_height="wrap_content"></ListView>

</LinearLayout>
```

从上述代码可以看出，主界面布局文件很简单，只有一个 ListView 控件。

2. 列表项目布局

ListView 控件中有若干个列表项目，这些项目也需要布局文件，之前介绍的 ListView 控件都是使用 Android 系统自带的项目布局文件，本实例自定义一个列表项目布局文件 listitem.xml，该文件与主界面文件放在同一文件夹中，列表项目布局文件代码如下：

```xml
<?xml version="1.0" encoding="utf-8"?>
<LinearLayout xmlns:android="http://schemas.android.com/apk/res/android"
    android:layout_width="match_parent"
    android:layout_height="wrap_content"
    android:orientation="vertical">

    <TextView                                                                    ①
        android:id="@+id/mydate"
        android:layout_width="fill_parent"
        android:layout_height="wrap_content"
        android:layout_marginStart="10dp"
        android:layout_marginTop="10dp"
        android:textSize="20sp" />

    <GridLayout
        android:layout_width="match_parent"
        android:layout_height="match_parent"
        android:layout_margin="10dp"
        android:columnCount="1"
        android:orientation="horizontal"
        android:rowCount="1">

        <TextView                                                                ②
            android:id="@+id/mycontent"
            android:layout_width="wrap_content"
            android:layout_height="wrap_content"
            android:layout_marginStart="10dp" />
    </GridLayout>
</LinearLayout>
```

在列表项目布局文件中声明了两个 TextView 控件，见代码第①行和第②行。

3. 查询所有数据

查询所有数据是在 MainActivity.kt 文件中通过 findAll 方法实现的。代码如下：

```kotlin
    private fun findAll(context: Context): List<Map<String, String>> {         ①
        val dbHelper = DBHelper(context)                                        ②
        val db = dbHelper.readableDatabase                                      ③
        //创建字段数组
        val colums = arrayOf(TABLE_FIELD_DATE, TABLE_FIELD_CONTENT)
        //查询数据
        val cursor = db.query(                                                  ④
            TABLE_NAME,
            colums,
            null,
            null,
            null,
            null,
            "$TABLE_FIELD_DATE asc"
        )

        val data = mutableListOf<Map<String, String>>()
        while (cursor.moveToNext()) {                                           ⑤
            val row = mutableMapOf<String, String>()
            //取出备忘录日期字段的内容
            val date = cursor.getString(cursor.getColumnIndex(TABLE_FIELD_DATE))  ⑥
            //取出备忘录内容字段的内容
            val content = cursor.getString(cursor.getColumnIndex(TABLE_FIELD_CONTENT))
                                                                                ⑦
            //将数据放到 Map 对象中
            row[TABLE_FIELD_DATE] = date
            row[TABLE_FIELD_CONTENT] = content
            //数据 row 放到 list 集合中
            data.add(row)
        }
        return data
    }
}
```

代码第①行定义 findAll 函数，用来查询所有数据，该函数的参数 context 是 Context 类型，当前活动对象就是 Context 类型。代码第②行创建 DBHelper 对象。代码第③行是获得一个只读的数据对象。下面一行代码是准备查询的表字段，这些字段放入一个字符串数组中。

代码第④行通过 query 函数执行查询，query 函数返回游标（Cursor）对象，在 Java 版本 API 中 query 函数有以下三个重载函数。

（1）public Cursor query (String table, String[] columns, String selection, String[] selectionArgs, String groupBy, String having, String orderBy)。

（2）public Cursor query (String table, String[] columns, String selection, String[] selectionArgs, String groupBy, String having, String orderBy, String limit)。

（3）public Cursor query (boolean distinct, String table, String[] columns, String selection, String[] selectionArgs, String groupBy, String having, String orderBy, String limit)。

它们的参数说明：table 指定表名；columns 查询字段集合；selection 是 where 条件，类似于 delete 和 update

函数 whereClause，可以带有占位符（?）；selectionArgs 参数为 selection 参数的占位符提供值；groupBy 是分组语句；having 是分组中的筛选；orderBy 是排序语句；distinct 是 SQL 中的剔除重复；limit 限定返回记录的个数。以下语句是当查询结果超过三条情况下返回前三条记录。

```
cursor = db.query(TABLE_NAME, colums, null, null, null, null,TABLE_FIELD_DATE + " asc", "3");
```

查询的结果返回的是一个游标对象，游标对象可以理解成一个二维表格，在游标中的字段通过 columns 参数指定，数据的记录数的查询条件和 limit 有关。代码第⑤行的 moveToNext()函数是移动游标指针遍历游标对象，移动指针判断有以下几个函数。

（1）isAfterLast()，判断游标指针是否在最后记录之后。
（2）isBeforeFirst()，判断游标的指针是否在第一条记录之前。
（3）move(int offset)，移动指针，参数 offset 是偏移量。
（4）moveToFirst()，移动指针到第一条记录。
（5）moveToLast()，移动指针到最后一条记录。
（6）moveToNext()，移动指针到下一条记录。
（7）moveToPrevious()，移动指针到上一条记录。
（8）moveToPosition(int position)，移动指针到某个绝对位置，从 0 开始。

代码第⑥行和第⑦行获取游标中有关 getXXX()取值的函数。

（1）getColumnCount()，获得列（字段）的个数。
（2）getColumnIndex(String columnName)，通过列名获得列索引，列索引是从 0 开始的。
（3）getCount()，返回记录的个数。
（4）getFloat(int columnIndex)，通过列索引返回该列的值，该列应该是 float 类型。
（5）getInt(int columnIndex)，通过列索引返回该列的值，该列应该是 int 类型。
（6）getLong(int columnIndex)，通过列索引返回该列的值，该列应该是 long 类型。
（7）getShort(int columnIndex)，通过列索引返回该列的值，该列应该是 short 类型。
（8）getString(int columnIndex)，通过列索引返回该列的值，该列应该是 String 类型。

Android 平台提供的 getXXX()函数只能按照索引取值，开发人员可以先取出列索引再取列值，见代码第⑥行和第⑦行，其中 cursor.getColumnIndex 函数先取出列索引，然后再通过 cursor.getString 函数取出该列值。

4. 绑定数据到适配器

绑定数据到适配器是在 bindData 函数中实现的，相关代码如下：

```kotlin
//绑定数据
fun bindData(listData: List<Map<String, String>>?) {                         ①
    //创建保存控件 id 数组
    val to = intArrayOf(R.id.mydate, R.id.mycontent)                         ②
    //创建保存数据键数组
    val from = arrayOf(TABLE_FIELD_DATE, TABLE_FIELD_CONTENT)                ③
    //创建 SimpleAdapter 对象
    val simpleAdapter = SimpleAdapter(this, listData, R.layout.listitem, from, to) ④
    //设置适配器
    mListView?.adapter = simpleAdapter                                       ⑤
}
```

代码第①行用于自定义绑定数据函数。代码第②行用于创建保存列表项目布局中控件的 id 数组。代码第③行用于创建保存数据键数组。代码第④行用于创建 SimpleAdapter 对象。代码第⑤行绑定适配器到 ListView 对象。

12.4.5 数据插入

数据插入列表界面如图 12-9 所示。点击"添加"按钮 [见图 12-9（a）]，跳转到添加信息界面，如图 12-9（b）所示，在添加信息界面添加信息，点击"确定"按钮插入数据到数据库，并返回到数据插入列表界面，如果用户不想添加数据，则可直接点击"取消"按钮不执行任何操作返回数据插入列表界面。

（a）点击"添加"按钮　　　　（b）添加信息界面

图 12-9　数据插入列表界面

数据插入是在添加活动文件 ModAddActivity.kt 中实现的，代码如下：

```kotlin
class ModAddActivity : AppCompatActivity() {

    override fun onCreate(savedInstanceState: Bundle?) {
        super.onCreate(savedInstanceState)
        setContentView(R.layout.add_mod)

        val btnOk = findViewById<Button>(R.id.btnok)
        val txtInput = findViewById<EditText>(R.id.incontent)
        val btnCancel = findViewById<Button>(R.id.btncancel)

        //点击"确定"按钮插入数据
        btnOk.setOnClickListener {

            val dbHelper = DBHelper(this)                                    ①
```

```
            val db = dbHelper.writableDatabase                        ②

            val date = Date()               //获得当前日期
            //准备插入数据
            val values = ContentValues()                              ③

            val format = DateFormat.getDateTimeInstance(              ④
                DateFormat.DEFAULT,
                DateFormat.SHORT,
                Locale.getDefault()
            )
            //将备忘录日期放入ContentValues对象
            values.put(TABLE_FIELD_DATE, format.format(date))         ⑤
            //将备忘录信息放入ContentValues对象
            values.put(TABLE_FIELD_CONTENT, txtInput.text.toString())
            //插入数据
            db.insert(TABLE_NAME, null, values)                       ⑥
            //点击"取消"按钮返回列表界面
            finish()
        }
        //点击"取消"按钮返回列表界面
        btnCancel.setOnClickListener {
            this.finish()
        }
    }
}
```

代码第①行用于创建 DBHelper 变量。代码第②行的 writableDatabase 属性获得一个可写入的 SQLiteDatabase 对象。代码第③行用于创建 ContentValues 对象，该对象用来保存要插入的数据。

代码第④行用于创建日期格式化对象，代码第⑤行用于将备忘录日期放入 ContentValues 对象。使用 put(key,value)函数把数据放入，需要注意 key 是表中字段名。代码第⑥行用于通过 SQLiteDatabase 的 insert 函数将数据插入数据库。insert 函数有以下两个主要形式。

（1）public long insert (String table, String nullColumnHack, ContentValues values)。不会抛出异常插入函数。

（2）public long insertOrThrow (String table, String nullColumnHack, ContentValues values)。会抛出异常插入函数。

这两个函数的返回值都是整数，代表行 ID，该 ID 是 SQLite 维护的，发生错误情况返回-1。函数中参数 table 是表名。参数 nullColumnHack 是指定一个列名，在 SQL 标准中不能插入全部字段为空的记录，但是有时用户需要插入全部字段为 NULL 的记录，就使用 nullColumnHack 参数指定一个字段，为该字段赋一个 NULL 值，然后再执行 SQL 语句。参数 ContentValues 是要插入的字段值。

12.4.6 数据删除

数据删除列表界面如图 12-10 所示。用户在该列表界面中长按列表中的项目，如图 12-10（a）所示，然后，弹出"确认"对话框，如图 12-10（b）所示。如果用户点击"确定"按钮，则删除选中的数据并关闭对话框，刷新列表界面；如果用户点击"取消"按钮，则关闭对话框，不进行任何操作。

第 12 章　数据存储　215

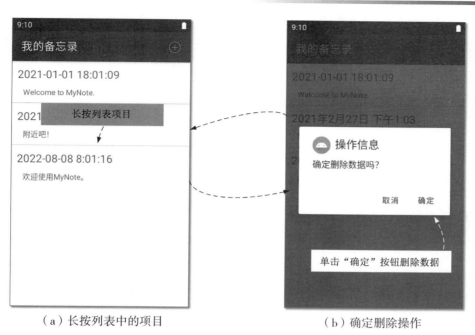

（a）长按列表中的项目　　　　　　（b）确定删除操作

图 12-10　数据删除列表界面

数据删除是在列表活动文件 MainActivity.kt 中实现，代码如下：

```
...
    override fun onResume() {
        super.onResume()
        //查询所有数据
        val listData = findAll(this)
        //绑定数据
        bindData(listData)
        mListView?.setOnItemLongClickListener { parent, view, position, id ->    ①
            val dialog = AlertDialog.Builder(this)
                .setIcon(R.mipmap.ic_launcher)          //设置对话框图标
                .setTitle(
                    R.string.info
                )//设置对话框标题
                .setMessage(
                    R.string.message1
                ) //设置对话框显示文本信息
                .setPositiveButton(                                              ②
                    R.string.ok
                ) { dialog, which ->

                    val dbHelper = DBHelper(this)
                    val db = dbHelper.writableDatabase
                    val seletctedData = listData[position]                       ③

                    //取出选中的数据
```

```kotlin
                    val pk = seletctedData.[TABLE_FIELD_DATE]
                    //删除数据条件
                    val whereClause = "$TABLE_FIELD_DATE = ?"                    ④
                    //删除数据
                    db.delete(TABLE_NAME, whereClause, arrayOf(pk))              ⑤
                    //重写查询所有数据
                    val listData = findAll(this)                                 ⑥
                    //重写绑定数据
                    bindData(listData)                                           ⑦
                }
                .setNegativeButton(
                    R.string.cancel
                ) { dialog, which ->
                }
                .create()
            dialog.show()

            true
        }
    }
...
}
```

代码第①行用于注册列表项目长按事件，代码第②行用于设置确定按钮事件，代码第③行用于获得选中数据，代码第④行用于准备删除数据条件，代码第⑤行用于通过 delete 函数删除数据。SQLiteDatabase 提供的 delete 函数如下：

  public int delete (String table, String whereClause, String[] whereArgs)

参数 table 是表名；参数 whereClause 是条件，可以带有占位符（?）；参数 whereArgs 是一个字符串数组，为 whereClause 条件提供数据，实际运行时替换占位符。学过 JDBC 的读者对此写法并不陌生。函数返回值是整数，代表行 ID，该 ID 是 SQLite 维护的，发生错误时返回-1。

删除数据后还需要重新刷新 ListView，但是如果重写绑定适配器到 ListView 太耗费资源，可以为适配器注册一个数据源观察器，代码如下：

```kotlin
//绑定数据
fun bindData(listData: List<Map<String, String>>?) {
    //创建保存控件 id 数组
    val to = intArrayOf(R.id.mydate, R.id.mycontent)
    //创建保存数据键数组
    val from = arrayOf(TABLE_FIELD_DATE, TABLE_FIELD_CONTENT)
    //创建 SimpleAdapter 对象
    val simpleAdapter = SimpleAdapter(this, listData, R.layout.listitem, from, to)

    //注册数据源观察器
    simpleAdapter.notifyDataSetChanged()                                         ①
    //设置适配器
    mListView?.adapter = simpleAdapter
```

}

代码第①行调用适配器的 notifyDataSetChanged 函数注册数据源观察器，这会通知 ListView 控件，控件会同步界面中看到的数据。

12.5 使用 SharedPreferences

SharedPreferences 用于简单的数据存储，通过"键-值"对的机制存储数据，可以存储一些基本的数据类型，包括布尔类型、字符串、整型和浮点型等。

注意：使用 SharedPreferences 不能泛滥，一般情况下不会使用它保存大量的数据，可以保存控件状态和应用程序的设置等信息。

Android 平台在默认情况下可以保持控件的状态，当跳转到其他活动，再次回到该活动时，还会保存上一次选择状态，除非该活动被销毁。如果需要长期保存控件状态，就可以把控件状态存放在 SharedPreferences 中。

实例：读写 SharedPreferences

下面通过一个实例介绍读写 SharedPreferences。实例运行界面如图 12-11 所示。当用户点击"写入数据"按钮，则将当前时间系统事件写入 SharedPreferences；如果点击"读取数据"按钮，则会读取 SharedPreferences 数据，并将读取的数据日志和 Toast 控件输出。

（a）点击"写入数据"按钮

（b）点击"读取数据"按钮

图 12-11　实例运行界面

1. 写入数据

写入数据在 MainActivity.kt 相关代码如下：

```kotlin
//设置实例标签
const val DATE_KEY = "mydate"                                            ①
const val PREFS_CONF = "config"                                          ②
class MainActivity : Activity() {

    override fun onCreate(savedInstanceState: Bundle?) {
        super.onCreate(savedInstanceState)
        setContentView(R.layout.activity_main)


        //获得SharedPreferences对象
        val sp = getSharedPreferences(PREFS_CONF, MODE_PRIVATE)          ③

        val btnRead = findViewById<Button>(R.id.button_read)
        //响应写入按钮事件
        btnRead.setOnClickListener {

            Log.i(TAG, "写入数据")
            //获得修改SharedPreferences对象
            val editor: Editor = sp.edit()                               ④
            val date = Date()                    //获得当前日期时间
            val format = DateFormat.getDateTimeInstance(
                DateFormat.DEFAULT,
                DateFormat.SHORT,
                Locale.getDefault()
            )
            //将数据放到SharedPreferences对象
            val strdate = format.format(date)
            editor.putString(DATE_KEY, strdate)                          ⑤
            //确定修改
            editor.commit()                                              ⑥
            Toast.makeText(this, "${strdate}写入数据", Toast.LENGTH_LONG).show()
            Log.i(TAG, "读取数据：写入数据")

        }
        //响应读取按钮事件
        ...
    }
}
```

代码第①行用于定义存储数据的键。代码第②行用于定义数据存储文件名。代码第③行通过当前上下文对象的 getSharedPreferences 函数获得 SharedPreferences 对象，即当前活动对象。getSharedPreferences 函数中第一个参数是指定文件名，第二个参数是指定文件打开模式，文件打开模式请参考 12.2.3 节"访问本地 CSV 文件"。

代码第④行获得修改 SharedPreferences 对象。代码第⑤行通过键将数据放到 SharedPreferences 对象中。代码第⑥行的 editor.commit()用于确定修改。

使用 SharedPreferences 写入数据成功后，会在当前应用程序沙箱目录的 shared_prefs 目录中创建 xml 文件。写入的数据事实上保存在该文件中。如图 12-12 所示为 SharedPreferences 创建的 xml 文件。

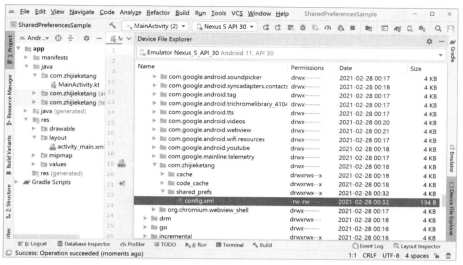

图 12-12　设备浏览器 SharedPreferences 中 config.xml 文件

打开 SharedPreferences 中 config.xml 文件，其代码如下：

```xml
<?xml version='1.0' encoding='utf-8' standalone='yes' ?>
<map>
    <string name="mydate">2021年2月28日 上午12:32</string>        ①
</map>
```

代码第①行是保存的"键-值"对信息。

2．读取数据

在文件 MainActivity.kt 中读取数据的相关代码如下：

```
}
//响应读取按钮事件
btnRead.setOnClickListener {
    //读取 DATE_KEY 键所对应的值
    val strdate: String? = sp.getString(DATE_KEY, "无数据")              ①
    Log.i(TAG, "读取数据：${strdate}")
    Toast.makeText(this, "读取数据：${strdate}", Toast.LENGTH_LONG).show()
}
```

代码第①行通过 getString 函数获得之前保存在 SharedPreferences 中的数据。该函数第一个参数是键，第二个参数是默认值，即当对应的键没有数据时，则返回默认值。

12.6　本章总结

本章介绍了 Android 平台的几种数据存取方式：本地文件、SQLite 数据库、云服务和 SharedPreferences，其中本地文件和 SQLite 数据库是本章学习的重点。

第 13 章 使用内容提供者共享数据

CHAPTER 13

在 Android 中，一个应用的本地文件和 SQLite 数据库默认情况下都只能被本应用访问，如何能够把这些数据提供给其他的应用使用呢？那就需要通过内容提供者（Content Provider）实现数据共享，本章主要介绍内容提供者，涉及的知识有：

（1）内置的内容提供者。
（2）自定义的内容提供者。
（3）Content URI 含义。

13.1 内容提供者概述

Android 系统是基于 Linux 的，对于文件访问权限控制得很严格，不同的用户启动不同的应用。由于权限的限制，不同的应用之间无法互相访问数据，如图 13-1 所示。

在 Android 平台提供了一种共享数据技术——内容提供者，它能够实现不同的应用之间数据的共享，如图 13-2 所示为使用内容提供者访问。

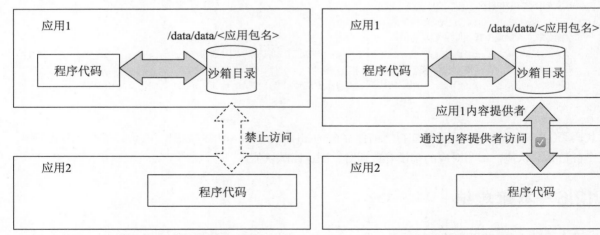

图 13-1　不同的应用之间数据访问　　　　图 13-2　使用内容提供者访问

内容提供者除了实现数据共享外，还可以提供一定程度上的数据抽象，并提供一些访问接口，使上层调用者不用关心下层数据存储的实现细节，从该角度看，这与 Java 中的接口很相似。内容提供者屏蔽数据存储细节，如图 13-3 所示。

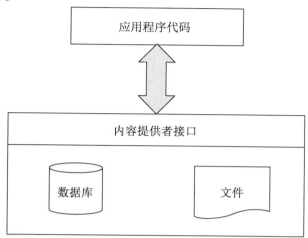

图 13-3　内容提供者屏蔽数据存储细节

Android 系统提供很多内置的内容提供者，这些内容提供者包括多媒体音频文件、视频文件、图片、联系人、电话记录和短信访问。除了 Android 内置的内容提供者外，开发人员还可以定义自己的内容提供者。

13.2　Content URI

在 Android 中有很多内容提供者，有内置的、有自己编写的，还有别人编写的，那么如何识别和找到需要的内容提供者呢？Android 提供了 Content URI 技术，通过它可以指定一个内容提供者，访问内容提供者后面的资源。

13.2.1　Content URI 概述

Content URL（Uniform Resource Identifier，通用资源标识符）是一种 URL，要求全球唯一性，一般用于定位 Web 资源。Web 经常会遇到以下形式的 URI：

http://www.acme.com/icons/logo.gif

这是 HTTP URI，它的格式由三部分组成：第一部分是协议（或称服务方式），如 http、file 和 gopher，第二部分是存有该资源的主机 IP 地址（有时也包括端口号），如 www.acme.com，第三部分是主机资源的具体地址，如目录和文件名（/icons/logo.gif）等。

在 Android 中的 Content URI 就是 Android 平台的内容资源定位符，与 Web 上应用一样，Android 平台上的 Content URI 定义它时也要全球唯一，因此它的命名可以借助于所在应用系统的包名倒置命名，但是要注意这种命名方式不是必需的，而是推荐的命名方式。因为一个应用系统的包名理论上是唯一的，因此按照包倒置命名就不会重复了。Content URI 实例如图 13-4 所示。

content://com.work.weight.provider/Wdate/1289645040579
　　　(1)　　　　　　　(2)　　　　　　　(3)　　　(4)

图 13-4　Content URI 实例

（1）协议名字。content 是 URI 协议名字，content 表明这个 URI 是一个内容提供器。类似于 http://www.acme.com/icons/logo.gif 中的 HTTP，协议名不可以修改。

（2）权限。URI 的权限部分，用来标识内容提供者，其命名必须确保唯一性，类似于 http://www.acme.com/icons/logo.gif 中的 www.acme.com 部分。

（3）路径。用来判断请求数据类型的路径。在 Content URI 中可以有 0 个或多个路径。类似于 http://www.acme.com/icons/logo.gif 中的 icons 部分。

（4）ID。被指定的特定记录的 ID，如果没有指定特定 ID 记录，该部分可以省略，类似于 http://www.acme.com/icons/logo.gif 中的 logo.gif 部分。

13.2.2　内置 Content URI

Android 平台提供了丰富的 Content URI，使用这些 Content URI 获取系统资源，这些资源包括有关联系人（姓名、电话、Email）、音频文件、视频文件、电话记录和短信记录，见表 13-1。

表 13-1　内置 URI 常量说明

URI 常量	说　　明
ContactsContract.Contacts.CONTENT_LOOKUP_URI	获取联系人信息 URI 常量
ContactsContract.CommonDataKinds.Phone.CONTENT_URI	获取联系人电话号码 URI 常量
ContactsContract.CommonDataKinds.Email.CONTENT_URI	获取联系人 Email URI 常量
MediaStore.Audio.Media.EXTERNAL_CONTENT_URI	获取外部存储设备中音频文件 URI 常量
MediaStore.Audio.Media.INTERNAL_CONTENT_URI	获取内部存储设备中音频文件 URI 常量
MediaStore.Video.Media.EXTERNAL_CONTENT_URI	获取外部存储设备中视频文件 URI 常量
MediaStore.Video.Media.INTERNAL_CONTENT_URI	获取内部存储设备中视频文件 URI 常量
MediaStore.Images.Media.EXTERNAL_CONTENT_URI	获取外部存储设备中图片文件 URI 常量
MediaStore.Images.Media.INTERNAL_CONTENT_URI	获取内部存储设备中图片文件 URI 常量
CallLog.Calls.CONTENT_URI	获取最近电话记录信息 URI 常量
Telephony.Sms.CONTENT_URI	获取短信信息 URI，Android 没有定义常量
Telephony.Sms.Inbox.CONTENT_URI	获取接收短信信息 URI，Android 没有定义常量
Telephony.Sms.Sent.CONTENT_URI	获取发送短信信息 URI，Android 没有定义常量

Android 系统所定义的这些 CONTENT_URI 用于查询所有记录，提供有条件的过滤可以使用 CONTENT_FILTER_URI，例如：ContactsContract.CommonDataKinds.Email.CONTENT_URI 对应的过滤 URI 是 ContactsContract.CommonDataKinds.Email.CONTENT_FILTER_URI。

以下通过几个例子说明它们的用法。

13.3 实例：访问联系人信息

在 Android 2.0 版本之后的平台上，通过 ContactsContract.Contacts.CONTENT_URI 访问联系人，与联系人相关的数据很多，一个联系人会对应多个电话、Email、通信地址、组织、即时通信工具（QQ）和网址，以及联系人对应的备注和昵称，如图 13-5 所示为联系人有关的数据对应关系。给定联系人 ID 就可以获得该联系人的其他信息，这些其他信息也都有 URI，都可以通过 URI 查询其内容。

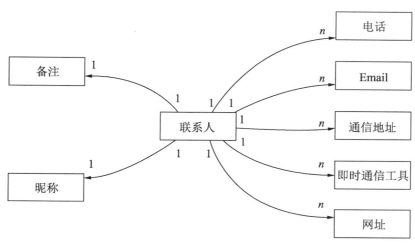

图 13-5 联系人数据对应关系

表 13-2 是一些有关联系人信息的内部说明，它们封装了访问该部分信息对应字段和访问的 URI。

表 13-2 联系人信息内部说明

内　　部	说　　明
ContactsContract.CommonDataKinds.Email	封装 Email 信息的内部类
ContactsContract.CommonDataKinds.Im	封装即时消息的内部类
ContactsContract.CommonDataKinds.Nickname	封装昵称的内部类
ContactsContract.CommonDataKinds.Note	封装备注的内部类
ContactsContract.CommonDataKinds.Organization	封装组织的内部类
ContactsContract.CommonDataKinds.Phone	封装电话号码的内部类
ContactsContract.CommonDataKinds.Photo	封装联系人图片的内部类
ContactsContract.CommonDataKinds.Website	封装网址的内部类

13.3.1 查询联系人

使用系统的内容提供者从通讯录中查询联系人信息，然后将查询的联系人姓名显示在一个列表界面上，如图 13-6（a）所示，当用户长按列表项目会弹出 Toast 显示相关内容，如图 13-6（b）所示。

（a）查询联系人姓名　　　　　　　　　　　（b）弹出 Toast 显示相关内容

图 13-6　查询联系人

提示： 联系人姓名可以由多个字段构成，如图 13-7（a）所示，点击显示名称后面的"下拉"按钮 ，展示了更加详细的姓名信息，如图 13-7（b）所示，这些都属于联系人的姓名字段。

（a）姓名信息 1　　　　　　　　　　　　（b）姓名信息 2

图 13-7　联系人姓名

将获取的联系人显示在列表界面是在 MainActivity 中实现的，MainActivity.kt 相关代码如下：

```
...
//授权请求编码
```

```kotlin
private const val PERMISSION_REQUEST_CODE = 999

class MainActivity : AppCompatActivity(), LoaderManager.LoaderCallbacks<Cursor> {  ①
...
            //初始化页面
            initPage()

        }
    }

    //初始化页面
    private fun initPage() {

        //创建 SimpleCursorAdapter 游标适配器对象
        simpleCursorAdapter = SimpleCursorAdapter(
            this, R.layout.listitem,
            null, arrayOf(
                ContactsContract.Contacts._ID,
                ContactsContract.Contacts.DISPLAY_NAME
            ), intArrayOf(R.id.textview_no, R.id.textview_name),
            CursorAdapter.FLAG_REGISTER_CONTENT_OBSERVER                              ②
        )
        mListView = findViewById(R.id.listview)

        mListView?.adapter = simpleCursorAdapter
        mListView?.onItemLongClickListener =
            OnItemLongClickListener { parent, view, position, id ->
                val uri = ContentUris.withAppendedId(ContactsContract.Contacts.
CONTENT_URI, id)                                                                     ③
                val columns = arrayOf(
                    ContactsContract.Contacts._ID,
                    ContactsContract.Contacts.DISPLAY_NAME
                )
                val cursor = contentResolver.query(uri, columns, null, null, null) ④

                //遍历游标
                if (cursor?.moveToFirst()!!) {
                    val contactId = cursor.getString(
                        cursor.getColumnIndex(ContactsContract.Contacts._ID)
                    )
                    val contactName = cursor.getString(
                        cursor.getColumnIndex(ContactsContract.Contacts.DISPLAY_NAME)
                    )
                    Log.i(TAG, "$contactId | $contactName")
                    makeText(this, "$contactId | $contactName", LENGTH_LONG).show()
                }
                //Lambda 表达式返回值
                true
            }
```

```kotlin
        //从活动中获得LoaderManager对象
        val loaderManager = LoaderManager.getInstance(this)                    ⑤
        //LoaderManager初始化
        loaderManager.initLoader(0, null, this)                                ⑥
    }

    //创建CursorLoader时调用
    override fun onCreateLoader(id: Int, args: Bundle?): Loader<Cursor> {      ⑦
        return CursorLoader(this, ContactsContract.Contacts.CONTENT_URI, null, null,
null, null)                                                                    ⑧
    }

    //加载数据完成时调用
    override fun onLoadFinished(loader: Loader<Cursor>, data: Cursor?) {       ⑨
        //采用新的游标与老游标交换，老游标不关闭
        simpleCursorAdapter?.swapCursor(data)
    }

    //CursorLoader对象被重置时调用
    override fun onLoaderReset(loader: Loader<Cursor>) {                       ⑩
        //采用新的游标与老游标交换，老游标不关闭
        simpleCursorAdapter?.swapCursor(null)
    }
    ...

    }
}
```

注意：使用内容提供者返回的数据通常都是游标形式，本例采用了游标适配器SimpleCursorAdapter，但是使用SimpleCursorAdapter默认情况是数据加载在主线程中，这可能会导致出现程序未反应（Application Not Responding，ANR）问题。因此使用SimpleCursorAdapter最好采用异步加载数据方式。SimpleCursorAdapter的构造函数最后一个参数，CursorAdapter.FLAG_REGISTER_CONTENT_OBSERVER，见代码第②行，说明创建的游标适配器注册了内容监听器，监听游标内容变化。

为了实现SimpleCursorAdapter数据的异步加载，当前组件实现LoaderManager.LoaderCallbacks<Cursor>接口，见代码第①行，该接口是LoaderManager的回调函数。该接口要求实现的函数有3个，见代码第⑦、⑨和⑩行，其中代码第⑦行的onCreateLoader()函数是在CursorLoader初始化时调用的函数，CursorLoader是游标加载对象，代码第⑧行用于创建CursorLoader对象，其中构造函数Java版本API定义如下：

```
CursorLoader (Context context,              //上下文对象
    Uri uri,                                //内容提供者URI
    String[] projection,                    //要查询的字段名的String数组
    String selection,                       //查询条件
    String[] selectionArgs,                 //查询条件中的参数
    String sortOrder)                       //排序字段
```

代码第⑤行通过获得LoaderManager对象，LoaderManager用来将活动或碎片与加载器关联起来，加载器在大多数情况下都是CursorLoader类型的。代码第⑥行是初始化加载器，initLoader函数第一个参数是加载器标识，第二个参数是加载器传递但类型是Bundle，第三个参数是回调对象，this表示当前活动实现回

调接口。

代码第④行的 contentResolver 属性返回 ContentResolver 对象，它是内容提供者的代理对象，ContentResolver 提供对共享数据的 insert()、delete()、query()和 update()函数等。getContentResolver().query()函数 Java 版本的 API 定义如下：

```
Cursor query (Uri uri,                    //内容提供者 URI
    String[] projection,                  //要查询的字段名的 String 数组
    String selection,                     //查询条件
    String[] selectionArgs,               //查询条件中的参数
    String sortOrder)                     //排序字段
```

另外，代码第③行 ContentUris.withAppendedId(ContactsContract.Contacts.CONTENT_URI, id)表达式是在 CONTENT_URI 后面追加一个 id，构建一个新的 URI。

13.3.2 运行时权限

在 Android 系统中为了提供安全性，应用中一些操作是需要授权的，例如，访问联系人、访问 SD 卡、电话通话记录、短信记录和访问网络等，这些操作不仅需要在清单文件 AndroidManifest.xml 中注册，还需要用户在运行期授权。

1. 注册权限

注册权限需要在清单文件 AndroidManifest.xml 中注册即可，清单文件 AndroidManifest.xml 被打包成 APK 安装包，所以被称为"安装时授权"。普通权限参考 Android 官网提供的网址 http://developer.android.com/guide/topics/security/normal-permissions.html。例如：

（1）ACCESS_NETWORK_STATE。
（2）ACCESS_WIFI_STATE。
（3）CHANGE_NETWORK_STATE。
（4）CHANGE_WIFI_STATE。
（5）INTERNET。
（6）NFC。
（7）VIBRATE。

注册读写通讯录信息权限，代码如下：

```xml
<?xml version="1.0" encoding="utf-8"?>
<manifest xmlns:android="http://schemas.android.com/apk/res/android"
    package=" com.zhijieketang">
    <application
        android:allowBackup="true"
        android:icon="@mipmap/ic_launcher"
        android:label="@string/app_name"
        android:supportsRtl="true"
        android:theme="@style/AppTheme">
        <activity android:name=".MainActivity">
            <intent-filter>
                <action android:name="android.intent.action.MAIN" />

                <category android:name="android.intent.category.LAUNCHER" />
```

```
            </intent-filter>
        </activity>
    </application>

    <uses-permission android:name="android.permission.READ_CONTACTS" />
</manifest>
```

android.permission.INTERNET 权限是在<uses-permission>标签中注册的。

2. 用户运行期授权

开发人员可以在程序代码中 ActivityCompat.checkSelfPermission()函数检查是否授权，如果没有授权则通过 ActivityCompat.requestPermissions()函数请求授权。请求授权时会弹出对话框，如图 13-8 所示，由用户选择拒绝或允许，如果用户点击"允许"按钮，则以后再运行应用时就不再弹出对话框。

访问联系人用户运行期间授权代码如下：

图 13-8 "请求授权"对话框

```kotlin
//授权请求编码
private const val PERMISSION_REQUEST_CODE = 999

class MainActivity : AppCompatActivity(), LoaderManager.
LoaderCallbacks<Cursor> {

    //声明 ListView
    private var mListView: ListView? = null

    //声明游标适配器
    private var simpleCursorAdapter: SimpleCursorAdapter? = null

    override fun onCreate(savedInstanceState: Bundle?) {
        super.onCreate(savedInstanceState)
        setContentView(R.layout.activity_main)

        //核对权限，并请求授权
        //1.检查是否具有权限
        if (checkSelfPermission(Manifest.permission.READ_CONTACTS)     ①
            != PackageManager.PERMISSION_GRANTED
        ) {

            //请求的权限集合
            val permissions = arrayOf(                                 ②
                Manifest.permission.READ_CONTACTS
            )

            //2.请求授权，弹出"请求授权"对话框
            requestPermissions(permissions, PERMISSION_REQUEST_CODE)   ③
            //已经授权
```

```
        } else {
            Log.i(TAG, " 已经授权...")
            //初始化页面
            initPage()

        }
    }

    //初始化页面
    ...

    override fun onRequestPermissionsResult(                                    ④
        requestCode: Int,
        permissions: Array<out String>,
        grantResults: IntArray
    ) {
        if (requestCode == PERMISSION_REQUEST_CODE) {    //判断请求 Code    ⑤
            //包含授权成功权限
            if (!grantResults.contains(PackageManager.PERMISSION_GRANTED)) {  ⑥
                Log.i(TAG, " 授权失败...")
            } else {
                Log.i(TAG, " 授权成功...")
                //调用初始化函数
                initPage()
            }
        }
    }
}
```

代码第①行 checkSelfPermission(Manifest.permission.READ_CONTACTS 的 checkSelfPermission 函数用于检查该应用是否有访问联系人权限。Manifest.permission.READ_CONTACTS 是读取联系人权限。代码第②行用于声明请求权限集合。如果没有授权，则通过代码第③行的 requestPermissions 函数用于请求权限，这个函数会弹出"授权"对话框。用户点击"拒绝"或"允许"按钮则关闭对话框。此时会回调代码第④行的 onRequestPermissionsResult 函数，该函数是重写当前活动函数，其中的 requestCode 参数是返回请求编码，程序员需要判断这个请求编码与代码第④行设置的请求编码是否一致，见代码第⑤行，如果一致，则说明是代码第④行请求权限返回的。代码第⑥行判断用户是否允许。

13.4 实例：查询联系人 Email

访问联系人 Email 的 URI 是 ContactsContract.CommonDataKinds.Email.CONTENT_URI，可以查询出联系人的 Email，联系人 Email 可以有多个。

现修改 13.3 节实例，添加查询 Email 功能，在联系人列表界面中长按列表项，弹出 Toast 对话框显示联系人的 Email，如图 13-9 所示。

图 13-9　查询联系人 Email

MainActivity.kt 相关代码如下：

```
...

//查看 Email
val emails = findEmail(contactId)                                            ①
if (emails.isEmpty()) {
    makeText(this, "$contactName 没有 Email", LENGTH_LONG).show()
} else {
    makeText(this, "$contactName ${emails}", LENGTH_LONG).show()
}

...
/**
 * 选择查看 Email
 *
 * @param contactId 联系人 ID
 */
private fun findEmail(contactId: String): List<String> {                     ②
    var emails = mutableListOf<String>()
    val cursor = contentResolver.query(                                      ③
        ContactsContract.CommonDataKinds.Email.CONTENT_URI,
        null,
        "${ContactsContract.CommonDataKinds.Email.CONTACT_ID} = $contactId",
        null, null
    )
    while (cursor!!.moveToNext()) {                                          ④
        val email =
            cursor.getString(cursor.getColumnIndex(ContactsContract.CommonDataKinds.
Email.DATA))                                                                 ⑤
        emails.add(email)                                                    ⑥
        Log.i(TAG, "Email : $email")
```

```
    }
    cursor.close()                                                          ⑦
    return emails
}
```

代码第①行通过自定义函数 findEmail 查询 Email，代码第②行是自定义的函数 findEmail。代码第③行通过 ContentResolver 对象 query 函数查询 Email，该函数第一个参数是 ContactsContract.CommonDataKinds.Email.CONTENT_URI，这是查询 Email 的 URI，第三个参数"${ContactsContract.CommonDataKinds.Email.CONTACT_ID }=$ contacted"为查询条件。

代码第⑤行用于遍历游标取出 Email。需要注意联系人的 Email 可能有多个，遍历的结果放到一个 List 中，见代码第⑥行。代码第⑦行关闭游标释放资源。

13.5　实例：查询联系人电话

查询联系人的电话是通过 ContactsContract.CommonDataKinds.Phone.CONTENT_URI 实现的，需要注意联系人的电话可以有多个。

现修改 13.3 节实例，添加查询 Email 功能，在联系人列表界面中长按列表项，弹出 Toast 对话框显示联系人的电话，如图 13-10 所示。

图 13-10　查询联系人电话

查询联系人的电话与 13.4 节查询联系人的 Email 非常相似，MainActivity.kt 文件中相关代码如下：

```
...

//查看电话号码
val phones = findPhones(contactId)                                          ①
if (phones.isEmpty()) {
    makeText(this, "$contactName 没有电话号码。", LENGTH_LONG).show()
} else {
    makeText(this, "$contactName ${phones}", LENGTH_LONG).show()
```

```
            }
        }
        //Lambda表达式返回值
        true
    }
    ...

    /**
     * 选择查看【电话号码】
     *
     * @param contactId 联系人 id
     */
    private fun findPhones(contactId: String): List<String> {                    ②
        var phones = mutableListOf<String>()
        val cursor = contentResolver.query(                                      ③
            ContactsContract.CommonDataKinds.Phone.CONTENT_URI,
            null,
            "${ContactsContract.CommonDataKinds.Phone.CONTACT_ID} = $contactId",
            null, null
        )
        while (cursor!!.moveToNext()) {
            val phoneNumber = cursor.getString(cursor.getColumnIndex(ContactsContract.CommonDataKinds.Phone.NUMBER))                                                  ④
            phones.add(phoneNumber)                                              ⑤
            Log.i(TAG, "电话号码 : $phoneNumber")
        }
        cursor.close()                                                           ⑥
        return phones
    }
}
```

代码第①行通过自定义函数 findPhones 查询电话号码，代码第②行自定义函数 findPhones。代码第③行通过 ContentResolver 对象 query 函数查询电话号码，ContactsContract.CommonDataKinds.Phone.CONTENT_URI 是 Email 的 URI，query 函数第三个参数 "${ContactsContract.CommonDataKinds.Phone.CONTACT_ID} = $contactId" 是查询条件。

代码第④行用于遍历游标并取出电话号码。需要注意联系人的电话号码可能有多个，可将遍历的结果放到一个 List 中，见代码第⑤行。代码第⑥行关闭游标释放资源。

13.6 实例：访问通话记录

手机都有一项基本功能，即查看通话记录，通话记录分为来电、去电和未接来电。首先，进入 Android 自带的电话应用界面，如图 13-11（a）所示，点击"拨打电话"图标进入如图 13-11（b）所示的通话记录列表。

Android 系统访问通话记录类主要是 android.provider.CallLog.Calls，该类是 CallLog 的内部类，它封装了通话记录信息和访问通话记录数据的 URI，这些 URI 有 CallLog.Calls.CONTENT_URI 和 CallLog.Calls.CONTENT_FILTER_URI。另外，来电、去电和未接来电三种通话信息类型，由以下三个常量定义。

（1）CallLog.Calls.INCOMING_TYPE，来电类型。
（2）CallLog.Calls.OUTGOING_TYPE，去电类型。
（3）CallLog.Calls.MISSED_TYPE，未接来电类型。

（a）电话应用界面

（b）通话记录列表

图 13-11 通话记录

下面通过一个实例介绍 CallLog.Calls.CONTENT_URI 的使用，如图 13-12（a）所示为查询通话记录的界面，长按列表项目，则弹出 Toast 显示相关内容，如图 13-12（b）所示，其中电话类型中"1"是去电。

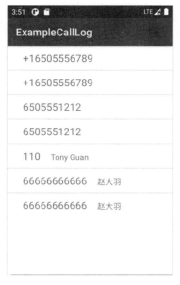
（a）查询通话记录

（b）弹出 Toast 显示相关内容

图 13-12 查询通话记录实例

MainActivity.kt 中主要相关代码如下：

```kotlin
//授权请求编码
private const val PERMISSION_REQUEST_CODE = 999

class MainActivity : AppCompatActivity(), LoaderManager.LoaderCallbacks<Cursor> {

    //声明 ListView
    private var mListView: ListView? = null

    //声明游标适配器
    private var simpleCursorAdapter: SimpleCursorAdapter? = null

    override fun onCreate(savedInstanceState: Bundle?) {
        super.onCreate(savedInstanceState)
        setContentView(R.layout.activity_main)

        //核对权限，并请求授权
        // 1.检查是否具有权限
        if (checkSelfPermission(Manifest.permission.READ_CALL_LOG)         ①
            != PackageManager.PERMISSION_GRANTED
        ) {

            //请求的权限集合
            val permissions = arrayOf(
                Manifest.permission.READ_CALL_LOG
            )

            // 2.请求授权，弹出"请求授权"对话框
            requestPermissions(permissions, PERMISSION_REQUEST_CODE)       ②
            //已经授权
        } else {
            Log.i(TAG, " 已经授权...")
            //初始化页面
            initPage()

        }
    }


    //初始化页面
    private fun initPage() {


        //创建 SimpleCursorAdapter 游标适配器对象
        simpleCursorAdapter = SimpleCursorAdapter(                          ③
            this, R.layout.listitem,
            null, arrayOf(
                CallLog.Calls.CACHED_NAME,
                CallLog.Calls.NUMBER
```

```kotlin
        ), intArrayOf(R.id.textview_name, R.id.textview_number),
    CursorAdapter.FLAG_REGISTER_CONTENT_OBSERVER
)
mListView = findViewById(R.id.listview)

mListView?.adapter = simpleCursorAdapter


mListView?.onItemLongClickListener =
    OnItemLongClickListener { parent, view, position, id ->                    ④
        val uri = ContentUris.withAppendedId(CallLog.Calls.CONTENT_URI, id)
        val columns = arrayOf(
            CallLog.Calls.NUMBER,
            CallLog.Calls.CACHED_NAME,
            CallLog.Calls.TYPE
        )
        val cursor = contentResolver.query(uri, columns, null, null, null)

        //遍历游标
        if (cursor?.moveToFirst()!!) {
            //获得电话号码
            val phone = cursor.getString(
                cursor.getColumnIndex(CallLog.Calls.NUMBER)
            )
            //获得联系人
            val name = cursor.getString(
                cursor.getColumnIndex(CallLog.Calls.CACHED_NAME)
            )
            //获得【拨入、播出】电话类型
            val type = cursor.getInt(
                cursor.getColumnIndex(CallLog.Calls.TYPE)


            )
            val strype =
                when (type) {                                                  ⑤
                    CallLog.Calls.INCOMING_TYPE -> "来电类型"
                    CallLog.Calls.OUTGOING_TYPE -> "去电类型"
                    else -> "未接来电类型"
                }
            val message = "联系人:${name}\n 电话类型:${strype}\n 电话号码:${phone}"
            Toast.makeText(this, message, LENGTH_LONG).show()
        }
        // Lambda 表达式返回值
        true
    }


//从活动中获得 LoaderManager 对象
val loaderManager = LoaderManager.getInstance(this)
```

```kotlin
        //LoaderManager 初始化
        loaderManager.initLoader(0, null, this)
    }

    //创建 CursorLoader 时调用
    override fun onCreateLoader(id: Int, args: Bundle?): Loader<Cursor> {
        return CursorLoader(
            this, CallLog.Calls.CONTENT_URI,
            null, null, null,
            CallLog.Calls.DEFAULT_SORT_ORDER
        )
    }

    //加载数据完成时调用
    override fun onLoadFinished(loader: Loader<Cursor>, data: Cursor?) {
        //采用新游标与老游标交换，老游标不关闭
        simpleCursorAdapter?.swapCursor(data)
    }

    //CursorLoader 对象被重置时调用
    override fun onLoaderReset(loader: Loader<Cursor>) {
        //采用新游标与老游标交换，老游标不关闭
        simpleCursorAdapter?.swapCursor(null)
    }

    override fun onRequestPermissionsResult(
        requestCode: Int,
        permissions: Array<out String>,
        grantResults: IntArray
    ) {
        if (requestCode == PERMISSION_REQUEST_CODE) {                    // 判断请求 Code
            //包含授权成功权限
            if (!grantResults.contains(PackageManager.PERMISSION_GRANTED)) {
                Log.i(TAG, "  授权失败...")
            } else {
                Log.i(TAG, "  授权成功...")
                // 调用初始化函数
                initPage()
            }
        }
    }
}
```

代码第①、②行用于核对并请求访问通话记录权限。代码第③行创建 SimpleCursorAdapter 游标适配器对象，其中 CallLog.Calls.CACHED_NAME 是通话人姓名，CallLog.Calls.NUMBER 是通话电话号码。代码第④行用于响应列表项目长按事件。代码第⑤行的 when 表达式通过 type 参数返回电话类型。

代码编写完成后，还需要为应用程序授权，在 AndroidManifest.xml 添加读取通话记录权限 android.permission.READ_CALL_LOG，AndroidManifest.xml 代码如下：

```xml
<?xml version="1.0" encoding="utf-8"?>
<manifest xmlns:android="http://schemas.android.com/apk/res/android"
    package="com.zhijieketang">
    <application
        android:allowBackup="true"
        android:icon="@mipmap/ic_launcher"
        android:label="@string/app_name"
        android:supportsRtl="true"
        android:theme="@style/AppTheme">
        <activity android:name=".MainActivity">
            <intent-filter>
                <action android:name="android.intent.action.MAIN" />

                <category android:name="android.intent.category.LAUNCHER" />
            </intent-filter>
        </activity>
    </application>

    <uses-permission android:name="android.permission.READ_CALL_LOG" />
</manifest>
```

13.7 本章总结

本章介绍了 Android 平台的数据共享技术——内容提供者，由于 Android 系统基于 Linux 系统，文件权限管理非常严格，不同的应用之间访问数据必须通过内容提供者。

另外还介绍了 Android 系统本身内置的一些内容提供者和 Content URI，重点介绍访问联系人信息、访问通话记录等内容。

第 14 章 Android 多任务开发

CHAPTER 14

基于 Kotlin 语言的 Android 多任务开发涉及的技术有线程、协程等多任务技术。本章重点介绍基于协程的 Android 多任务开发，以及 Android 异步消息机制。

14.1 Android 中使用 Kotlin 协程

协程（Coroutines）是一种轻量级的线程，协程提供了一种不阻塞线程，但是可以被挂起的计算过程。线程阻塞开销是巨大的，而协程挂起基本上没有开销。

在执行阻塞任务时，会将该任务放到子线程中执行，执行完成再进行回调主线程、更新 UI 等操作，这就是异步编程。协程底层库也是异步处理阻塞任务，但是这些复杂的操作被底层库封装起来，协程代码的程序流是顺序的，不再需要一堆的回调函数，就像同步代码一样，也便于理解、调试和开发。

线程是抢占式的，线程调度是操作系统级的；而协程是协作式的，协程调度是用户级的，协程是用户空间线程，与操作系统无关，所以需要用户自己去做调度。

14.1.1 在项目中添加协程库

Android 平台使用的协程库是 coroutines-android。开发者使用需要在自己的项目中添加相关配置。具体步骤为：打开 app 模块的 build.gradle 文件，如图 14-1 所示。

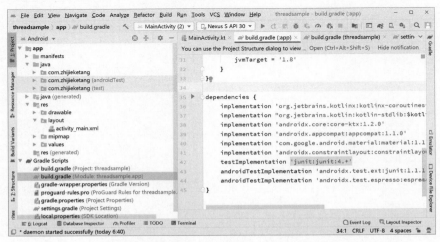

图 14-1 Android Studio 项目 build.gradle 文件

修改 build.gradle 文件，添加依赖关系，代码如下：

```
plugins {
    id 'com.android.application'
    id 'kotlin-android'
}

android {
    compileSdkVersion 30
    buildToolsVersion "30.0.3"

    defaultConfig {
        applicationId "com.zhijieketang"
        minSdkVersion 28
        targetSdkVersion 30
        versionCode 1
        versionName "1.0"

        testInstrumentationRunner "androidx.test.runner.AndroidJUnitRunner"
    }

    buildTypes {
        release {
            minifyEnabled false
            proguardFiles getDefaultProguardFile('proguard-android-optimize.txt'), 'proguard-rules.pro'
        }
    }
    compileOptions {
        sourceCompatibility JavaVersion.VERSION_1_8
        targetCompatibility JavaVersion.VERSION_1_8
    }
    kotlinOptions {
        jvmTarget = '1.8'
    }
}

dependencies {
    implementation 'org.jetbrains.kotlinx:kotlinx-coroutines-android:1.4.2'    ①
    implementation "org.jetbrains.kotlin:kotlin-stdlib:$kotlin_version"
    implementation 'androidx.core:core-ktx:1.2.0'
    implementation 'androidx.appcompat:appcompat:1.1.0'
    implementation 'com.google.android.material:material:1.1.0'
```

```
        implementation 'androidx.constraintlayout:constraintlayout:1.1.3'
        testImplementation 'junit:junit:4.+'
        androidTestImplementation 'androidx.test.ext:junit:1.1.1'
        androidTestImplementation 'androidx.test.espresso:espresso-core:3.2.0'
    }
```

代码第①行 implementation 'org.jetbrains.kotlinx:kotlinx-coroutines-android:1.4.2'是刚刚添加的依赖关系。读者根据实际需要选择 coroutines-android 版本。

14.1.2 第一个 Android 协程程序

为了了解 Android 协程的程序结构，下面看一个协程示例。如图 14-2 所示，界面中有一个按钮，用户点击 OK 按钮，会在控制台输出日志信息。
MainActivity.kt 代码如下：

```
class MainActivity : AppCompatActivity() {
    override fun onCreate(savedInstanceState: Bundle?) {
        super.onCreate(savedInstanceState)
        setContentView(R.layout.activity_main)

        val button = findViewById<Button>(R.id.button)
        button.setOnClickListener {

            GlobalScope.launch {          //创建并启动一个协程在后台执行       ①
                delay(1000L)              //非阻塞延迟 1 秒                    ②
                println("World! ")        //协程打印                          ③
                println("协程结束。")
            }
            println("Hello, ")            //在主线程中打印                    ④
            Thread.sleep(5000L)           //主线程被阻塞 5 秒                  ⑤
            println("主线程继续...")

        }

    }
}
```

图 14-2 协程实例

代码第①行 launch 函数创建并启动一个协程，类似于线程的 start 函数。协程都是运行在一个作用域（生命周期）内的，GlobalScope 作用域表示该协程的生命周期是整个应用程序。

代码第②行的 delay 函数用于挂起协程，类似于线程的 sleep 函数，但不同的是 delay 函数不会阻塞线程，而 sleep 函数会阻塞线程。代码第③行用于在协程休眠 1 秒后打印输出。代码第④行用于在主线程中打印输出。代码第⑤行用于使主线程休眠 5 秒，但其他线程处于活动状态。

注意：示例运行时输出结果是在控制台中输出而不是在 Logcat 输出，如图 14-3 所示。读者需要注意执行的顺序和时间。

图 14-3 协程实例运行结果

14.2 案例：协程实现计时器

在学习多线程时会设计一个计时器的案例，因为计时器案例是一个多线程经典应用。启动计时器案例之后，进入如图 14-4 所示的屏幕，点击"开始计时"按钮，下面的标签显示不断逝去的时间。点击"停止计时"按钮，可停止计时。本节将通过协程实现该案例。

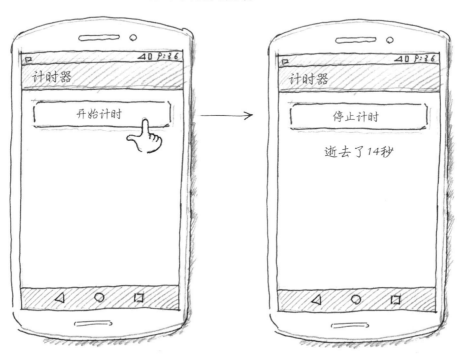

图 14-4 计时器界面

14.2.1 主线程更新 UI 问题

计时器实例需要更新 UI，即修改 TextView 控件的 text 属性，但是在 Android 应用中，试图在主线程之外更新 UI，这会导致抛出异常。MainActivity.kt 代码如下：

```kotlin
class MainActivity : AppCompatActivity() {

    private var mLabel: TextView? = null
    private var mButton: Button? = null
    private var isRunning = true
    private var mTimer = 0

    override fun onCreate(savedInstanceState: Bundle?) {
        super.onCreate(savedInstanceState)
        setContentView(R.layout.activity_main)

        mLabel = findViewById(R.id.textView)
        mButton = findViewById(R.id.button)
        mButton?.setOnClickListener {
            isRunning = false
        }

        //启动协程
        GlobalScope.launch {
            while (isRunning) {              //协程执行任务              ①
                delay(1000L)                 //非阻塞延迟 1 秒           ②
                mTimer++
                val message = "逝去了 $mTimer 秒。"
                println(message)
                mLabel?.text = message                                  ③
            }
            println("协程结束。")
        }
    }
}
```

代码第①行用于协程死循环，这可以使得协程不断执行一项任务，isRunning 是循环变量，通过循环变量控制结束协程执行循环任务。代码第②行设置延迟 1 秒执行。代码第③行用于修改标签控件的 text 属性，这是更新 UI 的操作。

注意： 上述代码如果在 Windows 平台运行应该没有问题，但是在 Android 平台运行则会抛出如下异常信息。这是因为在主线程中更新 UI 操作，协程默认会抛出异常。

```
android.view.ViewRootImpl$CalledFromWrongThreadException: Only the original thread
that created a view hierarchy can touch its views.
```

14.2.2 协程解决更新 UI 问题

协程在默认情况下也使用主线程更新 UI，但协程提供了调度器可以调度到主线程更新 UI，修改 14.2 节

的示例,代码如下:

```kotlin
class MainActivity : AppCompatActivity() {

    private var mLabel: TextView? = null
    private var mButton: Button? = null
    private var isRunning = true
    private var mTimer = 0

    override fun onCreate(savedInstanceState: Bundle?) {
        super.onCreate(savedInstanceState)
        setContentView(R.layout.activity_main)

        mLabel = findViewById(R.id.textView)
        mButton = findViewById(R.id.button)
        mButton?.setOnClickListener {
            isRunning = false
        }

        //主线程调度器
        val uiDispatcher = Dispatchers.Main                                    ①
        //IO调度器,用于IO密集型的阻塞操作
        val bgDispatcher: CoroutineDispatcher = Dispatchers.IO                 ②

        //启动协程
        GlobalScope.launch(uiDispatcher) {                                     ③
            while (isRunning) {                  //协程执行任务
                delay(1000L)                     //非阻塞延迟1秒
                mTimer++
                val message = "逝去了 $mTimer 秒。"
                println(message)
                mLabel?.text = message
            }
            println("协程结束。")
        }
    }
}
```

上述代码第①行声明主线程调度器,主线程调度器会将当前任务调度到主线程中执行,更新UI操作可以使用该调度器,类似的调度器Dispatchers.IO见代码第②行,它主要用于IO密集型的阻塞任务操作。代码第③行的GlobalScope.launch(uiDispatcher)函数为启动的协程设置指定调度器。如果换成Dispatchers.IO调度器,则仍然会抛出异常。

14.3 本章总结

本章重点介绍了Kotlin语言并发访问技术,它们主要是Java线程和Kotlin协程,其中Kotlin协程是读者学习的重点。

第 15 章 服 务

CHAPTER 15

有些应用很少与用户交互，它们只在后台运行处理一些任务，而且在运行期间用户仍然能运行其他应用。Android 系统通过服务和广播接收器组件完成这一需求。本章介绍服务。

15.1 服务概述

为了处理后台进程，Android 引入了服务的概念。服务在 Android 中是一种长生命周期的后台运行组件，它不提供任何用户界面。最常见的例子有媒体播放器程序，它可以在转到后台运行时，仍然能播放歌曲；还有下载文件程序，可以在后台执行文件的下载。

15.1.1 创建服务

创建服务流程与创建活动都是类似的，它包括以下流程。
（1）编写相应的组件类。
（2）在 AndroidManifest.xml 文件中注册。

首先，编写相应的服务类，要求继承 android.app.Service 或其子类，并覆盖它的某些函数，服务类图如图 15-1 所示，服务有很多重要的子类，常用的有以下两种。

（1）android.app.Service，最基本的服务类。
（2）android.app.IntentService，处理异步请求的服务类。

创建服务类实例代码如下：

```
public class MyService extends Service {
    @Override
    public IBinder onBind(Intent intent) {
        //TODO
    }
    @Override
    override fun onCreate() {
        //TODO
    }
    @Override
    override fun onDestroy() {
        //TODO
```

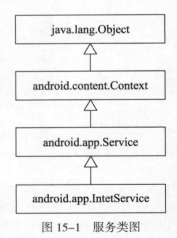

图 15-1 服务类图

```
    }
    @Override
    override fun onStartCommand(intent: Intent?, flags: Int, startId: Int): Int {
        //TODO
    }
}
```

编写完成服务类后还要在 AndroidManifest.xml 文件中注册，通过<service>标签实现注册。代码如下：

```xml
<?xml version="1.0" encoding="utf-8"?>
<manifest xmlns:android="http://schemas.android.com/apk/res/android"
    package="com.zhijieketang">
    <application
        android:allowBackup="true"
        android:icon="@mipmap/ic_launcher"
        android:label="@string/app_name">
        <activity android:name=".MainActivity">
            <intent-filter>
                <action android:name="android.intent.action.MAIN" />
                <category android:name="android.intent.category.LAUNCHER" />
            </intent-filter>
        </activity>

        <service                                                                ①
            android:name=".MyService"                                           ②
            android:enabled="true"                                              ③
            android:exported="true" />                                          ④

    </application>
</manifest>
```

代码第①~④行是注册服务，注册服务与注册活动类似，代码都是放在<application>和</application>之间。

注册服务是通过<service>标签的 android:name=".MyService"属性完成的，见代码第①行，代码第②行.MyService 只是服务类名，加上 manifest 标签包声明 package="com.zhijieketang"，构成完整的服务类 com.zhijieketang.MyService。

代码第③行 android:enabled="true"是设置服务是否能够被系统实例化，true 表示能被实例化，false 表示不能，true 是默认值。

代码第④行 android:exported="true"是设置服务是否能够被其他的应用启动，true 表示能够被启动；false 表示不能。使用显式意图时也如此。true 是默认值。

注意：为了确保应用的安全性，请不要使用隐式意图启动服务，因为服务是一种可以在后台长期运行的组件，如果 android:exported 属性被设置为 true，又设置了隐式意图，就有可能被其他恶意程序在不知不觉中启动和运行。

15.1.2 服务的分类

服务基本上分为以下两种类型。

（1）启动类型服务。当应用组件（Context 子类）通过组件调用 startService()函数启动服务时，服务即处于启动状态。一旦启动服务，启动它的组件就不能再管理和控制服务了，启动组件与服务是一种松耦合的关系。因此，启动类型服务通常是执行单一操作，不会将结果返回给调用方。

（2）绑定类型服务。当应用组件（Context 子类）通过组件调用 bindService()函数绑定到服务时，服务即处于"绑定"状态。绑定服务提供了一个 C/S（客户端/服务器）接口，通过该接口组件能够与服务进行交互，如发送请求、返回数据等，甚至可以通过进程间通信（IPC）实现跨进程操作。相对启动类型服务，绑定类型服务是高耦合的关系。多个组件可以同时绑定到该服务，但全部取消绑定后，该服务即会被销毁。

注意：与其他组件一样，服务也运行在主线程中。这意味着，如果服务要进行消耗 CPU 或者阻塞的操作，它应该产生新的线程，在新线程里进行这些工作。

15.2 启动类型服务

启动组件与服务之间是一种松耦合的状态，启动组件一旦启动服务就不再管理服务了。

15.2.1 启动类型服务生命周期

启动类型服务生命周期如图 15-2 所示，了解其生命周期可以从以下两个不同角度进行分析。

1. 两个嵌套循环

启动类型服务生命周期，事实上包含了两个嵌套循环，根据自己的业务需要监控以下两个嵌套循环。

（1）整个生命周期循环。服务的整个生命周期发生在 onCreate()函数调用与 onDestroy()函数调用之间。启动组件可以通过调用 startService()函数并传递意图对象来启动服务，系统会根据意图查找该服务。然后系统调用服务的 onCreate()函数，接着再调用服务的 onStartCommand()函数，启动组件数据可以通过 onStartCommand()函数的意图参数传递给服务。服务开始运行后，直到其他组件调用 stopService()或者服务调用 stopSelf()函数，服务销毁时调用 onDestroy()函数，可以在该函数中释放一些资源。

（2）有效生命周期循环。服务的有效生命周期循环发生在 onStartCommand()函数调用与 onDestroy()函数调用之间。组件多次启动会重复调用 onStartCommand()函数。

图 15-2 启动类型服务生命周期

2. 3个函数

服务生命周期有以下 3 个函数。

（1）onCreate()函数。第一次创建服务时调用该函数，在调用 onStartCommand()函数或 onBind()函数之前调用该函数。如果服务运行后，不再调用该函数。

（2）onStartCommand()函数。启动组件通过调用 startService()函数请求启动服务时，系统将调用该函数。如果是第一次启动，先调用 onCreate()函数再调用该函数。

（3）onDestroy()函数。当服务不再使用，即将被销毁时，系统将调用该函数。服务应该实现该函数来清理所有占用的资源。

15.2.2 实例：启动类型服务

下面通过一个实例理解启动类型服务生命周期，实例运行效果如图 15-3 所示。点击"启动服务"按钮，则启动服务；如果点击"停止服务"按钮，则停止服务。

1. 创建启动服务

创建一个服务类 MyService，它需要继承 Service 父类。MyService.kt 完整代码如下：

```
class MyService : Service() {                                    ①
    override fun onBind(intent: Intent?): IBinder? {             ②
        return null
    }

    override fun onCreate() {
        Log.v(TAG, "调用MyService-onCreate函数...")
    }

    override fun onStartCommand(intent: Intent?, flags: Int, startId: Int): Int {  ③
        Log.v(TAG, "调用MyService-onStartCommand函数... startId = $startId")
        return super.onStartCommand(intent, flags, startId)
    }

    override fun onDestroy() {
        Log.v(TAG, "调用MyService-onDestroy函数...")
    }
}
```

图 15-3 启动类型服务实例

创建服务类需要继承 Service 类，见代码第①行。代码第②行为重写 onBind 函数，该函数返回 null。说明这是启动类型服务。有关绑定类型服务在 15.3 节介绍。代码第③行是重写 onStartCommand()函数，其中参数 startId 是启动请求 id，多次启动之间多次请求服务，虽然 onCreate()函数只调用一次，但是 onStartCommand() 函数会被多次调用，只是 startId 不同。

2. 注册服务类

在 AndroidManifest.xml 文件中注册服务，具体代码参考 15.1.1 节，此处不再赘述。

3. 启动组件代码

启动组件是一个活动，活动 MainActivity.kt 代码如下：

```
public class MainActivity extends AppCompatActivity {
    @Override
    protected void onCreate(Bundle savedInstanceState) {
        super.onCreate(savedInstanceState);
        setContentView(R.layout.activity_main);
        //创建2个按钮控制服务
        Button btnStart = (Button) findViewById(R.id.button_start);
        Button btnStop = (Button) findViewById(R.id.button_stop);
        btnStart.setOnClickListener(new View.OnClickListener() {
```

```
            @Override
            public void onClick(View v) {
                //通过 Intent 来启动服务
                Intent serviceIntent = new Intent(MainActivity.this, MyService.class);   ①
                startService(serviceIntent);                                              ②
            }
        });
        btnStop.setOnClickListener(new View.OnClickListener() {
            @Override
            public void onClick(View v) {
                //通过 Intent 来停止服务
                Intent serviceIntent = new Intent(MainActivity.this, MyService.class);   ③
                stopService(serviceIntent);                                               ④
            }
        });
    }
}
```

代码第①行是定义一个显式意图,这与启动活动一样。代码第②行通过 startService(serviceIntent)函数启动服务,serviceIntent 参数是传递服务的意图。

代码第③行也是定义一个显式意图,代码第④行 stopService(serviceIntent)函数是停止服务函数。

15.3 绑定类型服务

启动组件与服务之间是一种紧耦合的状态,客户端绑定服务成功后,就建立了连接,客户端就可以直接访问服务组件提供的公有函数了。

15.3.1 绑定类型服务生命周期

绑定类型服务生命周期如图 15-4 所示,了解其生命周期可以从以下两个不同角度进行分析。

1. 两个嵌套循环

服务生命周期,事实上包含了两个嵌套循环,根据自己的业务需要监控以下两个嵌套循环。

(1)整个生命周期循环。服务的整个生命周期发生在 onCreate()函数调用与 onDestroy()函数调用之间。客户端通过调用 bindService()函数创建服务,然后系统调用服务的 onCreate()函数,接着再调用 onBind()函数。所有的绑定全部解除,然后系统调用 onUnbind()函数,再调用 onDestroy()函数释放资源。

(2)有效生命周期循环。服务的有效生命周期循环发生在 onBind()函数开始到 onUnbind()函数结束。

2. 四个函数

服务生命周期中至少有以下四个函数。

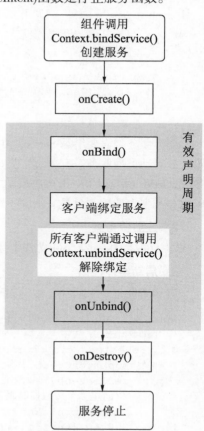

图 15-4 绑定类型服务生命周期

（1）onCreate()函数。绑定服务成功时调用该函数，在调用 onStartCommand()函数或 onBind()函数之前调用该函数。如果服务运行后，不再调用该函数。

（2）onBind()函数。绑定服务至关重要的函数，绑定服务成功，系统会调用该函数，该函数必须返回 IBinder 接口对象，该接口对象用于客户端与服务组件之间的通信。

（3）onUnbind()函数。所有客户端通过调用 unbindService()函数解除绑定，系统调用该函数。

（4）onDestroy()函数。所有客户端解除绑定，系统调用 onUnbind()函数后调用该函数。服务应该调用该函数来清理所有占用的资源。

15.3.2 实例：绑定类型服务

下面通过一个实例理解绑定类型服务生命周期，实例运行效果如图 15-5 所示，点击"调用服务中的方法"按钮，则会调用服务的公有函数，返回获得的日期对象，并通过 Toast 弹出日期信息。

1. 创建绑定服务

创建一个服务类 BinderService，它需要继承 Service 父类。BinderService.kt 完整代码如下：

图 15-5 绑定类型服务实例

```
class BinderService : Service() {

    //Binder 对象
    private val mBinder: IBinder = LocalBinder()        ①

    inner class LocalBinder : Binder() {                ②
        val service: BinderService                      ③
            get() {
                //返回服务对象
                return this@BinderService
            }
    }

    override fun onCreate() {
        Log.v(TAG, "调用 BinderService-onCreate 函数...")
    }

    override fun onBind(intent: Intent?): IBinder {     ④
        Log.v(TAG, "调用 BinderService-onBind...")
        return mBinder
    }

    override fun onUnbind(intent: Intent?): Boolean {
        Log.v(TAG, "调用 BinderService-onUnbind...")
        return super.onUnbind(intent)
    }

    override fun onDestroy() {
        Log.v(TAG, "调用 BinderService-onDestroy 函数...")
    }
```

```kotlin
    //服务中的公有方法
    fun getDate(): Date {                                                    ⑤
        return Date()
    }
}
```

代码第①行声明一个 Binder 对象,LocalBinder 是自定义内部类,该类实现 IBinder 接口,见代码第②行。LocalBinder 类中只有一个 service 属性,通过该属性可以返回 Binder 对象,见代码第③行。

代码第④行重写 onBind(intent: Intent)函数,其中的返回值是 Binder 对象。

代码第⑤行是服务中一些公有函数,这些公有函数就是暴露给其他组件调用的。

2. 注册服务类

在 AndroidManifest.xml 文件中注册服务,具体代码参考 15.1.1 节,这里不再赘述。

3. 客户端代码

绑定服务的客户端是一个活动,活动 MainActivity.kt 代码如下:

```kotlin
class MainActivity : AppCompatActivity() {

    //绑定的服务
    var mService: BinderService? = null

    //绑定状态
    var mBound = false
    override fun onCreate(savedInstanceState: Bundle?) {
        super.onCreate(savedInstanceState)
        setContentView(R.layout.activity_main)
        val btnCall = findViewById<Button>(R.id.button_call)

        //调用 BinderService 中的方法
        btnCall.setOnClickListener {
            //调用 BinderService 中的方法
            val date = mService?.getDate()
            //创建日期格式化对象
            val format = DateFormat.getDateTimeInstance(
                DateFormat.DEFAULT,
                DateFormat.SHORT,
                Locale.getDefault()
            )
            Toast.makeText(this,
                "获得日期: ${format.format(date)}",
                Toast.LENGTH_SHORT).show()
        }
    }

    override fun onStart() {
        super.onStart()
        //绑定 BinderService
        val intent = Intent(this, BinderService::class.java)
        bindService(intent, mConnection, Context.BIND_AUTO_CREATE)
```

```kotlin
    }

    override fun onStop() {

        super.onStop()
        //解除绑定BinderService
        if (mBound) {
            unbindService(mConnection)
            mBound = false
        }
    }

    private val mConnection: ServiceConnection = object : ServiceConnection {
        override fun onServiceConnected(className: ComponentName, service: IBinder ) {
            //强制类型转换 IBinder→BinderService
            val binder = service as LocalBinder
            mService = binder.service
            mBound = true
        }

        override fun onServiceDisconnected(arg0: ComponentName){
            mBound = false
        }
    }
}
```

```java
public class MainActivity extends AppCompatActivity {
    //绑定的服务
    BinderService mService;
    //绑定状态
    boolean mBound = false;
    @Override
    protected void onCreate(Bundle savedInstanceState) {
        super.onCreate(savedInstanceState);
        setContentView(R.layout.activity_main);
        Button btnCall = (Button) findViewById(R.id.button_call);

        btnCall.setOnClickListener(new View.OnClickListener() {
            @Override
            public void onClick(View v) {
                if (mBound) {
                    //调用BinderService中的函数
                    Date date = mService.getDate();                                            ①
                    Toast.makeText(MainActivity.this,
                            "Date: " + date.toString(), Toast.LENGTH_SHORT).show();
                }
            }
        });
    }
    @Override
```

```java
    protected void onStart() {                                              ②
        super.onStart();
        //绑定BinderService
        Intent intent = new Intent(this, BinderService.class);
        bindService(intent, mConnection, Context.BIND_AUTO_CREATE);         ③
    }
    @Override
    protected void onStop() {                                               ④
        super.onStop();
        //解除绑定BinderService
        if (mBound) {
            unbindService(mConnection);                                     ⑤
            mBound = false;
        }
    }
    private ServiceConnection mConnection = new ServiceConnection() {       ⑥
        @Override
        public void onServiceConnected(ComponentName className,
                                       IBinder service) {                   ⑦
            //强制类型转换 IBinder→BinderService
            BinderService.LocalBinder binder = (BinderService.LocalBinder) service;  ⑧
            mService = binder.getService();                                 ⑨
            mBound = true;
        }
        @Override
        public void onServiceDisconnected(ComponentName arg0) {             ⑩
            mBound = false;
        }
    };
}
```

代码第①行调用服务的公有函数，然后通过 Toast 展示返回的信息。

代码第②行重写活动的 onStart()函数，在该函数中绑定服务，代码第③行的 bindService(intent, mConnection, Context.BIND_AUTO_CREATE)是绑定服务，其中第一个参数是意图对象，该意图将传递给服务；第二个参数是客户端与服务的连接对象 ServiceConnection，第三个参数是绑定标志，常量 Context.BIND_AUTO_CREATE 表示绑定并自动创建服务对象。

代码第④行重写活动的 onStop()函数，其中代码第⑤行 unbindService(mConnection)语句是解除绑定。

代码第⑥行声明连接对象，由于 ServiceConnection 是一个接口，因此需要实现接口，代码第⑦行是连接建立时调用的函数，代码第⑩行是连接断开时候调用的函数。由于参数 service 是 IBinder 类型，代码第⑧行将参数 service 强制转换为 BinderService.LocalBinder 类型,能够转换成功是因为 BinderService.LocalBinder 实现 IBinder 接口，而且 service 也是 BinderService.LocalBinder 类的一个实例。代码第⑨行是从 Binder 对象中获得绑定的服务对象。

15.4　本章总结

本章介绍了服务组件技术，其中服务组件可以分为启动类型服务和绑定类型服务。

第 16 章 广播接收器

CHAPTER 16

作为 Android 五个常用组件（活动、服务、广播接收器、内容提供者和意图）之一，广播接收器（Broadcast Receiver）是非常重要的。广播接收器与服务和活动有机地结合在一起使用，构成了丰富的 Android 应用系统。这五个组件各有分工：广播接收器负责短时间处理任务；服务负责长时间处理任务；而活动负责界面显示；如果有数据共享可以使用内容提供者实现；由意图负责它们之间的调用。事实上 Android 应用就是由组件构成的。

本章重点介绍广播接收器以及通知（Notification）。

16.1 广播接收器概述

广播接收器主要职责就是在后台接收广播。这些广播相当于"触发器"，而广播接收器相当于"监听器"，广播是在整个系统范围查找广播接收器，能匹配上就可以触发广播接收器，这里的匹配当然是通过意图实现的。

在 Android 中有一些广播是系统发出的，例如时区改变，电池电量低了，照片已经被拍，语言习惯改变等。也有一些广播是自己的应用发出的，可以通过任何 Context 组件发送广播，Context 提供两种发送广播方式。

（1）标准广播（Normal Broadcast）。采用异步方式并行发送广播，可以同时发出多个广播，sendBroadcast()函数可以发送标准广播。

（2）有序广播（Ordered Broadcast）。采用同步方式串行发送广播，同一时刻只能接收一个广播，sendOrderedBroadcast()函数可以发送有序广播。

16.2 编写与注册广播接收器

广播接收器和服务被称为非 UI 组件、后台组件。与服务不同，广播接收器是为后台短时间的、少量的处理任务而设计的，它的响应处理时间很短；而服务是为后台长时间的、大量的处理任务而设计的，其响应时间比较长，一般还有多线程处理。广播接收器的最大特点是可以异步、跨进程（进程间）通信，一般情况下广播接收器接收到一个广播后，再启动一个服务，再由服务进行处理。

16.2.1 编写广播接收器

广播接收器必须继承 android.content.BroadcastReceiver 类，广播接收器 MyBroadcastReceiver.kt 代码如下：

```kotlin
class MyBroadcastReceiver : BroadcastReceiver() {
    override fun onReceive(context: Context?, intent: Intent?) {
        Toast.makeText(context, "您已经接收到了广播",
            Toast.LENGTH_LONG).show()
    }
}
```

从上述代码可见广播接收比较简单，首先编写的广播接收器类需要继承 BroadcastReceiver 父类，并需要重写 onReceive 函数，当接收到广播时则会触发该函数，参数 context 是广播接收器所在的上下文，参数 intent 是广播组件传递的意图对象。

16.2.2 注册广播接收器

与活动和服务一样，广播接收器使用前要进行注册，有以下两种方式可以注册广播接收器。

（1）静态注册。它是在 AndroidManifest.xml 文件中通过标签<receiver>注册的，与活动和服务一样可以带有过滤器，参考代码如下：

```xml
<?xml version="1.0" encoding="utf-8"?>
<manifest xmlns:android="http://schemas.android.com/apk/res/android"
    package="a51work6.com.brsample">

    <application
        android:allowBackup="true"
        android:icon="@mipmap/ic_launcher"
        android:label="@string/app_name"
        android:supportsRtl="true"
        android:theme="@style/AppTheme">
        <activity android:name=".MainActivity">
            <intent-filter>
                <action android:name="android.intent.action.MAIN" />

                <category android:name="android.intent.category.LAUNCHER" />
            </intent-filter>
        </activity>

        <receiver android:name=".MyBroadcastReceiver">                              ①
            <intent-filter>
                <action android:name="a51work6.com.brsample.MyBroadcastReceiver" />
            </intent-filter>
        </receiver>                                                                 ②

    </application>

</manifest>
```

代码第①、②行是注册广播接收器，并带有一个过滤器声明。

注意：Android 8.0 之后不再支持静态注册。

（2）动态注册。它是在程序中通过 registerReceiver 函数注册，注册的广播接收器如果不再接收广播时，需要通过 unregisterReceiver 函数注销。

注意：调用注册 registerReceiver() 函数和注销 unregisterReceiver() 函数，应该放置在组件（活动或服务）的两个相对应的生命周期函数中。例如在活动中，如果在 onResume() 函数中注册，就应该在 Activity.onPause() 函数中注销；如果在 onCreate() 函数中注册，就应该在 onDestroy() 函数中注销。

参考以下代码：

```
...
class MainActivity : AppCompatActivity() {

    ...
    override fun onCreate(savedInstanceState: Bundle?) {
        super.onCreate(savedInstanceState)
        ...

        val filter = IntentFilter()
        filter.addAction(ACTION_APP_INNER_BROADCAST)
        registerReceiver(mReceiver, filter)                              ①
    }

    override fun onDestroy() {
        super.onDestroy()
        unregisterReceiver(mReceiver)                                    ②
    }

}
```

代码第①行是注册广播接收器，其中还指定了意图过滤器。代码第②行是注销广播接收器。

16.2.3 实例：发送广播

发送广播是通过组件 sendBroadcast(Intent intent) 函数实现的，其中参数 intent 是意图，Android 系统根据意图查找广播。示例代码如下：

```
val intent = Intent()
intent.action = ACTION_APP_INNER_BROADCAST
//发送广播
sendBroadcast(intent)
```

下面通过一个实例介绍广播接收器以及发送广播，该实例界面如图 16-1 所示。

实例中活动 MainActivity.kt 完整代码如下：

```
…
class MainActivity : AppCompatActivity() {
    private var mReceiver1: BroadcastReceiver? = null      ①

    //声明内部广播
```

图 16-1　发送广播实例界面

```kotlin
    private val mReceiver2: BroadcastReceiver = object : BroadcastReceiver() {   ②
        override fun onReceive(context: Context, intent: Intent) {
            Toast.makeText(context, "您的内部广播接收器接收了广播",
                Toast.LENGTH_LONG).show()
        }
    }

    override fun onCreate(savedInstanceState: Bundle?) {
        super.onCreate(savedInstanceState)
        setContentView(R.layout.activity_main)

        mReceiver1 = MyBroadcastReceiver()                                        ③

        val filter1 = IntentFilter()                                              ④

        filter1.addAction(ACTION_APP_BROADCAST)                                   ⑤
        //注册广播接收器
        registerReceiver(mReceiver1, filter1)

        val filter2 = IntentFilter()
        filter2.addAction(ACTION_APP_INNER_BROADCAST)
        //注册内部广播器
        registerReceiver(mReceiver2, filter2)                                     ⑥

        //创建2个按钮控制服务
        val button1 = findViewById<Button>(R.id.button1)
        button1.setOnClickListener {
            val intent = Intent()
            intent.action = ACTION_APP_BROADCAST
            sendBroadcast(intent)                                                 ⑦
        }

        val button2 = findViewById<Button>(R.id.button2)
        button2.setOnClickListener {
            val intent = Intent()
            intent.action = ACTION_APP_INNER_BROADCAST
            sendBroadcast(intent)                                                 ⑧
        }
    }

    override fun onDestroy() {                                                    ⑨
        super.onDestroy()
        //注销广播接收器
        unregisterReceiver(mReceiver1)
        unregisterReceiver(mReceiver2)
    }
}
```

代码第①行声明广播接收器 mReceiver1 变量，代码第②行声明广播接收器 mReceiver2 变量，该变量通过对象表达式实现。代码第③行创建变量 mReceiver1。代码第④行创建过滤器对象，代码第⑤行为过滤器添加动作 ACTION_APP_BROADCAST，该动作是自定义的一个字符串。代码第⑥行注册广播接收器 mReceiver2。代码第⑦行和第⑧行用于发送广播。代码第⑨行重写活动的 onDestroy 函数，在该函数中注销不再使用的广播接收器。

16.3 系统广播

在 Android 中广播被普遍应用，例如时区改变，电池电量低了，照片已经被拍，语言习惯改变，SD 卡拔出和插入，耳机拔出和插入，系统启动等都会发出广播。

16.3.1 系统广播动作

如何判断是谁发出的广播呢？就是通过意图。从意图中的动作可以看出是哪个广播。常用意图中定义的意图动作见表 16–1。

表 16-1　定义的意图动作

意 图 动 作	说　　明
Intent.ACTION_TIME_TICK	时间改变时发出广播
Intent.ACTION_TIME_CHANGED	时间设置改变时发出广播
Intent.ACTION_TIMEZONE_CHANGED	时区改变时发出广播
Intent.ACTION_BOOT_COMPLETED	系统启动完成时发出广播
Intent.ACTION_PACKAGE_ADDED	一个新的应用包程序安装到设备上时发出广播
Intent.ACTION_PACKAGE_REMOVED	一个新的应用包程序从设备上卸载时发出广播
Intent.ACTION_BATTERY_CHANGED	电池电量变低，或电池的状态发生变化时发出广播
AudioManager.VIBRATE_SETTING_CHANGED_ACTION	手机震动设置改变时发出广播
AudioManager.RINGER_MODE_CHANGED_ACTION	手机铃声模式改变时发出广播
ConnectivityManager.CONNECTIVITY_ACTION	网络连接状态改变时发出广播
WifiManager.WIFI_STATE_CHANGED_ACTION	Wi-Fi连接状态改变时发出广播

提示：系统提供的意图动作大部分都是在 Intent 类中定义的，但也有一些意图动作是在自己的服务管理类中定义的，例如：CONNECTIVITY_ACTION 是在 ConnectivityManager 类中定义的。

16.3.2 实例：Downloader

下面通过一个实例（Downloader）介绍如何接收系统广播。Downloader 实例运行界面如图 16-2 所示，应用启动后，可以通过系统设置功能，断开或启动网络。通过这种方式触发系统广播，当应用收到系统广播后会弹出 Toast 对话框，同时广播接收器会启动下载功能的服务。服务运行输出日志如图 16-3 所示。

本例设计了一个广播接收器接收 Wi-Fi 连接状态变化广播，收到广播后，广播接收器启动一个服务，由服务负责下载数据，服务擅长处理这种比较耗时的任务。下载任务的启动是由多个组件调用实现的，时序图如图 16-4 所示。

图 16-2 Downloader 实例运行界面

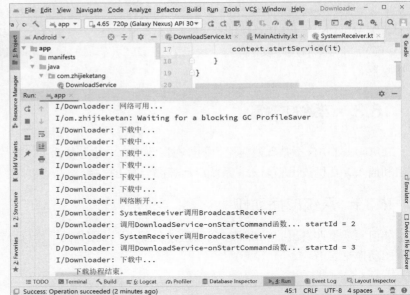

图 16-3 Downloader 实例日志

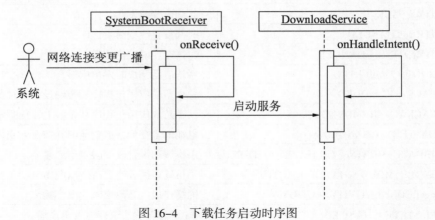

图 16-4 下载任务启动时序图

提示：由图 16-3 可见，接收系统广播、启动下载服务组件的过程并不涉及活动。但是由于 Android 8 之后不再支持静态注册广播接收器，只能进行动态注册广播接收器，因此本例采用动态广播接收器，需要使用活动。

注册广播接收器的活动 MainActivity.kt 代码如下：

```kotlin
class MainActivity : AppCompatActivity() {

    private var mReceiver = SystemReceiver()

    override fun onCreate(savedInstanceState: Bundle?) {
        super.onCreate(savedInstanceState)
        setContentView(R.layout.activity_main)
```

```kotlin
        //声明过滤器
        val filter = IntentFilter()

        filter.addAction("android.net.conn.CONNECTIVITY_CHANGE")        ①
        filter.addAction("android.net.conn.WIFI_STATE_CHANGED")         ②
        //注册广播接收器
        registerReceiver(mReceiver, filter)                             ③
    }

    override fun onDestroy() {
        super.onDestroy()
        //注销广播接收器
        unregisterReceiver(mReceiver)
    }
}
```

代码第①行为意图过滤器添加动作 android.net.conn.CONNECTIVITY_CHANGE，代码第②行为意图过滤器添加动作 android.net.conn.WIFI_STATE_CHANGED。Android 系统会根据这两个过滤器的动作找到广播接收器。代码第③行注册广播接收器。

广播接收器 SystemReceiver.kt 代码如下：

```kotlin
//定义广播类
class SystemReceiver : BroadcastReceiver() {

    override fun onReceive(context: Context, intent: Intent) {
        Log.i(TAG, "SystemReceiver 调用 BroadcastReceiver")
        Toast.makeText(context, "接收到系统广播...", Toast.LENGTH_LONG).show()
        //接收到系统广播,则启动下载服务
        val it = Intent(context, DownloadService::class.java)           ①
        context.startService(it)                                        ②
    }
}
```

广播接收器 SystemReceiver 代码很简单，代码第①行声明一个显式意图，代码第②行通过该意图启动 DownloadService 服务。

下载服务比较复杂，下面分两个步骤讲述。

1. 服务下载协程管理

下载服务的主要职责就是下载工作，为了防止阻塞主线程，本例使用协程管理下载任务，DownloadService.kt 相关代码如下：

```kotlin
...

//下载服务
class DownloadService : Service() {
    //控制协程停止变量
    private var isRunning = true                                        ①

...
```

```kotlin
        //下载工作函数
        fun downloadJob() {                                                     ②
            //IO 调度器
            val bgDispatcher: CoroutineDispatcher = Dispatchers.IO              ③

            //启动下载协程
            GlobalScope.launch(bgDispatcher) {                                  ④

                while (isRunning) {            //协程执行任务                    ⑤
                    delay(5000L)               //非阻塞延迟 5 秒                 ⑥
                    Log.i(TAG, "下载中...")

                    <下载代码>                                                   ⑦

                }
                Log.i(TAG, "下载协程结束。")

            }
        }
    }
```

代码第①行声明控制协程停止变量。代码第②行声明工作函数。代码第③行声明协程调度器，代码第④行启动下载协程，代码第⑤行循环执行协程下载任务，代码第⑥行用于延迟 5 秒时间，延迟时间要根据自己的业务需求调整。代码第⑦行是下载代码，目前还没有下载代码，读者可以根据需要添加相应代码。

2. 监控网络变化

监控网络变化需要使用 ConnectivityManager 类实现，DownloadService.kt 相关代码如下：

...

```kotlin
class DownloadService : Service() {
    //控制协程停止变量
    private var isRunning = true
    var connectivityManager: ConnectivityManager? = null                        ①

    private val networkCallback = object : ConnectivityManager.NetworkCallback() {  ②
        override fun onAvailable(network: Network) {                            ③
            super.onAvailable(network)
            Log.i(TAG, "网络可用...")
            //开始工作
            downloadJob()



        }

        override fun onLost(network: Network) {                                 ④
            super.onLost(network)
            Log.i(TAG, "网络断开...")
```

```kotlin
            isRunning = false
            // 停止工作

        }

    }


    override fun onBind(intent: Intent?): IBinder? {
        return null
    }


    override fun onCreate() {
        Log.d(TAG, "调用 DownloadService-onCreate 函数...")
        connectivityManager =
            this.getSystemService(Context.CONNECTIVITY_SERVICE) as
  ConnectivityManager                                                            ⑤


        val request = NetworkRequest.Builder()                                   ⑥
            .addTransportType(NetworkCapabilities.TRANSPORT_WIFI)                ⑦
            .addCapability(NetworkCapabilities.NET_CAPABILITY_INTERNET)          ⑧
            .build()
        //注册网络回调函数
        connectivityManager?.registerNetworkCallback(request, networkCallback)   ⑨
    }


    override fun onStartCommand(intent: Intent?, flags: Int, startId: Int): Int {
        Log.d(TAG, "调用 DownloadService-onStartCommand 函数... startId = $startId")

        return super.onStartCommand(intent, flags, startId)
    }


    override fun onDestroy() {
        connectivityManager?.unregisterNetworkCallback(networkCallback)          ⑩
        ...
    }
}
```

代码第①行声明 ConnectivityManager 类型属性 connectivityManager，用来监控网络变化。代码第②行创建网络变化回调对象，它是 ConnectivityManager.NetworkCallback 类型，代码第③行重写 NetworkCallback 回调函数对象的 onAvailable 函数，该函数会在网络连接时回调，代码第④行重写 NetworkCallback 回调函数对象的 onLost 函数，该函数会在网络连接断开时回调。

代码第⑤行通过 getSystemService 函数获得通知管理器 ConnectivityManager 对象。参数 CONNECTIVITY_

SERVICE 是指定服务名。代码第⑥~⑧行创建一个 NetworkRequest 对象，该对象用来设置监控网络的相关设置，其中第⑦行设置监控 Wi-Fi 网络，代码第⑧行设置网络监控是否可以访问互联网。

代码第⑨行注册网络监听回调函数。代码第⑩行注销网络监听回调函数。

最后还需要在清单文件 AndroidManifest.xml 中注册组件，代码如下：

```xml
<?xml version="1.0" encoding="utf-8"?>
<manifest xmlns:android="http://schemas.android.com/apk/res/android"
    package="com.zhijieketang">

    <application
        android:allowBackup="true"
        android:icon="@mipmap/ic_launcher"
        android:label="@string/app_name"
        android:roundIcon="@mipmap/ic_launcher_round"
        android:supportsRtl="true"
        android:theme="@style/Theme.HelloAndroid">
        <activity android:name=".MainActivity">
            <intent-filter>
                <action android:name="android.intent.action.MAIN" />

                <category android:name="android.intent.category.LAUNCHER" />
            </intent-filter>
        </activity>
        <service android:name=".DownloadService" />

    </application>

    <uses-permission android:name="android.permission.ACCESS_NETWORK_STATE" />①
    <uses-permission android:name="android.permission.ACCESS_WIFI_STATE" />    ②
</manifest>
```

代码第①行和第②行是在清单文件中给应用授权，使得应用可以访问网络状态，以及访问 Wi-Fi 状态。另外，需要注意的是，由于本例采用动态注册广播接收器，所以在清单文件中并没有相关的注册信息。

16.4 通知

使用服务和广播接收器时，没有界面，但是有时需要将一些信息反馈给用户或开发人员，可以采用 LogCat 日志、Toast 和通知（Notification）等多种形式。其中，LogCat 日志是给应用开发人员的，用户无法看到这些信息，而 Toast 和通知是给用户的，LogCat 是不能保持状态的，而通知是可以的。

发送通知实例：NotificationSample

下面通过一个实例熟悉通知，实例运行界面如图 16-5 所示，用户点击图 16-5（a）所示 "发送通知" 按钮，3 秒后通知到达，会在状态栏中出现小图标，如图 16-5（b）所示。下拉控制中心如图 16-5（c）所示，会看到全部的通知信息，可以包括大小图标、标题和内容等，如果设置了通知详细信息内容，可以点击 "通知" 按钮，则跳转到消息内容，如图 16-5（d）所示。

（a）点击"发送通知"按钮　　（b）状态栏小图标　　（c）下拉控制中心　　（d）通知详情界面

图 16-5　发送通知实例运行界面

该实例代码比较复杂，以下分几个步骤讲述。

1. 创建通道

Android 8 之后所有通知都必须分配到相应的通道。创建通道代码是在 MainActivity.kt 文件中的 createNotificationChannel 函数中实现的，相关代码如下：

```kotlin
//创建通道函数
private fun createNotificationChannel() {
    //创建通道
    val name = getString(R.string.channel_name)
    val descriptionText = getString(R.string.channel_description)
    val importance = NotificationManager.IMPORTANCE_DEFAULT            ①

    //创建通道对象 NotificationChannel
    val mChannel = NotificationChannel(CHANNEL_ID, name, importance)   ②
    mChannel.description = descriptionText

    val notificationManager =
        getSystemService(Context.NOTIFICATION_SERVICE) as NotificationManager  ③
    //注册通道
    notificationManager.createNotificationChannel(mChannel)            ④
```

2. 创建通知

创建通知代码是在 MainActivity.kt 文件中的 createNotificationChannel 函数中实现的，相关代码如下：

```kotlin
//创建通知函数
private fun createNotification(): Notification {


    //设置点击"通知"后所打开的详细界面
    val pendingIntent = PendingIntent.getActivity(this, 0,             ①
        Intent(this, NotificationActivity::class.java), 0)
    //创建通知
```

```
            val builder = NotificationCompat.Builder(this, CHANNEL_ID)         ②
                .setSmallIcon(android.R.drawable.ic_lock_idle_alarm)           ③
                .setContentTitle("通知发送人")
                .setContentText("我是详细的通知")
                .setPriority(NotificationCompat.PRIORITY_HIGH)
                .setContentIntent(pendingIntent)
                .setAutoCancel(true)                                           ④

            //返回通知
            return builder.build()                                             ⑤
        }
```

代码第①行创建一个未来执行的意图，它是点击"通知"按钮后所打开的详细内容。PendingIntent 就是一个未来执行意图的描述，可以把该描述交给别的组件，别的组件根据该描述在后面的时间里做一些事情。意图通常用于马上处理的事情，而 PendingIntent 通常用于未来处理的事情。对象 PendingIntent 可以通过以下静态函数获得。

（1）PendingIntent.getActivity(Context context, int requestCode, Intent intent, int flags)，可以用来调用活动组件。

（2）PendingIntent getBroadcast (Context context, int requestCode, Intent intent, int flags)，可以用来调用广播通知组件。

（3）PendingIntent getService (Context context, int requestCode, Intent intent, int flags)，可以用来调用服务组件。

其中的参数含义都是一样的，具体如下：

（1）context 是 Content 上下文对象。

（2）requestCode 是请求编码（code）。

（3）Intent 对象描述将来要处理的任务，在本例中设置为 null，这是不希望它未来做什么任务。

（4）flags 标志可以指明 PendingIntent 的行为模式，默认是 0。

代码第②行创建通知的创建器（Builder）对象，Builder 对象采用 Fluent Interface（流接口）编程风格，通过一系列的 setXXX 函数实现，这种风格在对话框控件中用到。代码第③、④行是通过一系列的 setXXX 函数实现设置通知的。代码第⑤行 builder.build()表达式通过调用创建器对象的 build()函数创建通知对象。

3. 发送通知

发送通知代码如下：

```
val btnSend = findViewById<Button>(R.id.notify)
btnSend.setOnClickListener {

    //创建通道
    createNotificationChannel()
    //创建通知
    val notification = createNotification()
    //发送通知
    val notificationManager =
        getSystemService(Context.NOTIFICATION_SERVICE) as NotificationManager

    notificationManager.notify(NOTIFY_ME_ID, notification)                     ①
```

```
        Log.i(TAG, "发送通知")
}
```

代码第①行通过管理器对象 notificationManager 的 notify 函数发送通知。

4. 清除通知

清除通知代码如下：

```
val btnClear = findViewById<Button>(R.id.cancel)

btnClear.setOnClickListener {
    val notificationManager =
        getSystemService(Context.NOTIFICATION_SERVICE) as NotificationManager
    //取消显示在通知列表中的指定通知
    notificationManager.cancel(NOTIFY_ME_ID)                                              ①
    Log.i(TAG, "取消通知")
}
```

代码第①行通过管理器对象 notificationManager 的 cancel 函数清除通知。函数的参数是通知的序号，该序号是整数即可，不要与其他通知重复。

16.5 本章总结

本章介绍了广播和通知等技术，其中广播组件与服务组件往往配合使用，当接收到一个广播后，如果是需要长时间处理的任务会启动一个服务。广播没有界面，如果要给用户一些反馈信息可以通过通知实现，通知是可以保存的，而且点击"通知"按钮可以调用其他组件。

第 17 章 多媒体开发

CHAPTER 17

以娱乐为主的 Android、iPhone 等移动设备中，多媒体开发占很大比重，随着移动设备硬件性能的提高和外部存储容量的增加，高质量音频文件和视频文件的播放和存储都不是问题了，能否开发出功能完善、高质量播放软件等就交给了软件本身。通过本章的学习读者可以开发音频和视频应用。

17.1 多媒体文件概述

Android 作为移动设备操作系统，当然要对多媒体有很好的支持，多媒体文件有很多种格式，大体上分为音频文件和视频文件，两种多媒体文件有很大差别。

17.1.1 音频文件

音频文件主要存放音频数据信息，音频文件在录制的过程中把声音信号通过音频编码，变成音频数字信号保存到某种格式文件中。在播放过程中再对音频文件解码，解码出的信号通过扬声器等设备就可以转成声波。音频文件在编码过程中数据量很大，所以有的文件格式对于数据进行了压缩，因此音频文件可以分为两种格式：无损压缩和有损压缩。无损压缩格式是非压缩数据格式，文件很大，一般不适合移动设备，例如 WAV、AU、APE 等文件；有损压缩格式对于数据进行压缩，压缩后丢掉了一些数据，例如 MP3、WMA（Windows Media Audio）等文件。

1. WAV文件

WAV 文件是目前流行的无损压缩格式。WAV 文件的格式灵活，可以存储多种类型的音频数据。由于文件较大，不太适合于移动设备这些存储容量小的设备。

2. MP3文件

MP3（MPEG Audio Layer 3）格式文件现在非常流行，是一种有损压缩格式，它尽可能地去掉人耳无法感觉的部分和不敏感的部分。MP3 将数据以 1∶10 甚至 1∶12 的压缩率，压缩成容量较小的文件，非常适合移动设备这些存储容量小的设备。

3. WMA文件

WMA 格式文件是微软发布的，也是有损压缩格式。它与 MP3 格式不分伯仲。在低比特率渲染情况下，WMA 格式显示出比 MP3 更多的优点，压缩率比 MP3 更高、音质更好，但是在高比特率渲染情况下，MP3 还是占有优势。

17.1.2 视频文件

视频文件主要用于存放视频数据信息，视频数据量要远远大于音频数据量，而且视频编码和解码算法非常复杂，因此早期的计算机由于 CPU 处理能力差，要采用视频解压卡硬件支持，视频采集和压缩也要采用硬件卡。按照视频来源，视频文件可以分为两种：本地视频文件和网络流媒体视频文件。本地视频文件是将视频文件放在本地播放，因此速度快、画质好，例如 AVI、MPEG、MOV 等文件；网络流媒体视频文件来源于网络，不需要存储，广泛应用于视频点播、网络演示、远程教育、网络视频广告等互联网信息服务领域，例如 ASP、WMV、RM、RMVB、3GP 等文件。

1. AVI文件

AVI 是音频视频交错(Audio Video Interleaved)的英文缩写，它是微软公司开发的一种符合 RIFF 文件规范的数字音频与视频文件格式，是将音频与视频同步组合在一起的文件格式。它对视频文件采用了一种有损压缩方式，但压缩率比较高，画面质量不是太好。

2. MOV文件

MOV 文件为 QuickTime 影片格式，它是 Apple 公司开发的一种音频、视频文件格式，用于存储常用数字媒体类型。MOV 格式文件是以轨道的形式组织起来的，一个 MOV 格式文件结构中可以包含很多轨道。MOV 格式文件画面效果较 AVI 格式稍微好一些。

3. WMV文件

WMV 是微软公司推出的一种流媒体文件格式。在同等视频质量下，WMV 文件格式的体积非常小，因此很适合在网上播放和传输。可是由于微软本身的局限性，使 WMV 的应用发展并不顺利。首先，它是微软公司的产品，必定要依赖 Windows 以及 PC，起码要有 PC 的主板，这就增加了机顶盒的造价，从而影响了视频广播点播的普及。其次，WMV 技术的视频传输延迟要十几秒。

4. RMVB文件

RMVB 是一种视频文件格式，RMVB 中的 VB 指可改变的比特率（Variable Bit Rate），它打破了压缩的平均比特率，降低静态画面下的比特率达到优化整个影片中比特率，提高效率，节约资源的目的。RMVB 在保证文件清晰度的同时具有体积小巧的特点。

5. 3GP文件

3GP 是一种 3G 流媒体的视频编码文件格式，主要是为了配合 3G 网络的高传输速度而开发的，也是手机中的一种视频格式。3GP 使用户能够发送大量的数据到移动电话网络，从而传输大型文件。它是新的移动设备标准格式，应用在手机、PSP 等移动设备上，优点是文件体积小、移动性强，适合移动设备使用；缺点是在 PC 上兼容性差，支持软件少，且播放质量差、帧数低，较 AVI 等文件格式差很多。

17.2 Android 音频/视频播放 API

音频和视频的播放要调用底层硬件，实现播放、暂停、停止和快进退等功能，在硬件层基础之上是框架层，框架层音频和视频播放采用 C 和 C++语言编程，比较复杂，这里不需要修改框架层，掌握应用层 API 开发音频和视频播放应用程序已经足够了。

17.2.1 核心 API——MediaPlayer 类

音频和视频播放核心 API 是 android.media.MediaPlayer 类，MediaPlayer 中与播放有关的函数有如下 6 个。

（1） pause()函数。暂停播放函数。
（2） start()函数。开始播放函数。
（3） stop()函数。停止播放函数。
（4） prepare()函数。同步预处理函数，适用于本地文件播放。
（5） prepareAsync()函数。异步预处理函数，适用于网络文件播放。
（6） reset()函数。在未知状态下调用该函数进入闲置（Idle）状态，如果已经创建了 MediaPlayer 对象，当再次播放时使用该函数，不用再创建 MediaPlayer 对象，这样会节省系统开销。

此外，还有些播放中常用的函数如下。

（1） seekTo(int n)函数。跳到 n 毫秒播放。
（2） getCurrentPosition()函数。获得当前多媒体文件播放到第 n 毫秒处。
（3） getDuration()函数。获得整个多媒体文件播放需要的全部时间（以毫秒为单位）。
（4） getVideoWidth()函数。获得视频文件的宽度，用于视频播放。
（5） getVideoHeight()函数。获得视频文件的高度，用于视频播放。
（6） setAudioStreamType()函数。设置音频输出格式，用于音频录制。
（7） setLooping()函数。设置循环播放。
（8） setVolume()函数。设置音量。
（9） release()函数。有关 MediaPlayer 资源被释放。

17.2.2 播放状态

音频和视频播放的重点是播放状态和状态转移，如图 17-1 所示为 Android 音频/视频播放状态。
Android 音频/视频播放有如下 10 种状态。

（1） Idle（闲置）。闲置状态是在创建 MediaPlayer 对象和调用 reset()函数后进入这种状态的，在这种状态，多媒体文件还没有加载，因此不能调用 start()、stop()、pause()和 prepare()播放函数。

（2） Initialized（初始化）。闲置状态通过调用 setDataSource()函数进入初始化状态，setDataSource()函数可以加载多媒体文件，这些文件可以是本地多媒体文件也可以是网络多媒体文件，如果多媒体文件不存在或损害，都会抛出异常。

（3） Prepared（预处理完成）。多媒体文件播放之前必须完成预处理才能播放，如果采用同步播放函数，在初始化状态调用 prepare()函数进入该状态。但如果是异步播放函数，需要在初始化状态调用 prepareAsync()函数进入 Preparing（预处理中）状态，再进入预处理完成状态。

（4） Preparing（预处理中）。是在异步调用时特有状态，网络多媒体文件由于受网络环境的影响导致预处理时间较长，因此会有这种状态。

（5） Started（开始）。开始状态调用 start()函数开始播放，可以调用 seekTo(int n)函数跳到 n 毫秒播放。

（6） Paused（暂停）。开始状态调用 pause()函数进入暂停状态，在暂停状态中可以调用 start()函数回到播放状态，可以调用 seekTo(int n)函数跳到 n 毫秒处。

（7） Stopped（停止）。可以在预处理完成、开始、暂停和播放完成（PlaybackCompleted）状态下调用 stop()

函数进入停止状态。在停止状态下，如果同步播放可调用 prepare()函数进入预处理完成状态；如果异步播放可调用prepareAsync()函数进入该预处理中状态。

（8）播放完成（PlaybackCompleted）。如果多媒体文件播放正常结束，可以进入两种状态：当循环播放模式设置为 true 时，保持 Started（开始）状态不变；当循环播放模式设置为 false 时，onCompletionListener.onCompletion()函数会被调用，进入播放完成状态。当处于播放完成状态时，再次调用 start()函数，将重新进入开始状态。

（9）Error（错误）。错误状态会在多媒体文件加载、播放过程中以及读取多媒体文件属性过程中发生错误时触发 OnErrorListener.onError()函数，进入错误状态。

（10）End（结束）。在多种状态时调用 release()函数进入结束状态，结束状态后，还要播放多媒体文件就要重新播放，不能使用 reset()函数，使用 reset()函数会引发异常，必须使用 new 创建。

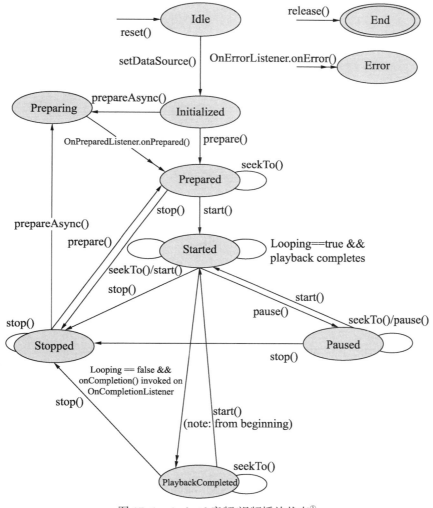

图 17-1　Android 音频/视频播放状态[①]

---

① 引自于 Android 官方文档。

17.3 音频播放实例：MyAudioPlayer

按照音频文件来源不同，音频播放可以分为资源音频文件播放、本地音频文件播放和网络音频文件播放。下面通过一些实例介绍音频文件的播放过程。实例运行界面如图 17-2（a）所示，此时没有播放音频，可能处于空闲、暂停或停止状态，如果用户点击"播放"按钮开始播放，"播放"按钮图标变为"暂停"按钮，如图 17-2（b）所示，此时处于播放状态。无论在哪个状态下用户点击"停止"按钮都会马上停止播放。

（a）空闲、暂停或停止状态

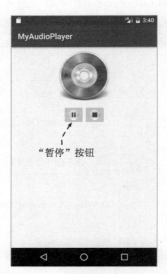
（b）播放状态

图 17-2　实例运行界面

17.3.1 资源音频文件播放

资源音频文件是放在资源目录/res/raw 下的，然后发布时被打包成 APK 包一起安装在手机上。很显然这种方式不适用于播放以娱乐为主的多媒体文件，由于用于娱乐的多媒体文件是经常更新的，而放置在 raw 目录下的文件，用户只有读权限，不能更新，因此这种方式一般用于应用自带的一些音频和视频播放，如按键音、开机启动音、信息提示音等，以及游戏类型应用的音效或背景音乐等。

播放资源音频文件时，需要通过 create()函数创建 MediaPlayer 对象：

`MediaPlayer create (Context context, int resid)`。

其中，resid 为资源文件 id。

提示：默认情况下，使用 Android Studio 工具创建工程，res 目录下没有 raw 目录，开发人员可以在资源管理器下 res 目录下创建一个 raw 目录，或者使用 Android Studio 提供的功能创建 raw。使用 Android Studio 工具创建过程是：打开 Android Studio 主界面，右击，在弹出菜单中选择 New → Android resource directory 命令，弹出"新建资源目录"对话框，如图 17-3 所示，在 Resource type 下拉列表中选择 raw 选项，然后单击 OK 按钮确认添加。

图 17-3 "新建资源目录"对话框

下面看看播放资源音频文件的代码，MainActivity.kt 代码如下：

```kotlin
class MainActivity : AppCompatActivity() {
    //"播放"按钮
    private var play: ImageButton? = null

    //"暂停"按钮
    private var stop: ImageButton? = null

    //播放器对象
    private var mMediaPlayer: MediaPlayer? = null

    //当前状态
    private var state = IDLE
    override fun onCreate(savedInstanceState: Bundle?) {
        super.onCreate(savedInstanceState)
        setContentView(R.layout.activity_main)

        //初始化"播放"按钮
        play = findViewById(R.id.play)
        play!!.setOnClickListener {                                             ①
            if (state == PLAYING) {
                pause()
            } else {
                start()
            }
        }

        //初始化"停止"按钮
        stop = findViewById(R.id.stop)
```

```kotlin
            stop!!.setOnClickListener { stop() }                               ②
        }

        //暂停
        private fun pause() {                                                  ③
            mMediaPlayer!!.pause()
            state = PAUSE
            play!!.setImageResource(R.mipmap.play)
        }

        //开始
        private fun start() {                                                  ④
            if (state == IDLE || state == STOP) {
                play()
            } else if (state == PAUSE) {
                mMediaPlayer!!.start()
                state = PLAYING
            }
            play!!.setImageResource(R.mipmap.pause)
        }

        //停止
        private fun stop() {                                                   ⑤
            mMediaPlayer!!.stop()
            state = STOP
            play!!.setImageResource(R.mipmap.play)
        }

        //播放
        private fun play() {                                                   ⑥
            try {
                if (mMediaPlayer == null || state == STOP) {                   ⑦
                    //创建 MediaPlayer 对象并设置 Listener
                    mMediaPlayer = MediaPlayer.create(this, R.raw.ma_mma)      ⑧
                    mMediaPlayer!!.setOnPreparedListener(listener)             ⑨
                } else {
                    //复用 MediaPlayer 对象
                    mMediaPlayer!!.reset()
                }
            } catch (e: Exception) {
                e.printStackTrace()
            }
        }

        //MediaPlayer 进入 prepared 状态开始播放
        private val listener = OnPreparedListener {                            ⑩
            mMediaPlayer!!.start()
            state = PLAYING
        }
```

```kotlin
    override fun onDestroy() {
        super.onDestroy()
        //Activity销毁后，释放播放器资源
        if (mMediaPlayer != null) {
            mMediaPlayer!!.release()
            mMediaPlayer = null
        }
    }
}
```

上述代码比较复杂，下面分成播放、暂停和停止过程介绍。

1. 播放过程

播放过程如图17-4所示，代码第①行为用户点击"播放"按钮或"暂停"按钮事件处理，如果 state == PLAYING 为 false，即当前没有播放音频，则调用代码第④行定义的 start()函数。在 start()函数中判断 state == IDLE || state == STOP 为 true，则调用代码第⑥行定义的 play()函数。在 play()函数中判断 mMediaPlayer == null || state == STOP 为 true，则通过代码第⑧行的 MediaPlayer.create(this, R.raw.ma_mma)创建 MediaPlayer 对象，函数第二个参数 R.raw.ma_mma 是音频资源文件 id。代码第⑨行 mMediaPlayer.setOnPreparedListener(listener) 注册预处理监听器，其中 listener 是在代码第⑩行定义。代码第⑩行创建 MediaPlayer.OnPreparedListener 监听器对象，需要重新调用 onPrepared()函数，在预处理完成之后系统会回调 onPrepared()函数，开发人员应该在这里调用 mMediaPlayer.start()语句开始播放音频。最后将当前状态变量 state 设置为 PLAYING。

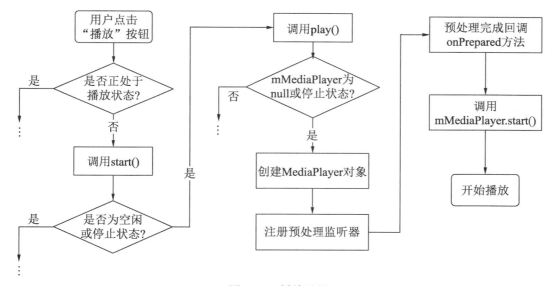

图 17-4　播放过程

2. 暂停过程

暂停过程如图17-5所示，代码第①行为用户点击"播放"按钮或"暂停"按钮事件处理，如果 state == PLAYING 为 false，即当前没有播放音频，则调用代码第④行定义的 pause()函数。在 pause()函数中通过 mMediaPlayer.pause()语句暂停播放，然后将当前状态变量 state 设置为 PAUSE。

3. 停止过程

停止过程如图 17-6 所示，代码第②行为用户点击"停止"按钮事件处理，则调用代码第⑤行定义的 stop()函数。在 stop()函数中通过 mMediaPlayer.stop()语句停止播放，然后将当前状态变量 state 设置为 STOP。

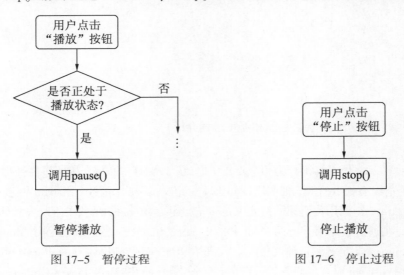

图 17-5　暂停过程　　　　图 17-6　停止过程

17.3.2　本地音频文件播放

本地音频文件是指放在 Android 系统的外部存储设备（如 SD 卡）和内部设备上的文件，音频文件放 SD 卡比较方便，容易更新，适合以娱乐为主的应用系统。

资源音频文件和本地音频文件播放的差别就在于创建 MediaPlayer 对象函数不同，本地音频文件通过调用构造函数 MediaPlayer()创建对象，然后通过 MediaPlayer.setDataSource(path)函数设置本地音频文件路径，还需要调用 MediaPlayer.prepare()进行预处理。

下面分几个步骤介绍。

1. 播放多媒体文件

播放多媒体文件代码通过 MainActivity.kt 中 play()函数实现，相关代码如下：

```kotlin
//播放
private fun play() {

    val sdCardDir = getExternalFilesDir(Environment.DIRECTORY_DOCUMENTS)         ①
    val path = "${sdCardDir?.path}/ma_mma.mp3"                                   ②
    try {
        if (mMediaPlayer == null || state == STOP) {                             ③
            //创建 MediaPlayer 对象并设置 Listener
            mMediaPlayer = MediaPlayer()
            mMediaPlayer!!.setOnPreparedListener(listener)                       ④
        } else {
            //复用 MediaPlayer 对象
            mMediaPlayer!!.reset()
        }
        mMediaPlayer!!.setDataSource(path)                                       ⑤
```

```
            mMediaPlayer!!.prepare()                                                    ⑥
    } catch (e: java.lang.Exception) {
        Toast.makeText(this, "没有Mp3文件,请先导入", LENGTH_LONG).show()
    }
}

//MediaPlayer 进入 prepared 状态开始播放
private val listener = OnPreparedListener {                                             ⑦
    mMediaPlayer!!.start()
    state = PLAYING
}
```

代码第①行获得 SD 卡中的文档目录（Documents）。getExternalFilesDir()函数可以获得手机的外部存储设备，SD 卡属于外部存储设备。外部存储设备有很多子目录，其中 Environment.DIRECTORY_DOCUMENTS 参数可以获得其中打开的设备浏览器，如图 17-7 所示，Documents 目录位置是 sdcard/Android/data/com.zhijieketang/files/Documents。

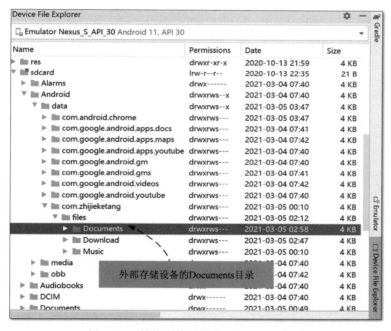

图 17-7　外部存储设备的 Documents 目录

2. 在模拟器中创建SD卡

学习该实例需要在模拟器中创建虚拟的 SD 卡，可以在创建模拟器时创建并设置 SD 卡，也可以创建后再修改，修改过程如图 17-8 所示，打开显示模拟器的高级设置项目，然后在如图 17-9 所示的设置项目中找到 SD 卡相关设置，可以修改 SD 卡大小，默认是 512MB。

3. 将MP3文件导入SD卡

需要将 MP3 文件导入 SD 卡，可以在设备浏览器中选中 Documents 目录，右击，在弹出的菜单中选中 Uploaded 命令，然后在计算机上选择要上传的 MP3 文件，即可导入文件到 SD 卡中。

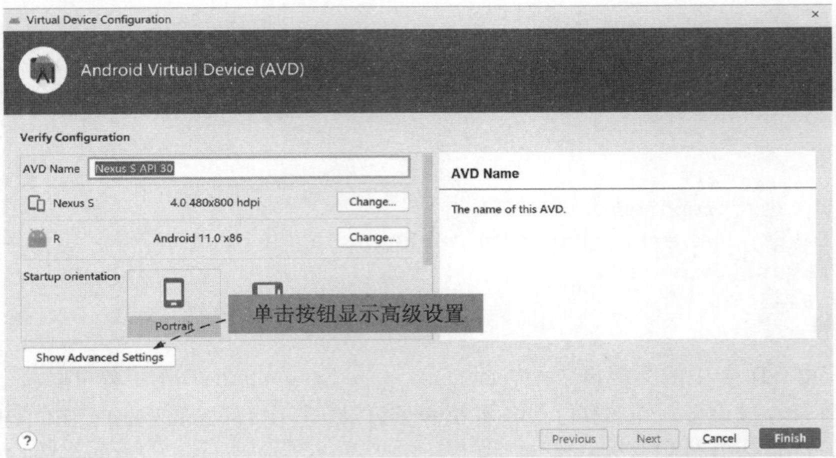

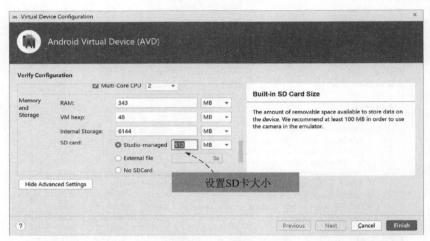

图 17-8 显示高级设置

图 17-9 设置 SD 卡

注意：由于实例没有运行，看不到 Documents 目录，可以先运行该案例，然后再导入文件到模拟器。由于没有 MP3 文件，所以第一次运行该实例时，应用会弹出 Toast 提示框，如图 17-10 所示。

4. 设置SD卡读取权限

首先需要在清单文件 AndroidManifest.xml 中添加读取外部存储设备权限 android.permission.READ_EXTERNAL_STORAGE，AndroidManifest.xml 代码如下：

```
<?xml version="1.0" encoding="utf-8"?>
<manifest xmlns:android="http://schemas.android.com/apk/res/android"
    package="a51work6.com.myaudioplayer">

    <application
        android:allowBackup="true"
        android:icon="@mipmap/ic_launcher"
        android:label="@string/app_name"
        android:supportsRtl="true"
        android:theme="@style/AppTheme">
```

```xml
        <activity android:name=".MainActivity">
            <intent-filter>
                <action android:name="android.intent.action.MAIN" />

                <category android:name="android.intent.category.LAUNCHER" />
            </intent-filter>
        </activity>
    </application>

    <uses-permission android:name="android.permission.READ_EXTERNAL_STORAGE"/>

</manifest>
```

还需要获得运行时权限，获得权限的代码封装在 checkPermissions() 函数中，代码如下：

```kotlin
//核对权限，并请求授权
fun checkPermissions() {
    //1.检查是否具有权限
    if (checkSelfPermission(Manifest.permission.READ_EXTERNAL_STORAGE)
            != PackageManager.PERMISSION_GRANTED ) {
        //请求的权限集合
        val permissions = arrayOf(
            Manifest.permission.READ_EXTERNAL_STORAGE,
        )
        //2.请求授权，弹出对话框
        requestPermissions(permissions, 0)
    }
}
```

实例运行时会弹出如图 17-11 所示对话框，点击"允许"按钮授权该应用访问外部存储设备。

图 17-10　提示没有 MP3 文件

图 17-11　读取外部存储设备授权

17.4　Android 音频/视频录制 API

音频和视频录制是移动设备娱乐性的一个亮点，本书主要介绍音频录制，重点掌握使用应用层 API 开发音频录制应用程序。

音频和视频技术核心 API 是 MediaRecorder 类，MediaRecorder 可以对应音频和视频录制，MediaRecorder 中与状态转移有关的函数有以下 4 个。

（1）start()函数。开始录制音频/视频函数。

（2）stop()函数。停止录制音频/视频函数。

（3）prepare()函数。预处理函数。

（4）reset()函数。在未知状态下调用该函数进入闲置（Idle）状态，如果已经创建了 MediaRecorder 对象，当再次录制时使用该函数，不要再创建 MediaRecorder 对象，这样会节省系统开销。

此外，播放中常用以下 7 个函数。

（1）setAudioSource ()函数。设置录制的声音源。

（2）setVideoSource ()函数。设置录制的视频源。

（3）setOutputFormat ()函数。设置录制的音频/视频输出格式，要与 setAudioSource 和 setVideoSource 保持一致。

（4）setAudioEncoder ()函数。设置音频解码方式。

（5）setVideoEncoder()函数。设置视频解码方式。

（6）setOutputFile ()函数。设置录制的音频/视频文件路径。

（7）release()函数。有关 MediaRecorder 资源被释放。

17.5　音频录制实例：MyAudioRecorder

下面通过实例介绍音频录制过程。实例运行界面如图 17-12（a）所示，没有开始录制音频时，处于空闲状态；点击"录制"按钮开始录制，进入录制状态，如图 17-12（b）所示，再点击"停止"按钮停止录制，此时界面如 17-12（a）所示，停止之后应用会马上播放刚刚录制的音频。

（a）空闲状态　　　　　　　　　　（b）录制状态

图 17-12　实例运行界面

下面分几个步骤介绍。

1．音频录制

音频录制相关代码如下：

```kotlin
…
    //录制音频文件
    private fun record() {

        val sdCardDir = getExternalFilesDir(Environment.DIRECTORY_DOCUMENTS)
        //获得当前时间
        val now = Date()
        recFile = "${sdCardDir?.path}/${now.time}.mp3"                          ①
        try {
            if (recorder == null) recorder = MediaRecorder()                    ②
            //设置输入为麦克风
            recorder!!.setAudioSource(MediaRecorder.AudioSource.MIC)            ③
            //设置输出文件格式
            recorder!!.setOutputFormat(MediaRecorder.OutputFormat.DEFAULT)      ④
            //音频的编码采用AMR
            recorder!!.setAudioEncoder(MediaRecorder.AudioEncoder.AMR_NB)       ⑤
            recorder!!.setOutputFile(recFile)                                   ⑥
            recorder!!.prepare()                                                ⑦
            recorder!!.start()                                                  ⑧
            state = RECORDING
        } catch (e: Exception) {
            e.printStackTrace()
        }
        record!!.setImageResource(R.mipmap.stop)
    }

    //停止音频录制
    private fun stop() {
        //停止录音，释放recorder对象
        if (recorder != null) {
            recorder!!.stop()                                                   ⑨
            recorder!!.release()                                                ⑩
        }
        recorder = null
        state = IDLE
        record!!.setImageResource(R.mipmap.record)

        //录制完成之后马上播放
        play(recFile!!)
    }
    <省略播放音频代码>
…
}
```

代码第①行获得录制文件的路径和文件名，保存的文件还是存放到外部存储设备中的 Document 目录中。文件命名是当前系统时间，文件类型是 MP3 文件。代码第②行实例化 MediaRecorder 对象。代码第③行设置音频输入源，MediaRecorder.AudioSource.MIC 指音频输入源是麦克风。代码第④行设置输出文件的格式。代码第⑤行设置音频编码方式，MediaRecorder.AudioEncoder.AMR_NB 采用 AMR 编码，AMR 主要用于移动设备的音频，压缩率比较大，但相对其他压缩格式质量比较差。代码第⑥行设置输出的文件路径。代码第⑦行调用 recorder.prepare()函数，预处理音频录制器 MediaRecorder 对象。代码第⑧行调用 recorder.start()开始录制。代码第⑨行 recorder.stop()停止录制。代码第⑩行调用 recorder.release()函数释放 MediaRecorder

对象所占用的资源。

2. 设置权限

本实例需要的权限有很多，包括外部存储设备读写权限和音频录制权限等。首先需要在清单文件 AndroidManifest.xml 中添加权限，代码如下：

```xml
<uses-permission android:name="android.permission.WRITE_EXTERNAL_STORAGE" />
<uses-permission android:name="android.permission.READ_EXTERNAL_STORAGE" />
<uses-permission android:name="android.permission.RECORD_AUDIO" />
```

其次，还需要获得运行时权限，获得权限的代码封装在 checkPermissions 函数中，代码如下：

```kotlin
//核对权限，并请求授权
fun checkPermissions() {
    //1.检查是否权限
    if (checkSelfPermission(Manifest.permission.WRITE_EXTERNAL_STORAGE)
        != PackageManager.PERMISSION_GRANTED
        || checkSelfPermission(Manifest.permission.RECORD_AUDIO)
        != PackageManager.PERMISSION_GRANTED
        || checkSelfPermission(Manifest.permission.READ_EXTERNAL_STORAGE)
        != PackageManager.PERMISSION_GRANTED
    ) {
        //请求的权限集合
        val permissions = arrayOf(
            Manifest.permission.WRITE_EXTERNAL_STORAGE,
            Manifest.permission.RECORD_AUDIO,
            Manifest.permission.READ_EXTERNAL_STORAGE,
        )
        //2.请求授权，弹出对话框
        requestPermissions(permissions, 0)
    }
}
```

提示：如果在模拟器中测试示例时，需要开发虚拟麦克风，需要打开模拟器控制面板，如图 17-13 所示开启虚拟麦克风，将用于开发的计算机的音频输入作为模拟器的麦克风。

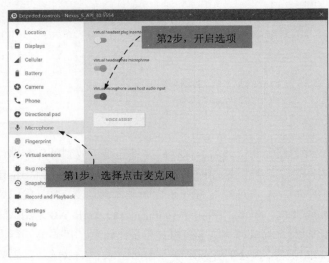

图 17-13 开启虚拟麦克风

17.6 视频播放

Android 视频播放与音频播放一样，都可以采用 MediaPlayer 类，包括状态和状态的管理。由于采用 MediaPlayer 类开发视频播放应用，控制播放的进度、快进、快退、播放和暂停等功能都是要自己添加 UI 控件和编写代码，与音频播放一样比较麻烦，因此 Android 平台又给出了一个封装好的视频播放控件——VideoView 控件。下面介绍采用 VideoView 控件实现视频播放。

17.6.1 VideoView 控件

Android 平台为视频播放应用还提供了 VideoView 控件，该控件不需要管理各种复杂的状态，使用起来非常简单。

但是 VideoView 控件本身也不带有控制播放的进度、快进、快退、播放和暂停等按钮，需要结合 MediaController 控件一起使用，MediaController 控件专门为各种播放器提供播放控制，负责显示出播放\暂停按钮、快进按钮、快退按钮、进度控制条、播放当前时间和总体播放时间，并且可以自动隐藏界面，如图 17-14 所示。

MediaController 能够通过这些按钮控制 VideoView 中的视频播放，那是因为 VideoView 本身实现了 MediaController.MediaPlayerControl 接口，该接口是 MediaController 要求实现的，只有实现了 MediaController.MediaPlayerControl 接口，MediaController 才能控制它。

图 17-14　MediaController 控件

17.6.2 实例：使用 VideoView 控件播放视频

下面通过实例介绍使用 VideoView 控件播放视频。实例运行效果如图 17-15 所示，实例启动进入如图 17-15（a）所示的界面，然后马上播放指定 SD 卡中的视频。点击播放中的视频，则在界面下方出现视频播放控制栏，如图 17-15（b）所示。

（a）播放视频　　　　　　　　　　　　（b）出现播放控制栏

图 17-15　实现运行效果

布局文件 activity_main.xml 代码如下:

```xml
<?xml version="1.0" encoding="utf-8"?>
<LinearLayout xmlns:android="http://schemas.android.com/apk/res/android"
    android:layout_width="match_parent"
    android:layout_height="match_parent"
    android:layout_gravity="top"
    android:orientation="vertical"
    android:background="@android:color/black">

    <VideoView
        android:id="@+id/videoview"
        android:layout_width="match_parent"
        android:layout_height="match_parent"
        android:layout_gravity="center"/>

</LinearLayout>
```

布局文件很简单，VideoView 控件的标签是<VideoView>，通过 android:layout_gravity="center"设置视图居中。

提示：如果设备屏幕的分辨率很大，而视频又比较小，则需要设置 android:layout_width 和 android:layout_height 属性为 match_parent，这样会尽可能利用屏幕空间；否则需要设置 android:layout_width 和 android:layout_height 属性为 wrap_content。

再看 Java 代码部分，主要是活动 MainActivity，MainActivity.kt 代码如下:

```kotlin
class MainActivity : AppCompatActivity() {


    override fun onCreate(savedInstanceState: Bundle?) {
        super.onCreate(savedInstanceState)
        setContentView(R.layout.activity_main)
        //请求授权
        checkPermissions()
        val videoView = findViewById<VideoView>(R.id.videoview)

        val sdCardDir = getExternalFilesDir(Environment.DIRECTORY_DOCUMENTS)
        val path = "${sdCardDir?.path}/test.mp4"
        val uri = Uri.parse(path)                                          ①

        //创建 MediaController
        val mc = MediaController(this)                                     ②
        //设置 VideoView
        videoView.setMediaController(mc)                                   ③

        videoView.setOnCompletionListener {                                ④
            Toast.makeText(this, "播放完成了", Toast.LENGTH_SHORT).show()
        }
        //设置播放文件路径
        videoView.setVideoURI(uri)                                         ⑤
```

```kotlin
        videoView.start()                                                    ⑥
    }

    //核对权限，并请求授权
    private fun checkPermissions() {
        //1.检查是否具有权限
        if (checkSelfPermission(Manifest.permission.READ_EXTERNAL_STORAGE)
            != PackageManager.PERMISSION_GRANTED
        ) {
            //请求的权限集合
            val permissions = arrayOf(
                Manifest.permission.READ_EXTERNAL_STORAGE,
            )
            //2.请求授权，弹出对话框
            requestPermissions(permissions, 0)
        }
    }
}
```

代码第①行创建一个 Uri 对象，它指向 SD 卡中视频文件，这里使用 Uri 对象，是因为代码第⑤行的 videoView.setVideoURI(uri)设置播放路径参数要求是 Uri 类型。

代码第②行创建 MediaController，构造函数要求提供 Context 对象，当前活动就是 Context 对象。

代码第③行设置 VideoView，将 VideoView 和 MediaController 关联起来。代码第④行注册 MediaController 视频播放完成的监听器。设置完成，通过代码第⑥行调用 VideoView 的 start()函数开始播放视频。

17.7　本章总结

本章介绍了 Android 平台的多媒体技术，包括音频播放、音频录制、视频播放以及多媒体文件格式等，其中 MediaPlayer 类可以实现音频和视频的播放，MediaRecorder 类可以实现音频的录制和视频的录制，但是视频的录制受硬件的限制实现起来有一定难度，最后还介绍了使用 VideoView 控件实现视频播放。

第 18 章 网络通信技术

如果数据不在本地，而放在远程服务器上，那么如何取得这些数据呢？服务器能给我们提供一些服务，这些服务大多基于 HTTP/HTTPS 协议。HTTP/HTTPS 协议基于请求和应答，在需要时建立连接提供服务，在不需要时断开连接。

18.1 网络通信技术概述

事实上网络通信技术有很多内容，但就应用层的网络通信技术而言可以包括 Socket、HTTP、HTTPS 和 Web Service 等内容。

18.1.1 Socket 通信

Socket 是一种低级的、原始的通信方式。使用 Socket 通信，要编写服务器端代码和客户端代码，自己开端口、制定通信协议、验证数据安全性和合法性，而且应用通常还应该是多线程的，开发起来比较烦琐。但是它也有优点，即灵活，不受编程语言、设备、平台和操作系统的限制，通信速度快而高效。

在 Java 中，Socket 相关类都是在 java.net 包中，其中主要的类是 Socket 和 ServerSocket。Socket 通信方式不是主流，因此本书对 Socket 通信编程不进行详细讲述。

18.1.2 HTTP

HTTP 是 Hypertext Transfer Protocol 的缩写，即超文本传输协议。HTTP 是一个属于应用层的面向对象的协议，其简洁、快速的方式适用于分布式超文本信息的传输。HTTP 于 1990 年提出，经过多年的使用与发展，得到不断完善和扩展。HTTP 支持 C/S 网络结构，是无连接协议，即每一次请求时建立连接，服务器处理完客户端的请求后，应答给客户端然后断开连接，不会一直占用网络资源。

HTTP 1.1 共定义了 8 种请求函数：OPTIONS、HEAD、GET、POST、PUT、DELETE、TRACE 和 CONNECT。作为 Web 服务器，必须实现 GET 和 POST 函数，其他函数都是可选的。

（1）GET 函数是向指定的资源发出请求，发送的信息"显式"地跟在 URL 后面。GET 函数应该只用在读取数据，例如静态图片等。GET 函数有点像使用明信片给别人写信，"信内容"写在外面，接触到的人都可以看到，因此是不安全的。

（2）POST 函数是向指定资源提交数据，请求服务器进行处理，例如提交表单或者上传文件等。数据被包含在请求体中。POST 函数像是把"信内容"装入信封中，接触到的人都看不到，因此是安全的。

18.1.3　HTTPS

HTTPS 是 Hypertext Transfer Protocol Secure 的缩写，即超文本传输安全协议，是超文本传输协议和 SSL 的组合，用以提供加密通信及对网络服务器身份的鉴定。

简单地说，HTTPS 是 HTTP 的升级版，区别是：HTTPS 使用 https://代替 http://，HTTPS 使用端口 443（而 HTTP 使用端口 80）与 TCP/IP 进行通信。SSL 使用 40 位关键字作为 RC4 流加密算法，这对于商业信息的加密是合适的。HTTPS 和 SSL 支持使用 X.509 数字认证，如果需要，用户可以确认发送者是谁。

18.1.4　Web 服务

Web 服务（Web Service）技术通过 Web 协议提供服务，保证不同平台的应用服务可以相互操作，为客户端程序提供不同的服务。类似 Web 服务技术不断问世，如 Java 的 RMI（Remote Method Invocation，远程函数调用）、Java EE 的 EJB（Enterprise JavaBean，企业级 JavaBean）、CORBA（Common Object Request Broker Architecture，公共对象请求代理体系结构）和微软的 DCOM（Distributed Component Object Model，分布式组件对象模型）等。

目前，3 种主流的 Web 服务实现方案是 REST[①]、SOAP[②] 和 XML-RPC[③]。XML-RPC 和 SOAP 都是比较复杂的技术，XML-RPC 是 SOAP 的前身。与复杂的 SOAP 和 XML-RPC 相比，REST 风格的 Web 服务更加简洁，越来越多的 Web 服务开始采用 REST 风格设计和实现。例如，亚马逊已经提供了 REST 风格的 Web 服务进行图书查找，雅虎提供的 Web 服务也是 REST 风格的。

SOAP Web 服务数据交换格式是固定的，而 REST Web 服务数据交换格式是自定义的，使用比较方便。本书所介绍的网络通信事实上就是基于 REST Web 服务的。

18.1.5　搭建自己的 Web 服务器

由于很多现成的互联网资源不稳定，本节介绍如何搭建自己的 Web 服务器。

搭建 Web 服务器的步骤如下。

（1）安装 JDK（Java 开发工具包）：要安装的 Web 服务器是 Apache Tomcat，它是支持 Java Web 技术的 Web 服务器。Apache Tomcat 的运行需要 Java 运行环境，而 JDK 提供了 Java 运行环境，因此首先需要安装 JDK。具体安装参考 2.2.1 节。

（2）配置 Java 运行环境：Apache Tomcat 运行时需要用到 JAVA_HOME 环境变量，因此需要先设置 JAVA_HOME 环境变量。具体设置参考 2.2.2 节。

（3）安装 Apache Tomcat 服务器。可以从本章配套代码中找到 Apache Tomcat 安装包 apache-tomcat-9.0.13.zip。只需将 apache-tomcat-9.0.13.zip 解压即可安装。

---

① REST（Representational State Transfer，表征状态转移）是 Roy Fielding 博士在 2000 年他的博士论文中提出来的一种软件架构风格。——引自维基百科 http://zh.wikipedia.org/zh-cn/REST

② SOAP（Simple Object Access Protocol，简单对象访问协议）是交换数据的一种协议规范，用在计算机网络 Web 服务中，交换带结构的信息。——引自维基百科 http://zh.wikipedia.org/wiki/SOAP

③ XML-RPC 是一个远程过程调用，也称为远端程序呼叫（Remote Procedure Call，RPC）的分布式计算协议，通过 XML 封装调用函数，并使用 HTTP 协议作为传送机制。——引自维基百科 http://zh.wikipedia.org/wiki/XML-RPC

（4）启动 Apache Tomcat 服务器。在 Apache Tomcat 解压目录的 bin 目录中找到 startup.bat 文件，如图 18-1 所示，双击即可以启动 Apache Tomcat。

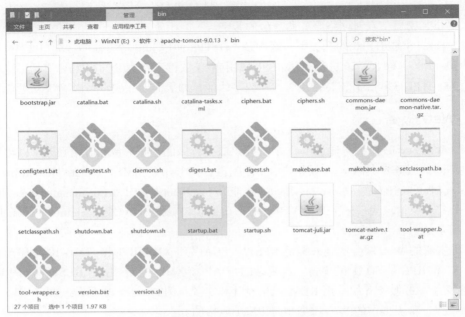

图 18-1　Apache Tomcat 目录

启动 Apache Tomcat 成功后会看到如图 18-2 所示的信息，其中默认端口是 8080。

图 18-2　启动 Apache Tomcat 服务器

（5）测试 Apache Tomcat 服务器。打开浏览器，在地址栏输入 http://localhost:8080/NoteWebService/，打开如图 18-3 所示的页面，该页面展示了当前的 Web 服务器中已经安装的 Web 应用（NoteWebService）及其具体使用说明。NoteWebService 是笔者开发的用于测试自己网络请求的实例"我的备忘录"Web 服务。

打开浏览器，在地址栏输入 http://localhost:8080/NoteWebService/note.do，如图 18-4 所示，在打开的页面可以查询所有数据。

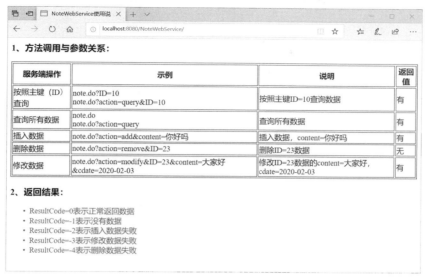

图 18-3　测试 Apache Tomcat 服务器

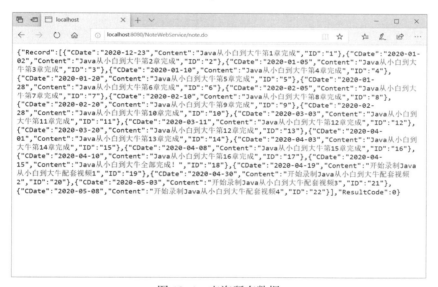

图 18-4　查询所有数据

18.2　发送网络请求

发送网络请求所使用的具体类库包括：
（1）Java 的 java.net.URL 类，但是该类只能发出 GET 请求。
（2）HttpURLConnection，谷歌在 Android 6.0 之后推荐使用该类进行网络通信。
（3）OkHttp 是目前 Android 开发的比较流行的第三方库。
本章将分别介绍使用 java.net.URL、Http URL Connection 及 OkHttp 实现网络请求。

18.2.1 使用 java.net.URL

java.net.URL 是 Java 提供的通用网络开发类。它的优点是使用它不需要学习成本，在 Kotlin 语言中可以直接使用；但是它的缺点是只能发送 HTTP GET 请求。

使用 java.net.URL 可以用于请求 Web 服务器上的资源，并采用 HTTP 协议，请求函数是 GET()函数，一般用于请求静态的、少量的服务器端数据。

下面通过实例介绍如何使用 java.net.URL 类，实例运行结果如图 18-5 所示，用户点击 GO 按钮，请求 MyNotes Web 服务，返回的字符串显示在按钮的下面。

图 18-5　实例运行结果

实例布局文件 activity_main.xml 的代码如下：

```xml
<?xml version="1.0" encoding="utf-8"?>
<LinearLayout xmlns:android="http://schemas.android.com/apk/res/android"
    android:layout_width="match_parent"
    android:layout_height="match_parent"
    android:orientation="vertical">
    <Button                                                                    ①
        android:id="@+id/button_go"
        android:layout_width="match_parent"
        android:layout_height="wrap_content"
        android:text="GO" />

    <ScrollView                                                                ②
        android:layout_width="match_parent"
        android:layout_height="match_parent">
        <TextView                                                              ③
            android:id="@+id/textView_text"
            android:layout_width="match_parent"
```

```xml
            android:layout_height="wrap_content" />
    </ScrollView>
</LinearLayout>
```

采用的是线性布局，代码第①行声明一个 Button。代码第③行声明 TextView 视图，由于内容可能会比较多，有可能在屏幕中无法显示完整，因此需要将 TextView 放到 ScrollView 视图中，见代码第②行声明的 ScrollView 视图。

活动 MainActivity.kt 代码如下：

```kotlin
//Web 服务网址
const val URL_STR = "http://192.168.0.189:8080/NoteWebService/note.do?action=query"   ①
class MainActivity : AppCompatActivity() {
    private var mTextViewText: TextView? = null

    override fun onCreate(savedInstanceState: Bundle?) {
        super.onCreate(savedInstanceState)
        setContentView(R.layout.activity_main)
        mTextViewText = findViewById(R.id.textView_text)
        val mButtonGO = findViewById<Button>(R.id.button_go)

        mButtonGO.setOnClickListener {
            //IO 调度器
            val bgDispatcher: CoroutineDispatcher = Dispatchers.IO
            //启动协程
            GlobalScope.launch(bgDispatcher) {    //后台线程调度器         ②
                //调用 Notes Web 服务
                requestNotes()                                        ③
            }
        }
    }

    //调用 Notes Web 服务
    private fun requestNotes() {
        val reqURL = URL(URL_STR)
        //打开网络通信输入流
        reqURL.openStream().use { input ->                            ④
            //通过 isr 创建 InputStreamReader 对象
            val isr = InputStreamReader(input, "utf-8")
            //通过 isr 创建 BufferedReader 对象
            val br = BufferedReader(isr)
            val resultString = br.readText()                          ⑤
            //日志输出
            Log.i(TAG, resultString)

            val uiDispatcher = Dispatchers.Main
            //启动协程
            GlobalScope.launch(uiDispatcher) {        //主线程调度器     ⑥

                mTextViewText?.text = resultString                    ⑦
            }
```

                }
            }
        }

代码第①行定义一个 Web 服务网址，其中的 Web 服务是自己搭建的。

注意：在 Android 应用时，如果 Web 服务器与用于开发的计算机是同一台时，请求服务器网址中不要使用 localhost 作为主机名，而要使用 IP 地址，否则会抛出异常。这是因为 localhost 指定的本机，对于 Android 中的应用程序会认为 localhost 是自己的 Android 设备，而不会认为是你的计算机。

代码第②行启动一个协程，其中 bgDispatcher 是后台线程调度器，在 Android 系统中网络请求过程必须在后台线程进行，否则抛出异常 android.os.NetworkOnMainThreadException。

代码第③行调用 requestNotes 函数实现网络请求处理。代码第④行使用 URL 类打开网络通信输入流，其中 use 函数可以自动释放资源。有关该函数的使用，读者可以参考笔者编写的《Kotlin 从小白到大牛》一书的相关内容。代码第⑤行 readText 函数一次性从输入流中读取文本。该函数也是 Kotlin 特有的函数，使用起来要比 Java IO 流简单很多。代码第⑥行又启动一个协程，其中 uiDispatcher 是主线程调度器，使用主线程调度器是因为需要更新控件，见代码第⑦行 mTextViewText?.text = resultString 更新 TextView 控件内容。更新 UI 操作不能在后台线程中进行。

编写完成代码后还需要修改清单文件 AndroidManifest.xml，其代码如下：

```xml
<?xml version="1.0" encoding="utf-8"?>
<manifest xmlns:android="http://schemas.android.com/apk/res/android"
    package="com.zhijieketang">

    <application
      android:usesCleartextTraffic="true"                                          ①
      android:icon="@mipmap/ic_launcher"
      android:label="@string/app_name"
      android:roundIcon="@mipmap/ic_launcher_round"
      android:supportsRtl="true"
      android:theme="@style/Theme.HelloAndroid"
      android:usesCleartextTraffic="true">
        <activity android:name=".MainActivity">
            <intent-filter>
                <action android:name="android.intent.action.MAIN" />

                <category android:name="android.intent.category.LAUNCHER" />
            </intent-filter>
        </activity>
    </application>
    <uses-permission android:name="android.permission.INTERNET" />                 ②
</manifest>
```

代码第①行 android:usesCleartextTraffic="true"可以运行应用发出的网络请求，可以使用 HTTP 协议。默认情况下，应用发出的网络请求使用的网络协议是 HTTPS，如果使用了 HTTP 协议发送网络请求，则会抛出以下异常信息。

```
java.net.UnknownServiceException: CLEARTEXT communication to 1…not permitted by
network security policys
```

清单文件代码第②行 android.permission.INTERNET 设置应用的网络访问权限，它不属于运行时权限，不需要在系统中授权。

18.2.2 重构实例："我的备忘录" App

18.2.1 节实例只是将数据请求返回的 JSON 字符串显示在 TextVew 控件上，本例将请求返回的 JSON 字符串进行解析并显示在 ListView 控件中，实例运行结果如图 18-6 所示。

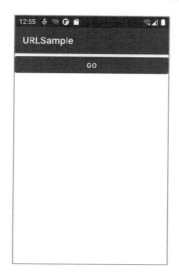

图 18-6　实例运行结果

相关活动 MainActivity.kt 代码如下：

```kotlin
const val KEY_DATE = "CDate"
const val KEY_CONTEN = "Content"
//Web 服务网址
const val URL_STR = "http://192.168.0.189:8080/NoteWebService/note.do?action=query"

class MainActivity : AppCompatActivity() {
    var mListView: ListView? = null

    override fun onCreate(savedInstanceState: Bundle?) {
        super.onCreate(savedInstanceState)
        setContentView(R.layout.activity_main)

        mListView = findViewById(R.id.listview)
        val mButtonGO = findViewById<Button>(R.id.button_go)

        mButtonGO.setOnClickListener {
            // IO 调度器
            val bgDispatcher: CoroutineDispatcher = Dispatchers.IO
            //启动协程
            GlobalScope.launch(bgDispatcher) {          //后台线程调度器
```

```kotlin
            //调用Notes Web服务
            requestNotes()
        }
    }
}


//调用Notes Web服务
private fun requestNotes() {
    val reqURL = URL(URL_STR)
    //打开网络通信输入流
    reqURL.openStream().use { input ->
        //通过isr创建InputStreamReader对象
        val isr = InputStreamReader(input, "utf-8")
        //通过isr创建BufferedReader对象
        val br = BufferedReader(isr)
        val resultString = br.readText()
        //日志输出
        Log.i(TAG, resultString)
        // 解码JSON数据
        val jsonObject = JSONObject(resultString)                                    ①
        val jsonArray: JSONArray = jsonObject.getJSONArray("Record")                 ②
        val listData = mutableListOf<Map<String, String>>()                          ③
        for (i in 0 until jsonArray.length()) {

            val row = jsonArray[i] as JSONObject
            val CDate = row.getString("CDate")
            val Content = row.getString("Content")
            val ID = row.getString("ID")

            val note = mutableMapOf<String, String>()
            note[KEY_DATE] = CDate
            note[KEY_CONTEN] = Content
            listData.add(note)                                                       ④
        }

        val uiDispatcher = Dispatchers.Main
        //启动协程
        GlobalScope.launch(uiDispatcher) {                  // 主线程调度器

            //绑定数据
            bindData(listData)                                                       ⑤
        }
    }
}

//绑定数据
fun bindData(listData: List<Map<String, String>>?) {
    //创建保存控件id数组
    val to = intArrayOf(R.id.mydate, R.id.mycontent)
```

```kotlin
        //创建保存数据键数组
        val from = arrayOf(KEY_DATE, KEY_CONTEN)
        //创建 SimpleAdapter 对象
        val simpleAdapter = SimpleAdapter(this, listData, R.layout.listitem, from, to)
        //设置适配器
        mListView?.adapter = simpleAdapter
    }
}
```

代码第①行解码 JSON 字符串，返回 JSONObject 对象。代码第②行从 JSONObject 对象返回 Record 键对应的数据，该数据是 JSONArray 类型。代码第③、④行将 JSONArray 类型重新导入一个新的 listData 对象中。listData 对象是 List 类型，该对象中保存的是 Map 对象。这样处理的目的是因为绑定到 ListView 控件中的 SimpleAdapter 对象只能接收元素是 Map 类型的 List 对象。

代码第⑤行绑定数据到 ListView 控件适配器属性。需要注意该操作涉及 UI 更新，因此需要将数据绑定到主调度器中。

18.2.3 使用第三方请求库 OkHttp4

OkHttp（https://square.github.io/okhttp/）是 Android 开发中比较流行的网络请求第三方库，它是 Square 公司开源的 OkHttp，是一个专注于连接效率的 HTTP 客户端。使用第三方库要比使用 Java 自带的 HttpURLConnection 类有很多优势。在 OkHttp4 之前版本是使用 Java 语言编写的，从 OkHttp4 版之后是用 Kotlin 语言重新编写的，源代码更加简洁，运行效率更高。

18.2.4 OkHttp4 发送 Post 请求实例："我的备忘录" App

下面通过一个实例介绍如何使用 OkHttp4 请求框架。实例运行结果如图 18-7 所示。点击 GO 按钮，请求 MyNotes Web 服务，该请求是 POST 请求，发送参数给服务器，返回的字符串显示在按钮的下面。

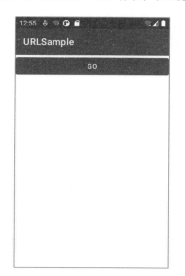 

图 18-7　实例运行结果

为了使用 OkHttp4 框架，需要在项目中添加 OkHttp4 框架依赖关系，打开 App 模块的 build.gradle 文件，添加 OkHttp4 框架，代码如下：

```
plugins {
    ...
}

dependencies {
    implementation("com.squareup.okhttp3:okhttp:4.9.0")                              ①
    implementation 'org.jetbrains.kotlinx:kotlinx-coroutines-android:1.4.2'
    implementation "org.jetbrains.kotlin:kotlin-stdlib:$kotlin_version"
    implementation 'androidx.core:core-ktx:1.2.0'
    implementation 'androidx.appcompat:appcompat:1.1.0'
    implementation 'com.google.android.material:material:1.1.0'
    implementation 'androidx.constraintlayout:constraintlayout:1.1.3'
    implementation 'androidx.localbroadcastmanager:localbroadcastmanager:1.0.0'
    testImplementation 'junit:junit:4.+'
    androidTestImplementation 'androidx.test.ext:junit:1.1.1'
    androidTestImplementation 'androidx.test.espresso:espresso-core:3.2.0'
}
```

代码第①行添加 OkHttp4 框架依赖，添加完成后同步配置信息。

相关活动 MainActivity.kt 代码如下：

```
//Web 服务网址
const val URL_STR = "http://192.168.0.189:8080/NoteWebService/note.do"

class MainActivity : AppCompatActivity() {
    private var mTextViewText: TextView? = null

    override fun onCreate(savedInstanceState: Bundle?) {
        super.onCreate(savedInstanceState)
        setContentView(R.layout.activity_main)
        mTextViewText = findViewById(R.id.textView_text)
        val mButtonGO = findViewById<Button>(R.id.button_go)

        mButtonGO.setOnClickListener {

            //IO 调度器
            val bgDispatcher: CoroutineDispatcher = Dispatchers.IO
            //启动协程
            GlobalScope.launch(bgDispatcher) {          //后台线程调度器
                //调用 Notes Web 服务
                requestNotes()
            }
        }
    }

    //调用 Notes Web 服务
    private fun requestNotes() {                                                      ①
```

```
        val client = OkHttpClient()                                              ②

        //创建请求表单
        val formBody = FormBody.Builder()                                        ③
            .add("action", "query")                                              ④
            .add("ID", "20")                                                     ⑤
            .build()                                                             ⑥
        val request = Request.Builder()                                          ⑦
            .url(URL_STR)
            .post(formBody)
            .build()                                                             ⑧
        client.newCall(request).execute().use { response ->                      ⑨
            if (!response.isSuccessful) throw IOException("发生异常! code $response")
            val resultString = response.body!!.string()                          ⑩
            val uiDispatcher = Dispatchers.Main
            //启动协程
            GlobalScope.launch(uiDispatcher) {           //主线程调度器
                mTextViewText?.text = resultString
            }
        }
    }
}
```

网络请求过程主要是在代码第①行的 requestNotes 函数中完成的。代码第②行创建 OkHttpClient 对象，它是用于网络请求的主要类。代码第③~⑥行是准备请求参数，参数是放到 FormBody 表单对象中的，代码第④、⑤行，向表单中添加请求参数，action 和 ID 为请求参数键，query 和 20 是对应的请求参数值。代码第⑦、⑧行创建请求对象，代码第⑨行执行请求，其中 response 是从服务器返回的应答对象，应答对象有很多属性，其中 isSuccessful 属性可以判断请求是否成功，代码第⑩行 body 属性返回请求对象中的数据。

18.2.5 实例：Downloader

16.3.2 节的 Downloader 实例运行接收系统广播（Wi-Fi 连接成功），然后启动下载服务组件，本节将下载部分进行完善。

修改下载服务，DownloadService.kt 的代码如下：

```
//Web 服务网址
const val urlString = "https://ss0.bdstatic.com/5aV1bjqh_Q23odCf/static/
superman/img/logo/bd_logo1_31bdc765.png"                                         ①
//下载服务
class DownloadService : Service() {
    //控制协程停止变量
    private var isRunning = true
    var connectivityManager: ConnectivityManager? = null

    private val networkCallback = object : ConnectivityManager.NetworkCallback() {
        override fun onAvailable(network: Network) {
            super.onAvailable(network)
            Log.i(TAG, "网络可用...")
            //开始工作
```

```kotlin
                    downloadJob()


            }
            …

        //下载工作函数
        fun downloadJob() {
            // IO 调度器
            val bgDispatcher: CoroutineDispatcher = Dispatchers.IO

            //启动下载协程
            GlobalScope.launch(bgDispatcher) {

                while (isRunning) {                         //协程执行任务
                    delay(5000L)                            //非阻塞延迟 5 秒
                    Log.i(TAG, "下载中...")
                    //执行下载任务

                    val client = OkHttpClient()
                    val request = Request.Builder()
                        .url(urlString)
                        .build()
                    client.newCall(request).execute().use { response ->
                        if (!response.isSuccessful) throw IOException("发生异常！$response")

                        val sdCardDir = getExternalFilesDir(Environment.DIRECTORY_DOCUMENTS)
                        val downFile = File(sdCardDir, "download.png")           ②
                        val outputStream = FileOutputStream(downFile)            ③

                        outputStream.use {
                            outputStream.write(response.body?.bytes())           ④
                        }
                    }
                    Log.i(TAG, "下载协程结束。")

                }
            }
        }
    }
```

代码第①行声明 Web 服务网址常量，可见图片是从百度网站下载的，下载工作主要是在 downloadJob() 函数中实现的。代码第②行创建 File 对象，指定保存文件目录是外部存储的 Document 目录，保存文件名是 download.png。代码第③行创建文件输出流 FileOutputStream 对象。代码第④行向输出流中写入数据，其中，response.body?.bytes()表达式从应答对象中取出返回的数据，bytes()函数返回数据的字节数组。

18.3　本章总结

本章重点介绍了网络通信技术，其中第三方请求库 OkHttp4 是学习的重点。

第 19 章 百度地图与定位服务

现在移动设备上越来越多的应用是基于地图的,而在地图中又有很多应用是使用定位服务的。使用移动设备的用户往往需要知道自己所在的位置,然后再查询周围饭店、影院和交通路线等。我们可以通过 GPS 等方式提供的定位服务查找位置,将找到的饭店、影院和交通路线等信息通过地图标志显示出来。

19.1 使用百度地图

百度地图有一个非常大的优势,就是离线地图,使用离线地图可以减少数据流量开销,提高地图加载速度。

19.1.1 获得 Android 签名证书中的 SHA1 值

用户在申请 API Key 时一般要求获得 Android 签名证书中的 SHA1 值。Android 签名证书可以分为发布版或开发版。发布版要在应用打包时创建,而开发版可以由 Android SDK 提供,安装 Android SDK 之后,会在当前用户目录下面.android 目录中生成签名证书文件(debug.keystore)。例如下面路径:

C:\Users\tony-mini-pc\.android\debug.keystore

.android 是一个隐藏目录。

从签名证书文件获得 SHA1 值,具体过程如下:

首先通过 DOS(或 Mac 终端)进入.android 目录,然后执行 keytool –list –v –keystore debug.keystore 指令,如图 19-1 所示,要求输入签名证书的密码,注意 debug.keystore 的密码是 android。

图 19-1 获得 SHA1 值

输入正确的密码后，按 Enter 键生成一个不同算法的证书指纹值，如图 19-2 所示。其中 SHA1 值就是百度地图所需要的。

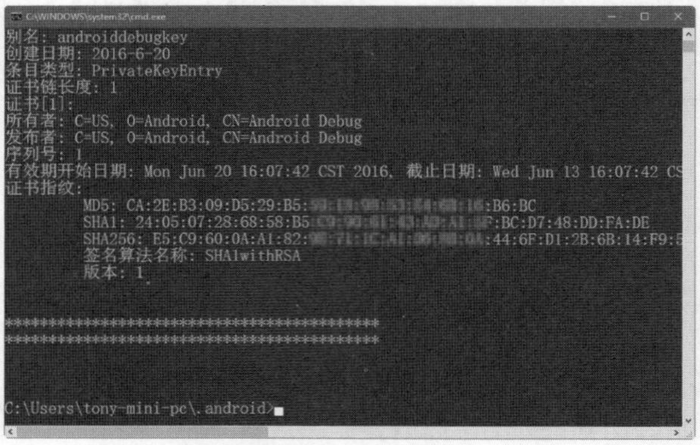

图 19-2 证书指纹

19.1.2 搭建和配置环境

百度地图是第三方的类库，开发人员需要在工程中搭建和配置环境。由于本书主要使用 Android Studio 工具开发应用，因此本章重点介绍在 Android Studio 工程中搭建和配置环境。

1. 下载Android百度地图SDK

首先需要下载百度地图相关文件，输入下载地址 http://lbsyun.baidu.com/index.php?title=androidsdk/sdkandev-download，进入如图 19-3 所示页面，开发人员通过单击"自定义下载"按钮进入自定下载页面，如图 19-4 所示。开发人员可根据需要选择相关的 SDK 下载，最后选择要下载的压缩文件格式。

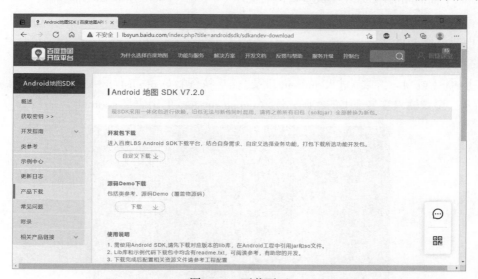

图 19-3 下载页面

下载完成后解压文件，内容如图 19-5 所示，其中 libs 目录是百度地图库了。打开 libs 目录如图 19-6 所示。其中，BaiduLBS_Android.jar 是与硬件平台无关的 jar 包文件，另外，其他的目录是与硬件平台（CPU

架构）相关的 so 库文件。

图 19-4　自定义下载页面

图 19-5　解压文件内容

图 19-6　libs 目录内容

2. 配置环境

首先，需要将下载 BaiduLBS_Android.jar 文件复制到工程 app\libs 目录中，如图 19-7 所示。然后选中这些 jar 文件，右击，在弹出的菜单中选择 Add As Library 命令，将文件添加到工程类库中，这会在 build.gradle 添加工程所依赖的 jar 文件声明。

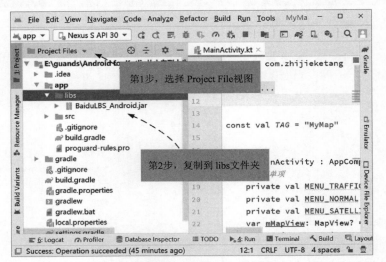

图 19-7 复制 jar 文件

其次，需要将平台相关的 so 文件导入工程中，在 Android Studio 的 Project 视图下，右击 app\src\main 目录，在弹出菜单中选择 New→Directory 命令创建 jniLibs 目录，如图 19-8 所示将 so 文件及文件夹全部复制到 jniLibs 目录下。

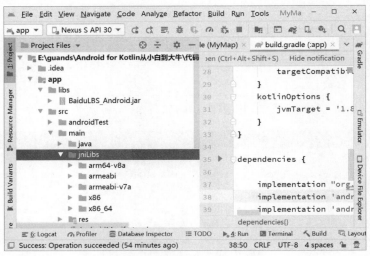

图 19-8 导入 so 文件到工程

3. 申请开发密钥

使用百度地图需要申请开发密钥。首先需要使用百度账号登录 http://lbsyun.baidu.com/apiconsole/key#/home，如图 19-9 所示，开发人员在此页面创建和管理开发密钥，其中会用到 19.1.1 节生成的 SHA1 值。

图 19-9　申请开发密钥

19.1.3　实例：显示地图

显示地图实例如图 19-10 所示，图 19-10（a）是普通地图模式，图 19-10（b）是显示菜单视图，图 19-10（c）是显示交通路况，图 19-10（d）是卫星地图模式 。

（a）普通地图模式　　　（b）显示菜单视图　　　（c）显示交通路况　　　（d）卫星地图模式

图 19-10　显示地图实例

首先，看看应用清单文件 AndroidManifest.xml 代码如下：

```
<?xml version="1.0" encoding="utf-8"?>
<manifest xmlns:android="http://schemas.android.com/apk/res/android"
    package="com.zhijieketang">

    <application
```

```xml
            android:allowBackup="true"
            android:icon="@mipmap/ic_launcher"
            android:label="@string/app_name"
            android:roundIcon="@mipmap/ic_launcher_round"
            android:supportsRtl="true"
            android:theme="@style/Theme.HelloAndroid"
            android:usesCleartextTraffic="true">
            <activity
                android:name=".MainActivity"
                android:configChanges="orientation|keyboardHidden|screenSize"
                android:screenOrientation="portrait">
                <intent-filter>
                    <action android:name="android.intent.action.MAIN" />

                    <category android:name="android.intent.category.LAUNCHER" />
                </intent-filter>
            </activity>
            <meta-data
                android:name="com.baidu.lbsapi.API_KEY"
                android:value="换成自己的Key" />                                    ①
        </application>

    <uses-permission android:name="android.permission.ACCESS_NETWORK_STATE" />②
    <uses-permission android:name="android.permission.INTERNET" />
    <uses-permission android:name="com.android.launcher.permission.READ_SETTINGS" />
    <uses-permission android:name="android.permission.WAKE_LOCK" />
    <uses-permission android:name="android.permission.CHANGE_WIFI_STATE" />
    <uses-permission android:name="android.permission.ACCESS_WIFI_STATE" />    ③
</manifest>
```

代码第①行通过<meta-data>标签设置开发API Key，主要需要把value换成自己申请的API Key。代码第②行、第③行为应用添加权限。这些是百度地图所需要的。

活动布局文件activity_main.xml代码如下：

```xml
<?xml version="1.0" encoding="utf-8"?>
<LinearLayout xmlns:android="http://schemas.android.com/apk/res/android"
    android:layout_width="fill_parent"
    android:layout_height="fill_parent"
    android:orientation="vertical">

    <com.baidu.mapapi.map.MapView                                              ①
        android:id="@+id/bmapView"
        android:layout_width="fill_parent"
        android:layout_height="fill_parent"
        android:clickable="true" />

</LinearLayout>
```

代码第①行声明百度地图视图，类型是com.baidu.mapapi.map.MapView，android:clickable="true"设置视图能够响应用户点击事件。

活动文件 MainActivity.kt 代码如下：

```kotlin
class MainActivity : AppCompatActivity() {
    //菜单项
    private val MENU_TRAFFIC: Int = Menu.FIRST            //显示交通路况
    private val MENU_NORMAL: Int = Menu.FIRST + 1         //普通地图模式
    private val MENU_SATELLITE: Int = Menu.FIRST + 2      //卫星地图模式
    var mMapView: MapView? = null
    var mBaiduMap: BaiduMap? = null
    override fun onCreate(savedInstanceState: Bundle?) {
        super.onCreate(savedInstanceState)

        //注意该函数要在setContentView函数之前实现
        SDKInitializer.initialize(applicationContext)                    ①
        setContentView(R.layout.activity_main)                           ②

        //获取地图控件对象
        mMapView = findViewById(R.id.bmapView)                           ③
        //BaiduMap 操作地图对象
        mBaiduMap = mMapView!!.map                                       ④
    }

    override fun onCreateOptionsMenu(menu: Menu): Boolean {
        menu.add(0, MENU_TRAFFIC, 0, R.string.traffic)
        menu.add(0, MENU_NORMAL, 0, R.string.normal)
        menu.add(0, MENU_SATELLITE, 0, R.string.satellite)
        return super.onCreateOptionsMenu(menu)
    }

    override fun onOptionsItemSelected(item: MenuItem): Boolean {
        when (item.getItemId()) {
            MENU_TRAFFIC -> {
                mBaiduMap!!.mapType = BaiduMap.MAP_TYPE_NORMAL           ⑤
                mBaiduMap!!.isTrafficEnabled = true                      ⑥
            }
            MENU_NORMAL -> {
                mBaiduMap!!.mapType = BaiduMap.MAP_TYPE_NORMAL
                mBaiduMap!!.isTrafficEnabled = false
            }
            MENU_SATELLITE -> {
                mBaiduMap!!.mapType = BaiduMap.MAP_TYPE_SATELLITE        ⑦
                mBaiduMap!!.isTrafficEnabled = false
            }
        }
        return super.onOptionsItemSelected(item)
    }

    override fun onDestroy() {
        super.onDestroy()
        mMapView!!.onDestroy()
```

```kotlin
    }
    override fun onResume() {
        super.onResume()
        mMapView!!.onResume()
    }

    override fun onPause() {
        super.onPause()
        mMapView!!.onPause()
    }
}
```

代码第①行是在使用 SDK 各组件之前初始化上下文对象 context，该语句要放到代码第②行 setContentView(R.layout.activity_main)语句之前。代码第③行获得百度地图对象。代码第④行通过地图 map 属性获得操作地图 BaiduMap 对象。

代码第⑤行设置地图为普通地图模式。代码第⑥行是否显示交通路况。代码第⑦行是卫星地图模式。

19.1.4　实例：设置地图状态

百度提供的 MapStatus 类可以保存地图状态。MapStatus 中常用以下地图状态。

（1）overlook。设置地图俯仰角度，范围为-45°～0°。
（2）rotate。地图旋转角度。
（3）target。地图操作的中心点，参数是 LatLng 类型。
（4）zoom。地图缩放级别，范围为 3～21。

修改 19.1.3 节实例，活动文件 MainActivity.kt 代码如下：

```kotlin
class MainActivity : AppCompatActivity() {
    //菜单项
    private val MENU_TRAFFIC: Int = Menu.FIRST             //显示交通路况
    private val MENU_NORMAL: Int = Menu.FIRST + 1          //普通地图模式
    private val MENU_SATELLITE: Int = Menu.FIRST + 2       //卫星地图模式
    var mMapView: MapView? = null
    var mBaiduMap: BaiduMap? = null
    override fun onCreate(savedInstanceState: Bundle?) {
        super.onCreate(savedInstanceState)

        //注意该方法要在setContentView方法之前实现
        SDKInitializer.initialize(applicationContext)
        setContentView(R.layout.activity_main)

        //获取地图控件对象
        mMapView = findViewById(R.id.bmapView)
        //BaiduMap操作地图对象
        mBaiduMap = mMapView!!.map

        //设定中心点坐标
        val cenpt = LatLng(39.84064836308104, 116.36897553417967)   ①
        //定义地图状态
```

```kotlin
        val mapStatus: MapStatus = MapStatus.Builder()                        ②
            .target(cenpt)                                                    ③
            .zoom(12f)                                                        ④
            .build()                                                          ⑤

        val mapStatusUpdate = MapStatusUpdateFactory.newMapStatus(mapStatus)  ⑥
        //改变地图状态
        mBaiduMap!!.setMapStatus(mapStatusUpdate)                             ⑦
    }

    override fun onCreateOptionsMenu(menu: Menu): Boolean {
        menu.add(0, MENU_TRAFFIC, 0, R.string.traffic)
        menu.add(0, MENU_NORMAL, 0, R.string.normal)
        menu.add(0, MENU_SATELLITE, 0, R.string.satellite)
        return super.onCreateOptionsMenu(menu)
    }

    override fun onOptionsItemSelected(item: MenuItem): Boolean {
        when (item.getItemId()) {
            MENU_TRAFFIC -> {
                mBaiduMap!!.mapType = BaiduMap.MAP_TYPE_NORMAL
                mBaiduMap!!.isTrafficEnabled = true
            }
            MENU_NORMAL -> {
                mBaiduMap!!.mapType = BaiduMap.MAP_TYPE_NORMAL
                mBaiduMap!!.isTrafficEnabled = false
            }
            MENU_SATELLITE -> {
                mBaiduMap!!.mapType = BaiduMap.MAP_TYPE_SATELLITE
                mBaiduMap!!.isTrafficEnabled = false
            }
        }
        return super.onOptionsItemSelected(item)
    }

    override fun onDestroy() {
        super.onDestroy()
        mMapView!!.onDestroy()
    }

    override fun onResume() {
        super.onResume()
        mMapView!!.onResume()
    }

    override fun onPause() {
        super.onPause()
        mMapView!!.onPause()
    }
}
```

代码第①行创建 LatLng 对象，LatLng 是地理坐标基本数据结构类，它主要包含属性纬度 latitude、经度 longitude。

代码第②～⑤行定义地图状态。MapStatus.Builder 类似于创建对话框 AlertDialog.Builder，采用 Fluent Interface（流接口）编程风格，代码第③行 target(cenpt)函数设置操作地图的中心点。代码第④行 zoom(12f) 设置地图缩放级别为 12。代码第⑤行创建 MapStatus 对象。

代码第⑥行创建 MapStatusUpdate 对象，用于更新地图状态。代码第⑦行设置改变地图状态。实例运行效果如图 19-11 所示。

19.1.5　实例：地图覆盖物

有时需要在地图上添加标志提供一些信息，如在旅游区标出旅游点的位置，以及有关该位置的说明，百度地图提供的是基本的地图图片，这就需要调用函数在地图上放置图片，并有响应这些图片的事件。这里的图片就是覆盖物（Overlay），百度地图覆盖类是 Overlay，开发人员可以直接使用 Overlay 的子类，Overlay 的子类有 Arc、Circle、Dot、GroundOverlay、Marker、Polygon、Polyline 和 Text，其中，Marker（标注）是在地图上添加一个图标，Text 是在地图上添加文本。

在地图上添加覆盖物，可以通过 BaiduMap 类的以下函数实现：

```
Overlay addOverlay(OverlayOptions options)
```

返回值是覆盖物 Overlay，参数是 OverlayOptions（覆盖物可选参数）类型，它是一个抽象类，有很多具体的子类，例如，与覆盖物 Marker 对应的覆盖物可选参数是 MarkerOptions。

下面通过一个实例介绍，在地图上如何添加 Marker 覆盖物，实例运行效果如图 19-12 所示。

图 19-11　实例运行效果

图 19-12　Marker 覆盖物实例运行效果

修改 19.1.4 节实例，活动文件 MainActivity.kt 代码如下：

```
class MainActivity : AppCompatActivity() {
    //菜单项
    private val MENU_TRAFFIC: Int = Menu.FIRST                    //显示交通路况
```

```kotlin
        private val MENU_NORMAL: Int = Menu.FIRST + 1        //普通地图模式
        private val MENU_SATELLITE: Int = Menu.FIRST + 2     //卫星地图模式
    var mMapView: MapView? = null
    var mBaiduMap: BaiduMap? = null
    override fun onCreate(savedInstanceState: Bundle?) {
        super.onCreate(savedInstanceState)

        //注意该方法要在setContentView方法之前实现
        SDKInitializer.initialize(applicationContext)
        setContentView(R.layout.activity_main)

        //获取地图控件对象
        mMapView = findViewById(R.id.bmapView)
        // BaiduMap 操作地图对象
        mBaiduMap = mMapView!!.map

        //创建坐标点坐标
        val point = LatLng(39.84064836308104, 116.36897553417967)        ①
        //创建 Marker 图标
        val bitmap = BitmapDescriptorFactory
            .fromResource(R.drawable.icon_marka)                          ②
        //创建 MarkerOption,用于在地图上添加 Marker
        val option: OverlayOptions = MarkerOptions()                      ③
            .position(point)                                              ④
            .icon(bitmap)                                                 ⑤
        //在地图上添加 Marker,并显示
        mBaiduMap!!.addOverlay(option)                                    ⑥
    }

    override fun onCreateOptionsMenu(menu: Menu): Boolean {
        menu.add(0, MENU_TRAFFIC, 0, R.string.traffic)
        menu.add(0, MENU_NORMAL, 0, R.string.normal)
        menu.add(0, MENU_SATELLITE, 0, R.string.satellite)
        return super.onCreateOptionsMenu(menu)
    }

    override fun onOptionsItemSelected(item: MenuItem): Boolean {
        when (item.getItemId()) {
            MENU_TRAFFIC -> {
                mBaiduMap!!.mapType = BaiduMap.MAP_TYPE_NORMAL
                mBaiduMap!!.isTrafficEnabled = true
            }
            MENU_NORMAL -> {
                mBaiduMap!!.mapType = BaiduMap.MAP_TYPE_NORMAL
                mBaiduMap!!.isTrafficEnabled = false
            }
            MENU_SATELLITE -> {
                mBaiduMap!!.mapType = BaiduMap.MAP_TYPE_SATELLITE
                mBaiduMap!!.isTrafficEnabled = false
            }
        }
```

```
            return super.onOptionsItemSelected(item)
        }

        override fun onDestroy() {
            super.onDestroy()
            mMapView!!.onDestroy()
        }

        override fun onResume() {
            super.onResume()
            mMapView!!.onResume()
        }

        override fun onPause() {
            super.onPause()
            mMapView!!.onPause()
        }
    }
```

代码第①行创建 LatLng 对象，它是 Mark 覆盖物坐标点。

代码第②行通过资源 id 创建 Marker 图标，BitmapDescriptorFactory 是位图描述信息工厂类，它的 fromResource(R.drawable.icon_marka)函数返回 BitmapDescriptor 位图描述信息。这些类都是百度提供的。

代码第③行创建 MarkerOptions，MarkerOptions 也采用 Fluent Interface（流接口）编程风格，代码第④行 position(point)函数用于设置 Marker 覆盖物的位置。代码第⑤行 icon(bitmap)函数用于设置 Marker 覆盖物的图标。

19.2 定位服务

现在的移动设备很多都提供定位服务，Android 平台目前支持以下两种定位方式。

（1）GPS 定位，通过 GPS 卫星定位。

GPS（全球定位系统）是由美国陆、海、空三军联合研制的新一代空间卫星导航定位系统。其主要目的是为陆、海、空三大领域提供实时、全天候和全球性的导航服务，并用于情报收集、核爆监测和应急通信等一些军事目的。经过 20 余年的研究实验，耗资 300 亿美元，到 1994 年 3 月，全球覆盖率高达 98%的 24 颗 GPS 卫星已布设完成。中国自主研发的卫星导航系统是北斗卫星导航系统（BeiDou Navigation Satellite System，BDS），到 2020 年 7 月，北斗三号全球卫星导航系统正式开通。这些导航卫星分为军用频道和民用频道，军用频道是加密的，定位精度极高，民用频道定位精度要低一些。总体而言 GPS 定位的优点是准确、覆盖面广阔，缺点是不能被遮挡（例如在建筑物里面收不到 GPS 卫星信号）、GPS 开启后比较费电。

（2）移动网络定位，通过移动运营商的蜂窝式移动电话基站或 Wi-Fi 访问点实现定位。

移动网络定位是通过移动运营商的蜂窝式移动电话基站或 Wi-Fi 访问点实现定位，这种定位方式误差比较大。

19.2.1 定位服务授权

定位服务是经常使用的功能，用户的位置信息是非常敏感的隐私，Android 6.0 之后，访问定位服务需

要严格授权,它属于运行时授权。定位服务所需要的权限有两个:

(1) ACCESS_COARSE_LOCATION。粗略定位,主要通过网络定位。

(2) ACCESS_FINE_LOCATION。精确定位,通过 GPS 定位,比较耗费电量。

在清单文件 AndroidManifest.xml 中可以注册权限,代码如下:

```xml
<?xml version="1.0" encoding="utf-8"?>
<manifest xmlns:android="http://schemas.android.com/apk/res/android"
    package="com.zhijieketang">

    <application
        android:allowBackup="true"
        android:icon="@mipmap/ic_launcher"
        android:label="@string/app_name"
        android:supportsRtl="true"
        android:theme="@style/AppTheme">
        <activity android:name=".MainActivity">
            <intent-filter>
                <action android:name="android.intent.action.MAIN" />
                <category android:name="android.intent.category.LAUNCHER" />
            </intent-filter>
        </activity>
    </application>

    <uses-permission android:name="android.permission.ACCESS_FINE_LOCATION" />

</manifest>
```

ACCESS_FINE_LOCATION 权限包含了 ACCESS_COARSE_LOCATION,一般声明 ACCESS_FINE_LOCATION 权限就不用再声明 ACCESS_COARSE_LOCATION 权限。

19.2.2 位置信息提供者

Android 系统的定位服务的位置信息来源有以下 3 个提供者。

(1) LocationManager.GPS_PROVIDER。通过 GPS 获得位置信息,能够获得精确的位置信息,但是只能在户外,没有遮挡环境,耗电量大。

(2) LocationManager.NETWORK_PROVIDER。通过网络(Wi-Fi 和移动基站)获得位置信息,没有 GPS 精度高,但耗电量低,只要有网络,室内、室外都可以。

(3) LocationManager.PASSIVE_PROVIDER。被动方式,通过其他应用更新位置信息。

上面的 GPS_PROVIDER 和 NETWORK_PROVIDER 定位方式使用最为普遍,PASSIVE_PROVIDER 很少使用。

有时用户希望根据自己的条件采用更符合自己位置的信息提供者,可以使用 getBestProvider 函数:

```
String getBestProvider(Criteria criteria, boolean enabledOnly)
```

其中,criteria 用于获得信息提供者的条件,enabledOnly 设置为 true 后,则使用系统默认信息提供者。

示例代码如下:

```
val criteria = Criteria()                              //位置信息提供者条件
criteria.accuracy = Criteria.ACCURACY_FINE             //高精度
```

```
criteria.isCostAllowed = true                          //允许产生资费
criteria.powerRequirement = Criteria.POWER_LOW         //低功耗

criteria.isBearingRequired = true                      //是否要求方向
criteria.isCostAllowed = true                          //是否要求收费
criteria.isSpeedRequired = true                        //是否要求速度
criteria.powerRequirement = Criteria.POWER_LOW         //设置为相对省电
criteria.bearingAccuracy = ACCURACY_HIGH               //设置方向精确度
criteria.setSpeedAccuracy(ACCURACY_HIGH)               //设置速度精确度
criteria.horizontalAccuracy = ACCURACY_HIGH            //设置水平方向精确度
criteria.verticalAccuracy = ACCURACY_HIGH              //设置垂直方向精确度
```

Criteria 是定位条件类。

19.2.3 管理定位服务

管理定位服务需要开启定位服务,为了接收位置变化信息还需要注册定位服务监听器,此外还要注销定位服务监听器。

1. 获得定位服务LocationManager对象

```
mLocationManager = getSystemService(LOCATION_SERVICE) as LocationManager
```

2. 注册定位服务监听器

定位服务开启之后要注册定位服务监听器,当前的定位状态或者是位置等发生变化时会发出通知给监听器。注册是通过 requestLocationUpdates 函数实现的:

```
mLocationManager?.requestLocationUpdates(bestProvider, 1000, 0f, this )
```

第一个参数用于设置采用哪种定位服务方式,如果是 LocationManager.GPS_PROVIDER,则说明采用 GPS 定位,如果是 LocationManager.NETWORK_PROVIDER,则采用移动网络定位。第二个参数是发出通知的最小时间间隔(以毫秒为单位)。第三个参数是发出通知的最小移动距离(以米为单位)。第四个参数是服务事件监听器,需要实现 LocationListener 接口,该接口的函数有:

(1) public void onProviderDisabled(String provider)函数。服务未开启时回调该函数。

(2) public void onProviderEnabled(String provider)函数。服务开启时回调该函数。

(3) public void onStatusChanged(String provider, int status, Bundle extras)函数。定位服务状态发生变化时回调该函数。

(4) public void onLocationChanged(Location location)函数。定位服务位置发生变化时回调该函数。

一般情况下,应用只需要实现 onLocationChanged 函数即可:

```
override fun onLocationChanged(location: Location) {
val latitude = location.latitude
val longitude = location.longitude
val altitude = location.altitude
...
}
```

在 onLocationChanged 函数中,参数 Location 可以获得当前的设备所在的经度和纬度。

3. 注销定位服务监听器

```
mLocationManager?.removeUpdates(this)
```

定位服务监听器的注册和注销，应该在相对的活动（或服务）生命周期中。如果在活动 onStart()函数中注册，就需要在 onStop()函数中注销；如果在活动 onCreate()函数中注册，就需要在 onDestroy()函数中注销。

19.2.4 实例：MyLocation

下面通过一个实例介绍定位服务基本过程。实例运行效果如图 19-13 所示，界面中显示经度、纬度和海拔高度。

布局文件 activity_main.xml 代码如下：

```xml
<GridLayout xmlns:android="http://schemas.android.com/apk/res/android"
    android:layout_width="match_parent"
    android:layout_height="match_parent"
    android:columnCount="2"
    android:gravity="center_horizontal"
    android:padding="20dp"
    android:rowCount="3">

    <TextView
        android:layout_width="150dp"
        android:gravity="end"
        android:text="@string/longitude"
        android:textSize="20sp" />

    <TextView
        android:id="@+id/textView_longitude"
        android:layout_marginLeft="30dp"
        android:gravity="center_vertical"
        android:text="0.0"
        android:textSize="20sp" />
...
</GridLayout>
```

图 19-13　MyLocation 实例运行效果

整个布局采用的是网格布局，有两列三行。

活动文件 MainActivity.kt 代码如下：

```kotlin
private const val TAG = "MyLocation"

//授权请求编码
private const val PERMISSION_REQUEST_CODE = 999

class MainActivity : AppCompatActivity(), LocationListener {
    private var mLatitude: TextView? = null
    private var mLongitude: TextView? = null
    private var mAltitude: TextView? = null

    //定位服务管理类
    private var mLocationManager: LocationManager? = null

    override fun onCreate(savedInstanceState: Bundle?) {
```

```kotlin
        super.onCreate(savedInstanceState)
        setContentView(R.layout.activity_main)

        mLatitude = findViewById(R.id.textView_latitude)
        mLongitude = findViewById(R.id.textView_longitude)
        mAltitude = findViewById(R.id.textView_altitude)

        mLocationManager = getSystemService(LOCATION_SERVICE) as LocationManager
        //检查是否授权
        if (ActivityCompat.checkSelfPermission(
                this,
                Manifest.permission.ACCESS_FINE_LOCATION
            ) != PackageManager.PERMISSION_GRANTED
            && ActivityCompat.checkSelfPermission(
                this,
                Manifest.permission.ACCESS_COARSE_LOCATION
            ) != PackageManager.PERMISSION_GRANTED
        ) {

            //没有授权,请求授权
            ActivityCompat.requestPermissions(
                this,
                arrayOf(
                    Manifest.permission.ACCESS_FINE_LOCATION,
                    Manifest.permission.ACCESS_COARSE_LOCATION
                ),
                PERMISSION_REQUEST_CODE
            )
        } else {   //已经授权,开启定位服务

            if (mLocationManager != null) {
                mLocationManager?.requestLocationUpdates(             ①
                    bestProvider,
                    1000, 0f, this
                )
            }
        }
    }


    override fun onDestroy() {
        super.onDestroy()
        if (mLocationManager != null) {
            mLocationManager?.removeUpdates(this)                     ②
        }
    }
```

```kotlin
override fun onLocationChanged(location: Location) {                    ③
    val latitude = location.latitude
    val longitude = location.longitude
    val altitude = location.altitude
    val msg = "经度： ${longitude}, 纬度: ${latitude}, 海拔高度: ${altitude}"
    Log.i(TAG, msg)

    mLatitude!!.text = "%.4f".format(latitude)
    mLongitude!!.text = "%.4f".format(longitude)
    mAltitude!!.text = altitude.toString()
}

override fun onStatusChanged(provider: String, status: Int, extras: Bundle) {  ④
    Log.i(TAG, "onStatusChanged...")
}

override fun onProviderEnabled(provider: String) {                      ⑤
    Log.i(TAG, "onProviderEnabled...")
}

override fun onProviderDisabled(provider: String) {                     ⑥
    Log.i(TAG, "onProviderDisabled...")
}

}//位置信息提供者条件

//高精度
//允许产生资费
//低功耗
//获得符合条件的位置信息提供者
private val bestProvider: String
    get() {
        val criteria = Criteria()                                //位置信息提供者条件
        criteria.accuracy = Criteria.ACCURACY_FINE               //高精度
        criteria.isCostAllowed = true                            //允许产生资费
        criteria.powerRequirement = Criteria.POWER_LOW           //低功耗

        var provider: String? = null
        if (mLocationManager != null) {
            // 没有授权情况下返回 null
            provider = mLocationManager?.getBestProvider(criteria, false)

        }
        return provider ?: GPS_PROVIDER
    }

@SuppressLint("MissingPermission")                                      ⑦
override fun onRequestPermissionsResult(
    requestCode: Int,
```

```
            permissions: Array<out String>,
            grantResults: IntArray
        ) {
            if (requestCode == PERMISSION_REQUEST_CODE) {          //判断请求 Code
                //包含授权成功权限
                if (!grantResults.contains(PackageManager.PERMISSION_GRANTED)) {
                    Log.i(TAG, " 授权失败...")
                } else {
                    Log.i(TAG, " 授权成功...")
                    //开启位置服务
                    if (mLocationManager != null) {
                        mLocationManager?.requestLocationUpdates(              ⑧
                            bestProvider,
                            1000, 0f, this
                        )
                    }
                }
            }
        }
```

代码第②和第⑧行启动定位服务。代码第③行是位置变化时回调该函数。代码第④行是状态发生变化时回调该函数。代码第⑤行是在位置信息提供者可用时回调该函数。代码第⑥行是在位置信息提供者不可用时回调该函数。代码第⑦行是 Android 平台的语法检测器注解。@SuppressLint("MissingPermission")表示可以忽略指定的警告。这是因为 requestLocationUpdates 函数在调用前需要权限审核。事实上之前代码已经进行了处理，此处不再处理，但是不处理又会有语法错误，因此在该函数前添加 SuppressLint 注释。

19.2.5 测试定位服务

定位服务应用已编写完成，在没有真机时如何测试呢？开发人员可以有以下多种选择。

（1）使用 Android Studio 自带的 Android 扩展控制面板发送模拟位置。

（2）使用 adb 命令发送模拟位置。

（3）使用第三方 Android 模拟器发送模拟位置。

以下重点介绍 Android Studio 自带的 Android 扩展控制面板和使用 adb 命令发送模拟位置。

1．Android扩展控制面板

如图 19-14 所示界面中，点击控制面板下面的 ••• 按钮可以打开 Android 扩展控制面板，如图 19-15 所示，在扩展控制面板中可以模拟定位、电话和指纹等。

点击控制面板中的 Location（定位），如图 19-16 所示，如果希望模拟单个点位置可以在地图上选择位置，然后点击右下角的 SET LOCATION 按钮将选中的位置坐标发送给模拟器。开发人员也可以保

图 19-14 控制面板

存选中的位置，保存的位置在右边的保存位置列表中可以看到。

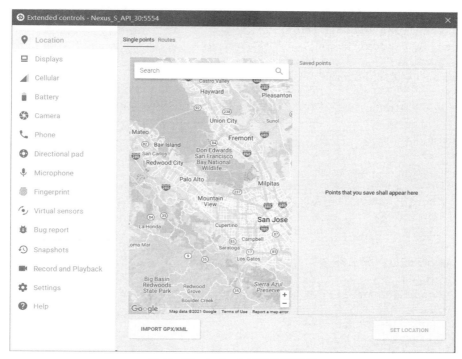

图 19-15　Android 扩展控制面板

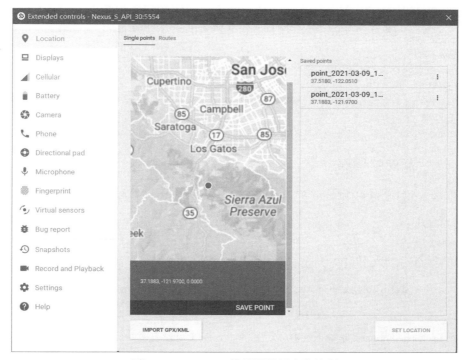

图 19-16　Android 模拟器扩展定位控制

如果想模拟连续位置变化,可以创建 GPX[①]和 KML[②]文件描述多个坐标点。下面是一个简单的 KML 文件,代码如下:

```xml
<?xml version="1.0" encoding="UTF-8"?>
<kml xmlns="http://earth.google.com/kml/2.2">
    <Placemark>
        <name>北京天安门</name>
        <Point>
            <coordinates>116.408198,39.904667,0</coordinates>
        </Point>
    </Placemark>
    <Placemark>
        <name>天坛 01</name>
        <Point>
            <coordinates>116.408398,39.902667,0</coordinates>
        </Point>
    </Placemark>
    <Placemark>
        <name>天坛 02</name>
        <Point>
            <coordinates>116.408598,39.900667,0</coordinates>
        </Point>
    </Placemark>
    <Placemark>
        <name>天坛 03</name>
        <Point>
            <coordinates>116.408798,39.898667,0</coordinates>
        </Point>
    </Placemark>
    <Placemark>
        <name>天坛 04</name>
        <Point>
            <coordinates>116.408998,39.896667,0</coordinates>
        </Point>
    </Placemark>
    <Placemark>
        <name>天坛 05</name>
        <Point>
            <coordinates>116.409198,39.894667,0</coordinates>
        </Point>
    </Placemark>
    <Placemark>
        <name>天坛 06</name>
        <Point>
            <coordinates>116.409398,39.892667,0</coordinates>
```

---

① GPX(GPS Exchange Format)是基于 XML 格式的文件,GPX 可以表述一组坐标点。
② KML(Keyhole Markup Language)Google 发布并主要应用于 Google Earth 客户端。KML 描述的功能很强,除了可以描述一个点地理坐标,还可以描述线、图片、折线,还可以包含视角、高度等信息。

```
            </Point>
        </Placemark>
        <Placemark>
            <name>天坛 07</name>
            <Point>
                <coordinates>116.409598,39.890667,0</coordinates>
            </Point>
        </Placemark>
        <Placemark>
            <name>天坛 08</name>
            <Point>
                <coordinates>116.409798,39.888667,0</coordinates>
            </Point>
        </Placemark>
        <Placemark>
            <name>天坛 09</name>
            <Point>
                <coordinates>116.411133,39.882079,0</coordinates>
            </Point>
        </Placemark>
</kml>
```

\<Placemark\>标签描述的是一个地理坐标点，\<name\>标签是该坐标点的名字，\<coordinates\>标签是坐标点的经、纬度。

可以点击 LOAD GPX/KML 按钮选择 KML 文件，另外，可以通过 Speed 1X 改变速度，然后点击 ▶(开始) 按钮，开始连续发送位置信息给模拟器。

2. 使用 adb 命令发送模拟位置

adb 命令也可以发送位置，指令如下：

```
adb -e emu geo fix  <经度>  <纬度>
```

例如发送一个北京天安门附近的模拟位置，如图 19-17 所示。

图 19-17　adb 命令发送模拟位置

19.3　定位服务与地图结合实例：WhereAMI

用户如果想查询一个位置，给他看那些枯燥的数字是不明智的，应用设计人员和开发人员应该把这些枯燥的数字标注在地图上。很多基于位置服务的应用都需要将枯燥的经、纬度标注在地图上，下面通过一个实例（WhereAMI）介绍如何将定位服务与地图结合起来。

WhereAMI 实例运行效果如图 19-18 所示，界面上显示用户当前位置（标注❤），当用户位置变化时标注也会跟着变化。

该实例类似于 19.1.5 节的实例，可以在 19.1.5 节的实例基础上修改，相同部分不再赘述。

```kotlin
private const val TAG = "MyLocation"

//授权请求编码
private const val PERMISSION_REQUEST_CODE = 999

class MainActivity : AppCompatActivity(), LocationListener {
    private var mLatitude: TextView? = null
    private var mLongitude: TextView? = null
    private var mAltitude: TextView? = null

    //定位服务管理类
    private var mLocationManager: LocationManager? = null
    var mMapView: MapView? = null
    var mBaiduMap: BaiduMap? = null

    override fun onCreate(savedInstanceState: Bundle?) {
        super.onCreate(savedInstanceState)

        //注意该方法要在 setContentView 方法之前实现
        SDKInitializer.initialize(applicationContext)
        setContentView(R.layout.activity_main)

        //获取地图控件对象
        mMapView = findViewById(R.id.bmapView)
        // BaiduMap 操作地图对象
        mBaiduMap = mMapView!!.map
        //设定中心点坐标
        val cenpt = LatLng(39.84064836308104, 116.36897553417967)
        //定义地图状态
        val mapStatus: MapStatus = MapStatus.Builder()
                .target(cenpt)
                .zoom(12f)
                .build()

        val mapStatusUpdate = MapStatusUpdateFactory.newMapStatus(mapStatus)

        mLocationManager = getSystemService(LOCATION_SERVICE) as LocationManager
        //检查是否授权
        if (ActivityCompat.checkSelfPermission(
                    this,
                    Manifest.permission.ACCESS_FINE_LOCATION
            ) != PackageManager.PERMISSION_GRANTED
```

图 19-18　WhereAMI 实例运行效果

```kotlin
            && ActivityCompat.checkSelfPermission(
                this,
                Manifest.permission.ACCESS_COARSE_LOCATION
            ) != PackageManager.PERMISSION_GRANTED
        ) {

            //没有授权，请求授权
            ActivityCompat.requestPermissions(
                this,
                arrayOf(
                    Manifest.permission.ACCESS_FINE_LOCATION,
                    Manifest.permission.ACCESS_COARSE_LOCATION
                ),
                PERMISSION_REQUEST_CODE
            )
        } else {                                          //已经授权，开启位置服务

            if (mLocationManager != null) {
                mLocationManager?.requestLocationUpdates(
                    bestProvider,
                    1000, 0f, this
                )
            }
        }
    }


    override fun onDestroy() {
        super.onDestroy()
        if (mLocationManager != null) {
            mLocationManager?.removeUpdates(this)
        }
    }


    override fun onLocationChanged(location: Location) {                          ①
        val latitude = location.latitude
        val longitude = location.longitude
        val msg = "经度： ${longitude}，纬度: ${latitude}"
        Log.i(TAG, msg)
        //创建坐标点坐标
        val point = LatLng(latitude, longitude)                                   ②
        //创建 Marker 图标
        val bitmap = BitmapDescriptorFactory
            .fromResource(R.drawable.icon_marka)
        //创建 MarkerOption，用于在地图上添加 Marker

        //清除之前的 Marker
        mBaiduMap!!.clear()                                                       ③
```

```kotlin
        val option: OverlayOptions = MarkerOptions()                      ④
            .position(point)
            .icon(bitmap)
        //在地图上添加 Marker 并显示
        mBaiduMap!!.addOverlay(option)
    }

    override fun onStatusChanged(provider: String, status: Int, extras: Bundle) {
        Log.i(TAG, "onStatusChanged...")
    }

    override fun onProviderEnabled(provider: String) {
        Log.i(TAG, "onProviderEnabled...")
    }

    override fun onProviderDisabled(provider: String) {
        Log.i(TAG, "onProviderDisabled...")
    }//位置信息提供者条件

    //高精度
    //允许产生资费
    //低功耗
    //获得符合条件的位置信息提供者
    private val bestProvider: String
        get() {
            val criteria = Criteria()                                    //位置信息提供者条件
            criteria.accuracy = Criteria.ACCURACY_FINE                   //高精度
            criteria.isCostAllowed = true                                //允许产生资费
            criteria.powerRequirement = Criteria.POWER_LOW               //低功耗

            var provider: String? = null
            if (mLocationManager != null) {
                //没有授权情况下返回 null
                provider = mLocationManager?.getBestProvider(criteria, false)

            }
            return provider ?: GPS_PROVIDER
        }

    @SuppressLint("MissingPermission")
    override fun onRequestPermissionsResult(
        requestCode: Int,
        permissions: Array<out String>,
        grantResults: IntArray
    ) {
        if (requestCode == PERMISSION_REQUEST_CODE) {                    //判断请求 Code
            //包含授权成功权限
            if (!grantResults.contains(PackageManager.PERMISSION_GRANTED)) {
                Log.i(TAG, " 授权失败...")
```

```
            } else {
                Log.i(TAG, " 授权成功...")
                //开启位置服务
                if (mLocationManager != null) {
                    mLocationManager?.requestLocationUpdates(
                        bestProvider,
                        1000, 0f, this
                    )
                }
            }
        }
    }
}
```

代码第①行 onLocationChanged 函数是用户位置变化时的回调函数，从 location 参数取出经、纬度，在代码第②行创建一个新的 LatLng 对象，代码第③行是清除之前添加的标注，代码第④行是在 LatLng 坐标点上添加地图遮盖物。

19.4 本章总结

本章重点介绍百度地图和定位服务，首先讲解了如何申请百度地图 API Key 以及百度地图环境搭建和配置。然后介绍了定位服务，其中包括了定位服务授权、位置信息提供者、管理定位服务、测试定位服务。最后介绍了定位服务与地图结合的实例。

第 20 章 Android 绘图与动画技术

在移动平台开发中,图形绘制和生动的动画都是非常重要的技术,可以帮助开发一些有趣的应用和游戏,特别是在游戏开发中,图形绘制和动画制作是必不可少的技术。

20.1 Android 2D 绘图技术

很多游戏都没有使用本地标准控件,而是使用绘图技术将图形绘制到界面上。绘图技术主要分为 2D 绘图技术和 3D 绘图技术。Android 平台提供了 2D 绘图技术和 3D 绘图技术,2D 绘图是由 Android 基本组件构成的,而 3D 绘图主要是通过 OpenGL ES 技术实现的。

要了解 Android 图形系统结构从图 20-1 开始。

Android 采用了两种图形引擎技术:一种是 Skia,另一种是 OpengGL ES。Skia 已经被谷歌收购了,除了在 Android 平台使用外,还在谷歌 Chrome 浏览器中使用,Skia 提供了 2D 图形库,OpenGL ES 则是 2D/3D 图形库。在 Android 平台中很多使用的 View 及其子类(如 TextView 和 Button)事实上都是通过 Skia 绘制出来的。

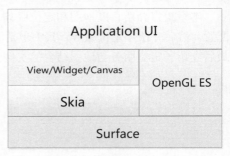

图 20-1　Android 图形系统结构

20.1.1 画布和画笔

画布(Canvas)是 Android 的 2D 图形绘制的中枢,绘制函数的参数中通常包含一个画笔(Paint)对象,画笔可以设定要绘制的图形、图像和文本的样式及颜色。

Paint 类有很多设置函数,这些设置函数大体上可以分为两类:一类与图形绘制相关,另一类与文本相关,Paint 类常用以下属性。

(1) color。可以设置颜色。
(2) alpha。设置透明度,它的取值范围为 0~255。
(3) style。设置样式。
(4) textAlign。设置文本对齐方式。
(5) textSize。设置文本的字号。

Canvas 类常用以下绘图函数。

（1）drawPoint。绘制单个点。
（2）drawPoints。绘制多个点。
（3）drawLine。绘制单条线。
（4）drawLines。绘制多条线。
（5）drawText。绘制文本。
（6）drawArc。绘制弧线。
（7）drawBitmap。绘制图像。
（8）drawRect。绘制矩形。

20.1.2 实例：绘制点和线

绘制点和线可以采用如下 Canvas 类函数完成。
（1）void drawPoint(float x, float y, Paint paint)。绘制单个点。
（2）void drawPoints(float[] pts, Paint paint)。绘制多个点，pts 绘制点数组集合，其中两个元素为一个坐标点，pts 格式是[x0 y0 x1 y1 x2 y2 ...]。
（3）void drawPoints(float[] pts, int offset, int count, Paint paint)。绘制多个点。offset 是偏移量，是跳过 pts 数组元素个数。count 是所使用 pts 数组元素的个数。
（4）void drawLine (float startX, float startY, float stopX, float stopY, Paint paint)。绘制单条线。
（5）void drawLines (float[] pts, Paint paint)。绘制多条线，pts 参数格式是[x0 y0 x1 y1 x2 y2 ...]，其中两个元素为一个坐标点。

下面通过一个实例介绍如何绘制点和线，如图 20-2 所示。

活动 MainActivity.kt 代码如下：

```
class MainActivity : AppCompatActivity() {
    override fun onCreate(savedInstanceState: Bundle?) {
        super.onCreate(savedInstanceState)
        //通过自定义视图 MyView 设置活动内容
        setContentView(MyView(this))                                    ①
    }
}

//自定义视图类
class MyView(context: Context?) : View(context) {                       ②
    override fun onDraw(canvas: Canvas) {                               ③

        val x = 0.0f
        val y = 100.0f
        val height = 100
        //创建画笔对象
        val paint = Paint()                                             ④
        //设置画笔颜色
```

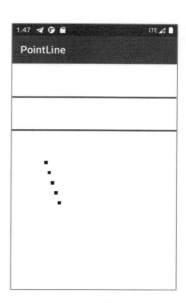

图 20-2　绘制点和线

```kotlin
        paint.color = Color.RED                                           ⑤
        //设置画笔的粗细
        paint.strokeWidth = 5.0f                                          ⑥
        //在画布上画线
        canvas.drawLine(x, y, x + width - 1, y, paint)                    ⑦
        canvas.drawLine(x, y + height - 1, x + width, y+ height - 1, paint)

        //重新设置画笔
        paint.color = Color.BLACK
        paint.strokeWidth = 10.0f
        //准备100个数据
        val pts = FloatArray(100)
        var i = 0
        while (i < 100) {
            pts[i] = (i * 5).toFloat()
            pts[i + 1] = (i * 15).toFloat()
            i += 2
        }
        //在画布上画点
        canvas.drawPoints(pts, 20, 10, paint)                             ⑧
    }
}
```

代码第①行将一个自定义的视图 MyView 设置为活动内容视图,类似于 setContentView(R.layout.activity_main) 语句,内容视图来源于布局文件 activity_main.xml。自定义的视图方式是 Android 绘图技术常用的手段。

代码第②行是自定义的视图内部类,它继承了 android.view.View 类,并重写 onDraw (canvas: Canvas)函数(见代码第③行)。它需要一个 Context 上下文参数调用父类构造函数。

代码第④行创建画笔对象,并根据需求设置画笔,然后开始绘制。代码第⑤行设置画笔颜色。代码第⑥行设置画笔的粗细。代码第⑦行绘制线段。代码第⑧行在画布上绘制多个点,其中,pts 是所需要数据的数组,20 是跳过 pts 数组前 20 个元素,10 是需要 pts 数组 10 个元素(从第 21 个元素开始),由于是两两一组描述一个点,因此 10 个元素就是 5 个点,因此图 20-2 界面上绘制后会有 5 个点。

20.1.3 实例:绘制矩形

绘制矩形使用 Canvas 类的函数 drawRect,drawRect 函数有以下三个重载函数。

(1) drawRect(float left, float top, float right, float bottom, Paint paint)。该函数通过一个指定矩形的左边(left)、顶边(top)、右边(right)和底边(bottom)距离定义矩形,这些参数如图 20-3 所示。注意要确保 left <= right 和 top <= bottom。

(2) drawRect(RectF rect, Paint paint)。通过 RectF 对象绘制矩形,RectF 是具有浮点类型的 bottom、left、right 和 top 属性坐标的矩形对象。

(3) drawRect(Rect r, Paint paint)。通过 Rect 对象绘制矩形,Rect 是具有整数类型的 bottom、left、right 和 top 属性坐标的矩形对象。

下面通过一个实例介绍如何绘制矩形,如图 20-4 所示。

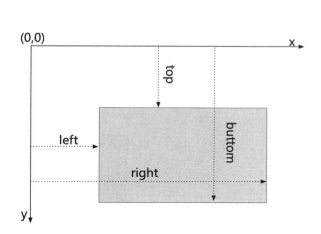

图 20-3 矩形 bottom、left、right 和 top 属性

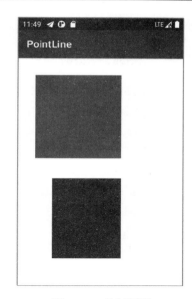

图 20-4 绘制矩形

活动 MainActivity.kt 代码如下：

```kotlin
class MainActivity : AppCompatActivity() {
    override fun onCreate(savedInstanceState: Bundle?) {
        super.onCreate(savedInstanceState)
        //通过自定义视图MyView设置活动内容
        setContentView(MyView(this))
    }
}

//自定义视图类
class MyView(context: Context?) : View(context) {
    override fun onDraw(canvas: Canvas) {

        //创建画笔
        val paint = Paint()
        //设置画笔颜色
        paint.color = Color.RED

        //创建基于整数的矩形
        val r1 = Rect(50, 50, 300, 300)                                         ①
        //绘制矩形
        canvas.drawRect(r1, paint)

        paint.color = Color.BLUE
        //创建基于浮点数的矩形
        val r2 = RectF(100.0f, 360.0f, 300.0f, 600.0f)                          ②
        canvas.drawRect(r2, paint)
    }
}
```

代码第①行创建整数类型 Rect 对象，代码第②行创建浮点类型 RectF 对象。

20.1.4 实例：绘制弧线

绘制弧线使用 Canvas 类函数实现：

```
drawArc (RectF oval, float startAngle, float sweepAngle, boolean useCenter, Paint paint)
```

其中，参数含义如下。

（1）oval：表示这个弧形的边界。这里用一个矩形限定了弧形的边界。
（2）startAngle：是指圆弧开始的角度。顺时针为正，单位是"度"。
（3）sweepAngle：是指圆弧扫过的角度。顺时针为正，单位是"度"。
（4）useCenter：是指绘制圆弧是否包含圆心。
（5）paint：是画笔对象。

其中，难以理解的参数是 oval 和 useCenter，下面通过一个实例理解这些参数的使用，实例运行效果如图 20-5 所示。

活动 MainActivity.kt 代码如下：

图 20-5　绘制弧线实例效果

```
//自定义视图类
class MyView(context: Context?) : View(context) {
    override fun onDraw(canvas: Canvas) {

        //创建画笔
        val paint = Paint()
        //开启抗锯齿效果
        paint.isAntiAlias = false                                               ①
        paint.color = Color.BLUE

        val oval1 = RectF(50f, 50f, 450f, 450f)
        canvas.drawRect(oval1, paint)

        paint.color = Color.RED
        //绘制360°的圆
        canvas.drawArc(oval1, 90f, 360f, true, paint)                           ②

        paint.color = Color.YELLOW
        val oval2 = RectF(200.0f, 500.0f, 250f, 550f)
        //绘制90°～135°的圆弧，包含圆心
        canvas.drawArc(oval2, 90f, 135f, true, paint)                           ③

        val oval3 = RectF(300.0f, 300.0f, 600f, 600f)
        //绘制90°～135°的圆弧，不包含圆心
        canvas.drawArc(oval3, 90f, 135f, false, paint)                          ④
    }
}
```

代码第①行开启抗锯齿效果，如果关闭抗锯齿效果会在圆弧的周围有"毛边"，这是因为在计算机中任

何弧线都是通过很短的直线描绘的，弧线看起来越圆滑、锯齿越少，这些直线段就短，数量就越多。

代码第②行绘制 360° 的圆，参数 oval1 是一个正方形，该正方形限定了要绘制圆弧的边界。

代码第③行和第④行都是绘制 90°～135° 的圆弧，useCenter 设定为 true，则表示包含圆心，useCenter 设定为 false，则表示不包含圆心，如图 20-6 所示。

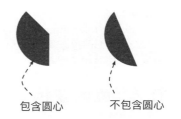

图 20-6　通过设置 useCenter 参数绘制弧线

20.1.5　实例：绘制位图

位图是由像素表示的图像，每一个像素点用 3 个 0～255 的整数表示，即 RGB 表示。任何颜色都可以通过红、绿、蓝调配出来。在 Android 平台采用 RGBA 表示，除了 3 个颜色值外，还用 A 表示透明度，取值范围也是 0～255 的整数。

Android 支持的图片格式有 png、jpg、gif 和 bmp，但是如果 gif 本身有动画，它是不能实现的。在 Android 中获得位图（Bitmap）对象有以下两种方式。

（1）使用 BitmapFactory 获取位图。BitmapFactory 从资源文件中创建位图。

（2）使用 BitmapDrawable 获取位图。通过一个资源 id 获得输入流，再创建位图，该函数比较麻烦。

绘制位图 drawBitmap(Bitmap bitmap, float left, float top, Paint paint)。其中参数 bitmap 是位图对象，left 是位图左边坐标，top 是位图顶边坐标。

下面通过一个实例熟悉绘制位图的方法，实例运行效果如图 20-7 所示。

图 20-7　绘制位图实例将效果

活动 MainActivity.kt 代码如下：

```kotlin
//自定义视图类
class MyView(context: Context?) : View(context) {
    override fun onDraw(canvas: Canvas) {
        //创建bitmap对象
        val bitmap = BitmapFactory.decodeResource(resources, R.drawable.cat)      ①
        //创建画笔对象
        val paint = Paint()
        //绘制位图
        canvas.drawBitmap(bitmap, 60f, 60f, paint)                                ②
    }
}
```

代码第①行通过 BitmapFactory 的 decodeResource 函数获取位图，getResources 函数返回 Resources 对象，R.drawable.cat 是资源 id。

代码第②行绘制位图，其中 60, 60 是位图的左上角坐标。事实上就是为了达到在活动上放置一个图片的目标，可以采用 XML 布局文件作为活动的内容视图，然后放置一个图片视图，属性设定代码如下：

```xml
<ImageView
    android:layout_width="wrap_content"
    android:layout_height="wrap_content"
    android:src="@drawable/cat" />
```

20.2 位图变换

在实际使用位图的过程中，原始图片的大小往往不能满足用户的需要，它们或大或小，因此需要对这些位图进行变换，位图变换有三种基本形式：平移、旋转和缩放。

提示：说到位图变换，本质上进行的是矩阵计算，每一种变换都有一个矩阵，原始位图中的像素点坐标，与矩阵进行计算得到新的像素点坐标，然后重新绘制这些像素到视图。这里涉及线性代数和解析几何的相关知识。

20.2.1 矩阵

位图变换涉及矩阵（Matrix）类，Matrix 是一个 3×3 的矩阵，用于坐标变换，Matrix 类中有很多函数，主要有以下三种常用变换函数。

（1）setScale (float sx, float sy, float px, float py)。设置缩放矩阵，参数 sx、sy 是缩放比例，px、py 是缩放中心点坐标。

（2）setRotate (float degrees, float px, float py)。设置旋转矩阵，degrees 是旋转的度数，px、py 是旋转中心点坐标。

（3）setTranslate(float dx, float dy)。设置平移矩阵，dx 是在 x 轴方向平移的距离，dy 是在 y 轴方向平移的距离。

另外，在 Matrix 类中每个变换函数中有以下三个不同的前缀。

（1）set 函数。直接设置矩阵值，当前矩阵会被替换。

（2）post 函数。当前矩阵乘参数。可以连续多次使用 post 完成所需的整个变换。

（3）pre 函数。参数乘当前矩阵。所以矩阵计算是发生在当前矩阵之前。

例如：setScale (float sx, float sy, float px, float py)函数是设置缩放矩阵；postScale (float sx, float sy)函数是当前矩阵乘缩放矩阵；preScale (float sx, float sy)是缩放矩阵乘当前矩阵。

20.2.2 实例：位图变换

下面通过一个实例熟悉位图变换，实例运行效果如图 20-8 所示，变换前后有比较大的差别，如图 20-8 所示的变换是经历了三次变换：缩放变换→旋转变换→平移变换。

活动 MainActivity.kt 代码如下：

```kotlin
class MainActivity : AppCompatActivity() {
    override fun onCreate(savedInstanceState: Bundle?) {
        super.onCreate(savedInstanceState)
        //通过自定义视图 MyView 设置活动内容
        setContentView(MyView(this))
    }
}
```

```kotlin
//自定义视图类
class MyView(context: Context?) : View(context) {
    override fun onDraw(canvas: Canvas) {
        val bitmap = BitmapFactory.decodeResource(resources, R.drawable.cat)
        val matrix = Matrix()                                                   ①
        matrix.setScale(0.8f, 0.8f, 40f, 40f)                                   ②
        matrix.postRotate(40f, 100f, 200f)                                      ③
        matrix.postTranslate(50f, 100f)                                         ④
        //创建画笔对象
        val paint = Paint()
        //绘制位图
        canvas.drawBitmap(bitmap, matrix, paint)                                ⑤
    }
}
```

上述代码第①行创建矩阵 Matrix 对象,代码第②行缩小 4/5,以(40,40)为缩放中心点。代码第③行围绕(100,200)坐标点旋转 40°。代码第④行在 x 轴方向平移 50,在 y 轴方向平移 100。

代码第⑤行按照矩阵 matrix 绘制位图。

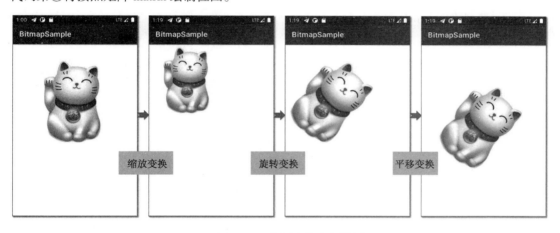

图 20-8　位图变换实例效果

注意：需要注意 set、post 和 pre 函数的区别,如果将代码第③行 matrix.postRotate(40f, 100f, 200f)语句改为 matrix.setRotate(40f, 100f, 200f)语句,那么代码第②行 matrix.setScale(0.8f, 0.8f, 40, 40)缩小 4/5 就不起作用了。

20.3　调用 Android 照相机获取图片

在移动设备中获取图片最常用的手段是调用 Android 照相机拍图片。

20.3.1　调用 Android 照相机

调用 Android 照相机其实很简单,就是通过指定一个意图实现。谷歌为调用 Android 照相机的意图定义了一个动作 android.media.action.IMAGE_CAPTURE，对应的常量是 MediaStore.ACTION_IMAGE_CAPTURE，在程序代码应该使用常量。

提示：拍摄视频的动作是 android.media.action.VIDEO_CAPTURE，对应的常量是 MediaStore.ACTION_VIDEO_CAPTURE。

拍摄完成之后，可以将图片保存起来，或者直接使用返回的数据。发起 Android 照相机调用一般是在活动中，数据返回可以重写活动的 onActivityResult()函数。基本示例代码如下：

```
Intent intent = new Intent(MediaStore.ACTION_IMAGE_CAPTURE);
startActivityForResult(intent, REQ_CODE_DATA);
...
@Override
protected void onActivityResult(int requestCode, int resultCode, Intent data) {
...
}
```

20.3.2 调用 Android 照相机实例：CameraTake

通过一个简单实例了解调用 Android 照相机的过程。实例效果如图 20-9 所示，用户点击图 20-9（a）中的按钮，显示系统提供的照相机界面，拍照完成后进入确认界面，如图 20-9（b）所示；最终的图片如图 20-9（c）所示。

（a）点击按钮　　　　　（b）拍照确认　　　　　（c）最终图片

图 20-9　调用 Android 照相机实例效果

下面分几部分介绍该实例的实现过程。

1. 权限设置和授权

访问照相机需要 android.permission.CAMERA 权限，另外，由于需要保存图片到外部存储，因此还需要

android.permission.WRITE_EXTERNAL_STORAGE 和 android.permission.READ_EXTERNAL_STORAGE 权限。由于是动态授权，因此首先需要在清单文件 AndroidManifest.xml 中进行注册：

```xml
<?xml version="1.0" encoding="utf-8"?>
<manifest xmlns:android="http://schemas.android.com/apk/res/android"
    package="com.zhijieketang">

    <application
        ...

    </application>

    <uses-permission android:name="android.permission.WRITE_EXTERNAL_STORAGE" />
    <uses-permission android:name="android.permission.READ_EXTERNAL_STORAGE" />
    <uses-permission android:name="android.permission.CAMERA" />
</manifest>
```

注册完后，还需要在代码中检查这些权限，如果没有授权还需要请求授权，活动 MainActivity.kt 代码如下：

```kotlin
...

class MainActivity : AppCompatActivity() {
...
    override fun onCreate(savedInstanceState: Bundle?) {
        super.onCreate(savedInstanceState)
        setContentView(R.layout.activity_main)

        //请求授权
        checkPermissions()
...

    //核对权限，并请求授权
    private fun checkPermissions() {
        // 1.检查是否具有权限
        if (checkSelfPermission(Manifest.permission.WRITE_EXTERNAL_STORAGE)
            != PackageManager.PERMISSION_GRANTED
            || checkSelfPermission(Manifest.permission.CAMERA)
            != PackageManager.PERMISSION_GRANTED
            || checkSelfPermission(Manifest.permission.READ_EXTERNAL_STORAGE)
            != PackageManager.PERMISSION_GRANTED ) {
            //请求的权限集合
            val permissions = arrayOf(
                Manifest.permission.WRITE_EXTERNAL_STORAGE,
                Manifest.permission.READ_EXTERNAL_STORAGE,
                Manifest.permission.CAMERA
            )
            // 2.请求授权，弹出对话框
            requestPermissions(permissions, 0)
        }
    }
}
```

2. 点击按钮处理

活动 MainActivity.kt 代码如下：

```
class MainActivity : AppCompatActivity() {
    //定义 mOutFile 属性
    private val mOutFile: File                                                    ①
        get() {
            //获得外部存储的 Document 目录对象
            val sdCardDir = getExternalFilesDir(Environment.DIRECTORY_DOCUMENTS)  ②
            //获得文件的全路径
            return File(sdCardDir, PictureFile)
        }
    override fun onCreate(savedInstanceState: Bundle?) {
        super.onCreate(savedInstanceState)
        setContentView(R.layout.activity_main)

        //请求授权
        ...
        val buttonTake = findViewById<Button>(R.id.buttonTake)
        buttonTake.setOnClickListener {                                           ③
            //定义访问照相机意图
            val intent = Intent(MediaStore.ACTION_IMAGE_CAPTURE)                  ④
            //启动意图，返回请求编码为 REQ_CODE_DATA
            startActivityForResult(intent, REQ_CODE_DATA)                         ⑤
        }

        val buttonTakeSave = findViewById<Button>(R.id.buttonTakeSave)
        buttonTakeSave.setOnClickListener {                                       ⑥
            //定义访问照相机意图
            val intent = Intent(MediaStore.ACTION_IMAGE_CAPTURE)
            //获得保存图片的 URI
            val photoURI = FileProvider.getUriForFile(                            ⑦
                this,
                "${BuildConfig.APPLICATION_ID}.provider", mOutFile
            )

            //设置意图附加信息
            intent.putExtra(MediaStore.EXTRA_OUTPUT, photoURI)                    ⑧
            //启动意图，返回请求编码为 REQ_CODE_SAVE
            startActivityForResult(intent, REQ_CODE_SAVE)
        }
    }
}
```

用户拍照后，需要保存到手机设备，代码第①行定义 mOutFile 属性，该属性可以获得要保存图片的完整路径。代码第②行获得设备的外部存储 Document 目录。代码第③行是用户点击"调用照相机"按钮事件处理。代码第④行定义访问照相机意图，其中 Intent(MediaStore.ACTION_IMAGE_CAPTURE)是 Android 系统定义的访问照相机意图。代码第⑤行通过 startActivityForResult 函数调出系统照相机界面。REQ_CODE_DATA 是返回请求编码，用于返回时的判断。代码第⑥行是用户点击"调用照相机"按钮返回按钮事件处理。代码第⑦行 FileProvider.getUriForFile 函数用于获得要保存的图片 URI，Android 7 之后不能通过 File 对象创建

URI，稍后再详细介绍。

代码第⑧行设置意图附加信息，其中 MediaStore.EXTRA_OUTPUT 常量是设置的输出文件路径，photoURI 是设置的文件路径，该路径需要使用 URI 形式表示。

3. 获得保存图片的URI

用户点击"调用照相机"或"调用照相机保存图片"按钮之后，会调出"系统照相机"对话框，用户拍照完后，确认后会回调。活动 MainActivity.kt 相关代码如下：

```
...
    override fun onActivityResult(requestCode: Int, resultCode: Int, data: Intent?) {
        super.onActivityResult(requestCode, resultCode, data)
        val imageView = findViewById<ImageView>(R.id.imageView)
        var bitmap: Bitmap?
        if (resultCode == RESULT_OK) {
            when (requestCode) {
                //点击"调用照相机"按钮返回
                REQ_CODE_DATA -> {                                              ①
                    val extras = data!!.extras                                  ②
                    bitmap = extras!!["data"] as Bitmap?                        ③
                    imageView.setImageBitmap(bitmap)                            ④
                }
                //点击"调用照相机保存图片"按钮返回
                REQ_CODE_SAVE -> {                                              ⑤
                    FileInputStream(mOutFile).use { outFileInputStream ->       ⑥
                        bitmap = BitmapFactory.decodeStream(outFileInputStream) ⑦
                        imageView.setImageBitmap(bitmap)                        ⑧
                    }
                }
            }
        }
    }
...
```

代码第①~④行是点击"调用照相机"按钮后的返回处理。其中代码第②行是从 data 中获得 Bundle 对象，data 是 onActivityResult()函数回传的参数，代码第③行是从附加信息中通过 data 键获取 Bitmap 对象，代码第④行 imageView.setImageBitmap(bitmap)是设置位图到图片视图。

代码第⑤~⑧行是点击"调用照相机保存图片"按钮后的返回处理。代码第⑥行获得文件输入流 FileInputStream 对象。代码第⑦行通过 BitmapFactory 获取位图，decodeStream 函数可以从文件输入流创建图片二进制数据。代码第⑧行直接将图片的二进制数据设置到 ImageView 控件。

4. 单击按钮的回调处理

Android7 之后不能通过 File 对象创建 URI，通过内容提供者获得文件保存 URI，需要在清单文件中注册内容提供者，代码如下：

```xml
<?xml version="1.0" encoding="utf-8"?>
<manifest xmlns:android="http://schemas.android.com/apk/res/android"
    package="com.zhijieketang">

    <application
```

```
...
        <provider                                                              ①
            android:name="androidx.core.content.FileProvider"                  ②
            android:authorities="${applicationId}.provider"                    ③
            android:exported="false"
            android:grantUriPermissions="true">                                ④
            <meta-data
                android:name="android.support.FILE_PROVIDER_PATHS"             ⑤
                android:resource="@xml/provider_paths" />                      ⑥
        </provider>                                                            ⑦

    </application>
...
```

代码第①~⑦行是注册内容提供者组件。代码第②行指定要注册的内容提供者，这是 Android 提供组件。代码第③行设置权限，它的命名规则是应用 ID（应用的包名）+provider。代码第④行的 grantUriPermissions="true" 可以为内容提供者权限下的任何数据授权。代码第⑤、⑥行设置内容提供者相关参数，其中代码第⑤行设置内容提供者路径。代码第⑥行指定内容提供者路径配置文件，xml/provider_paths 说明配置文件放在资源目录 res 的 xml 目录中，provider_paths.xml 是配置文件名，provider_paths 文件位置如图 20-10 所示。

图 20-10 provider_paths 文件位置

provider_paths.xml 文件内容如下：

```
<?xml version="1.0" encoding="utf-8"?>
<paths xmlns:android="http://schemas.android.com/apk/res/android">
    <external-path                                                             ①
        name="external_files"                                                  ②
        path="." />                                                            ③
</paths>
```

代码第①~③行设置外部存储路径。类似的配置还有 cache-path 和 external-media-path 等，不同的配置方式在程序中访问的方式也是不同的。如果配置 external-path，则代码中需要调用 Context 的 getExternalFilesDir 函数才能访问。代码第②行配置路径名，代码第③行配置根路径。

那么在程序中可以使用 FileProvider 类获得保存图片的 URI，代码如下：

```
val photoURI = FileProvider.getUriForFile( this, "${BuildConfig.APPLICATION_ID}.
provider", mOutFile)
```

20.4 Android 动画技术

Android 支持两种类型的动画：渐变动画和帧动画。渐变动画是对 Android 中的视图增加渐变动画效果；而帧动画是显示 res 资源目录下面一组有序图片，用于播放一个类似于 GIF 图片的效果。

20.4.1 渐变动画

Android 的动画由以下 4 种类型组成。

（1）透明度渐变动画，Alpha animation。通过它可以改变视图的透明度。
（2）平移动画，Translate animation。通过它可以移动视图的位置。
（3）缩放动画，Scale animation。通过它可以缩放视图。
（4）旋转动画，Rotate animation。通过它可以旋转视图。
所有的动画实现都有两种方式：编程实现和 XML 文件实现。

1. 编程实现

编程实现通过实例化动画类 Animation，然后设置动画属性，最后调用要发生动画的视图的 startAnimation()函数开始动画，示例代码如下：

```
Animation an = new AlphaAnimation(1.0f,0.0f);
view.startAnimation(an);
```

编程中用到的动画类图如图 20-11 所示，Animation 是抽象类，所有动画类以 Animation 为基础，除了 AlphaAnimation、TranslateAnimation、ScaleAnimation 和 RotateAnimation 四种基本动画类外，还有 AnimationSet 类，它是其他几个动画的集合，它本身也是动画。

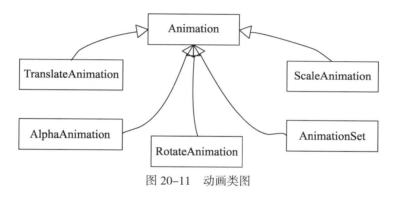

图 20-11　动画类图

2. XML文件实现

XML 文件实现类似于布局文件实现，在 XML 中描述动画类型、动画属性等，然后再把这些 XML 文件放置于资源目录/res/anim/目录下。XML 实现动画示例代码如下：

```
<alpha xmlns:android="http://schemas.android.com/apk/res/android"
android:fromAlpha="0.0"
android:toAlpha="1.0"
android:duration="5000" />
```

alpha 标签用于描述透明度渐变动画，其中 android:fromAlpha="0.0"属性设置动画开始的透明度，android:toAlpha="1.0"属性设置动画结束的透明度，android:duration="5000"属性设置动画过程持续 5 秒，也就是这个动画效果是透明度在 5 秒内从 0.0 变化到 1.0，动画结束。

20.4.2　实例：渐变动画

下面通过实例熟悉这 4 种动画的使用过程。先介绍这 4 种动画，实例运行界面如图 20-12 所示，点击界面中的按钮触发小球的动画。

1. 透明度渐变动画

活动 MainActivity.kt 中透明度渐变动画相关代码如下：

图 20-12 渐变动画实例界面

```
class MainActivity : AppCompatActivity() {
    override fun onCreate(savedInstanceState: Bundle?) {
        super.onCreate(savedInstanceState)
        setContentView(R.layout.activity_main)
        val alphaButton = findViewById<Button>(R.id.alpha_button)
        alphaButton.setOnClickListener {

            val anim: Animation = AlphaAnimation(1.0f,
 0.0f)                                                      ①
            anim.duration = 5000                            ②
            val view: View = findViewById(R.id.imageView)
            //在视图 view 上设置并开始动画
            view.startAnimation(anim)                       ③
        }
        val translateButton = findViewById<Button>(R.id.translate_button)
        translateButton.setOnClickListener {
            //从动画 XML 文件中加载动画对象
            val anim: Animation = AnimationUtils.loadAnimation(
                this,
                R.anim.translate_anim
            )
            val view: View = findViewById(R.id.imageView)
            //在视图 view 上设置并开始动画
            view.startAnimation(anim)
        }

        val scaleButton = findViewById<Button>(R.id.scale_button)
        scaleButton.setOnClickListener {
            //从动画 XML 文件中加载动画对象
            val anim: Animation = AnimationUtils.loadAnimation(
                this,
                R.anim.scale_anim
            )
            val view: View = findViewById(R.id.imageView)
            //在视图 view 上设置并开始动画
            view.startAnimation(anim)
        }

        val rotateButton = findViewById<Button>(R.id.rotate_button)
        rotateButton.setOnClickListener {
            //从动画 XML 文件中加载动画对象
            val anim: Animation = AnimationUtils.loadAnimation(
                this,
                R.anim.rotate_anim
            )
```

```
            val view: View = findViewById(R.id.imageView)
            //在视图 view 上设置并开始动画
            view.startAnimation(anim)
        }
    }
}
```

代码第①、②行以编程方式实现动画，代码第①行创建透明度渐变动画 AlphaAnimation 对象，构造函数第一个参数是开始的透明度，第二个参数是结束的透明度，注意透明度取值范围是 0.0～1.0。代码第②行设置持续时间。动画对象 Animation 设置完成后需要调用 startAnimation 函数开始动画，见代码第③行。

动画对象 Animation 可以通过代码创建，也可以通过 XML 文件定义。所以上述代码第①行创建动画对象也可通过以下代码实现。

```
//从动画 XML 文件中加载动画对象
val anim: Animation = AnimationUtils.loadAnimation(this, R.anim.alpha_anim)
```

XML 文件实现的动画通过 AnimationUtils.loadAnimation 函数加载动画对象，其中第一个参数是上下文对象，第二个参数是动画文件资源 id，位于资源目录/res/anim/目录下的 alpha_anim.xml 文件中。

alpha_anim.xml 文件代码如下：

```xml
<alpha xmlns:android="http://schemas.android.com/apk/res/android"
    android:duration="5000"
    android:fromAlpha="1.0"
    android:toAlpha="0.0"/>
```

2. 平移动画

活动 MainActivity.kt 中平移动画相关代码如下：

```
val translateButton = findViewById<Button>(R.id.translate_button)
translateButton.setOnClickListener {
    //从动画 XML 文件中加载动画对象
    val anim: Animation = AnimationUtils.loadAnimation(
        this,
        R.anim.translate_anim
    )
    val view: View = findViewById(R.id.imageView)
    //在视图 view 上设置并开始动画
    view.startAnimation(anim)
}
```

动画 translate_anim.xml 文件代码如下：

```xml
<translate xmlns:android="http://schemas.android.com/apk/res/android"
    android:duration="1500"
    android:fromXDelta="0"                                                          ①
    android:fromYDelta="0"                                                          ②
    android:toXDelta="50"                                                           ③
    android:toYDelta="50" />                                                        ④
```

translate 描述平移动画，代码第①行设置动画起始时 x 坐标上的移动位置。代码第②行设置动画起始时 y 坐标上的移动位置。代码第③行设置动画结束时 x 坐标上的移动位置。代码第④行设置动画结束时 y 坐标上的移动位置。

3. 缩放动画

活动 MainActivity.kt 中缩放动画相关代码如下：

```
val scaleButton = findViewById<Button>(R.id.scale_button)
scaleButton.setOnClickListener {
    //从动画 XML 文件中加载动画对象
    val anim: Animation = AnimationUtils.loadAnimation(
        this,
        R.anim.scale_anim
    )
    val view: View = findViewById(R.id.imageView)
    //在视图 view 上设置并开始动画
    view.startAnimation(anim)
}
```

动画 scale_anim.xml 文件代码如下：

```
<scale xmlns:android="http://schemas.android.com/apk/res/android"
    android:duration="5000"
    android:fromXScale="1.0"                                            ①
    android:fromYScale="1.0"                                            ②
    android:pivotX="50%"                                                ③
    android:pivotY="50%"                                                ④
    android:toXScale="2.0"                                              ⑤
    android:toYScale="2.0" />                                           ⑥
```

scale 描述缩放动画，代码第①行设置动画起始时 x 坐标上的缩放比例。代码第②行设置动画起始时 y 坐标上的缩放比例。代码第③行是轴心点 x 轴的相对位置。代码第④行是轴心点 y 轴的相对位置。代码第⑤行设置动画结束时 x 坐标上的缩放比例。代码第⑥行设置动画结束时 y 坐标上的缩放比例。

4. 旋转动画

活动 MainActivity.kt 中旋转动画相关代码如下：

```
val rotateButton = findViewById<Button>(R.id.rotate_button)
rotateButton.setOnClickListener {
    //从动画 XML 文件中加载动画对象
    val anim: Animation = AnimationUtils.loadAnimation(this, R.anim.rotate_anim)
    val view: View = findViewById(R.id.imageView)
    //在视图 view 上设置并开始动画
    view.startAnimation(anim)
}
```

动画 rotate_anim.xml 文件代码如下：

```
<rotate xmlns:android="http://schemas.android.com/apk/res/android"
    android:duration="5000"
    android:fromDegrees="0.0"                                           ①
    android:pivotX="50%"                                                ②
    android:pivotY="50%"                                                ③
    android:toDegrees="360" />                                          ④
```

rotate 描述旋转动画，代码第①行设置动画开始时的角度。代码第②行设置轴心点 x 轴的相对位置。代码第③行设置轴心点 y 轴的相对位置。第④行设置动画结束时的角度。

20.4.3 动画插值器

在实际的动画实现过程中，经常要求动画播放是非线性的，例如：要求动画一开始播放得慢，然后播放得越来越快，可以使用插值器（interpolator）实现该效果。interpolator 是一个接口，主要是对动画播放速度和时间进行控制。

旋转动画添加插值器示例的 translate_anim.xml 代码如下：

```
<rotate xmlns:android="http://schemas.android.com/apk/res/android"
    android:interpolator="@android:anim/accelerate_interpolator"         ①
    android:fromDegrees="0.0"
    android:toDegrees="360"
    android:pivotX="50%"
    android:pivotY="50%"
    android:duration="5000" />
```

代码第①行设置 accelerate_interpolator 插值器，accelerate_interpolator 是加速播放插值器。

目前插值器主要有以下 10 种。

（1）LinearInterpolator。线程插值器，是默认值，控制动画线性播放，即匀速播放。
（2）AccelerateInterpolator。加速插值器，控制动画加速播放。
（3）DecelerateInterpolator。减速插值器，控制动画减速播放。
（4）AccelerateDecelerateInterpolator。先加速后减速播放插值器。
（5）CycleInterpolator。重复播放插值器。
（6）PathInterpolator。路径插值器。
（7）BounceInterpolator。
（8）OvershootInterpolator。
（9）AnticipateInterpolator。
（10）AnticipateOvershootInterpolator。

后 4 个插值器控制的动画比较复杂，动画效果无法用语言表达，需要读者运行实例，体会动画效果。

使用插值器在 XML 动画文件中添加属性 android:interpolator 指定具体的插值器 XML 即可。但是 CycleInterpolator 插值器很特殊，它需要单独的插值器 XML，cycle.xml 代码如下：

```
<cycleInterpolator xmlns:android="http://schemas.android.com/apk/res/android"
    android:cycles="10" />
```

android:cycles="10"是重复播放动画 10 次。那么在动画 XML 文件中，添加内容如下：

```
<alpha xmlns:android="http://schemas.android.com/apk/res/android"
    android:duration="5000"
    android:fromAlpha="1.0"
    android:interpolator="@anim/cycle"                                    ①
    android:toAlpha="0.0" />
```

代码第①行是添加插值器，指向资源目录/res/anim/目录下的 cycle.xml 文件。

20.4.4 使用动画集

动画集（AnimationSet）是 Animation 子类，可以将各种动画合并在一起。使用动画集 AnimationSet 与使用其他的动画没有区别，可以通过程序代码和 XML 文件两种方式指定动画细节。

XML 实现函数参考动画文件 animset_anim.xml 代码如下：

```
<?xml version="1.0" encoding="utf-8"?>
<set xmlns:android="http://schemas.android.com/apk/res/android">
    <alpha xmlns:android="http://schemas.android.com/apk/res/android"
        android:duration="5000"
        android:fromAlpha="0.0"
        android:toAlpha="1.0" />

    <rotate xmlns:android="http://schemas.android.com/apk/res/android"
        android:duration="5000"
        android:fromDegrees="0.0"
        android:interpolator="@android:anim/anticipate_overshoot_interpolator"
        android:pivotX="50%"
        android:pivotY="50%"
        android:toDegrees="360" />
</set>
```

动画集是用 set 描述的，上述实例包含一个透明度渐变动画和一个旋转动画。

20.4.5 帧动画

帧动画来源于电影行业，一组有序图片按照一定时间快速播放，每一张图片被称为"一帧"，一般 GIF 和 Flash 动画都属于帧动画。Android 目前不支持 GIF 动画，只能通过帧动画实现。

帧动画中的一组有序图片，应该放到 res/drawable 目录下，如图 20-13 所示，有 4 帧图片。

另外，还需要一个 XML 文件（frame_animation.xml）描述指定动画中帧的播放顺序和延迟时间，frame_animation.xml 也要放在 /res/drawable 目录下，frame_animation.xml 代码如下：

图 20-13　帧动画资源

```
<animation-list xmlns:android="http://schemas.android.com/apk/res/android"
    android:oneshot="false">
    <item
        android:drawable="@drawable/h1"
        android:duration="150" />
    <item
        android:drawable="@drawable/h2"
        android:duration="150" />
    <item
        android:drawable="@drawable/h3"
```

```xml
        android:duration="150" />
    <item
        android:drawable="@drawable/h4"
        android:duration="150" />
</animation-list>
```

从 XML 文件可见每一帧持续时间是 150 毫秒。

活动 MainActivity.kt 代码如下：

```kotlin
class MainActivity : AppCompatActivity() {
    override fun onCreate(savedInstanceState: Bundle?) {
        super.onCreate(savedInstanceState)
        setContentView(R.layout.activity_main)
        val button = findViewById<View>(R.id.button) as Button
        button.setOnClickListener {
            val imgView: ImageView = findViewById(R.id.imageView)
            imgView.setBackgroundResource(R.drawable.frame_animation)        ①
            val frameAnimation = imgView.background as AnimationDrawable    ②
            if (frameAnimation.isRunning) {                                  ③
                frameAnimation.stop()                                        ④
            } else {
                frameAnimation.stop()
                frameAnimation.start()                                       ⑤
            }
        }
    }
}
```

代码第①行设置视图的背景资源，参数 R.drawable.frame_animation 是帧动画资源文件 id。代码第②行获得 AnimationDrawable 对象，AnimationDrawable 对象可以控制动画的开始和停止。代码第③行判断动画是否正在运行。代码第④行设置动画停止。代码第⑤行设置动画开始。

布局文件 activity_main.xml 主要代码如下：

```xml
<LinearLayout xmlns:android="http://schemas.android.com/apk/res/android"
    android:layout_width="match_parent"
    android:layout_height="match_parent"
    android:gravity="center_horizontal"
    android:orientation="vertical">

    <ToggleButton
        android:id="@+id/button"
        android:layout_width="match_parent"
        android:layout_height="wrap_content"
        android:textOff="开始"
        android:textOn="停止" />

    <ImageView
        android:id="@+id/imageView"
```

```
        android:layout_width="wrap_content"
        android:layout_height="wrap_content"
        android:background="@drawable/h1" />
```
```
</LinearLayout>
```

在动画还没开始之前,界面中也会有一张图片显示,在设置图片视图时,不要设置 android:src 属性,而是设置 android:background 指向资源 id。

20.5 本章总结

本章重点介绍了 Android 平台的绘图技术与动画技术,其中 2D 绘图技术介绍了如何绘制点、线、矩形、弧形和位图等,此外,还介绍了位图变换,如何调用照相机。最后介绍了动画技术,其中包括变动画和帧动画。

第 21 章 手机电话功能开发

电话和短信是手机都应该具有的功能,本章重点介绍 Android 平台的电话功能开发。

21.1 拨打电话功能

无论手机功能如何变化,电话功能是手机必备的功能之一,因此电话应用开发是一项最基础的开发技术。

21.1.1 拨打电话功能概述

Android 系统中使用意图(Intent)调用 Android 系统内置的拨打电话界面。拨打内置电话有以下两种形式。

1. 调出拨打电话界面

如图 21-1 所示调出 Android 系统自带的拨打电话界面,电话号码会传递过来,出现在电话号码输入框中,用户点击"呼叫"按钮 ,则开始拨打电话了。

调出拨打电话界面参考代码如下:

```
val telUri: Uri = Uri.parse("tel:100861")
val it = Intent(Intent.ACTION_DIAL, telUri)
startActivity(it)
```

2. 直接呼叫电话号码

如图 21-2 所示调出 Android 系统自带的直接呼叫电话号码功能,此时已经把电话拨出了,不需要再点击"呼叫"按钮 。

直接呼叫电话号码参考代码如下:

```
val callUri: Uri = Uri.parse("tel:100861")
val it = Intent(Intent.ACTION_CALL, callUri)
startActivity(it)
```

由于能够直接在程序中呼叫电话,而不需要用户拨号干预,因此直接呼叫电话号码方式需要授权,所需要的权限是 android.permission.CALL_PHONE,该权限有一定危险性,属于运行时权限。

呼叫电话授权首先需要在清单文件 AndroidManifest.xml 中注册代码如下:

```
<uses-permission android:name="android.permission.CALL_PHONE" />
```

其次需要请求授权，通过 ActivityCompat.checkSelfPermission 函数判断是否授权，如果没有授权再调用 ActivityCompat.requestPermissions 函数请求授权。

图 21-1　调出拨打电话界面

图 21-2　直接呼叫电话号码

21.1.2　实例：拨打电话

下面通过实例介绍 21.1.1 节两种拨打电话功能。该实例运行界面如图 21-3 所示。

实例活动 MainActivity.kt 代码如下：

```kotlin
//授权请求编码
private const val PERMISSION_REQUEST_CODE = 9

class MainActivity : AppCompatActivity() {

    override fun onCreate(savedInstanceState: Bundle?) {
        super.onCreate(savedInstanceState)
        setContentView(R.layout.activity_main)

        //1. 检查是否具有权限
        if (checkSelfPermission(Manifest.permission.CALL_PHONE)
            != PackageManager.PERMISSION_GRANTED ) {
            //请求的权限集合
            val permissions = arrayOf(
                Manifest.permission.CALL_PHONE)
            //2. 请求授权，请求授权弹出对话框
            requestPermissions(permissions, PERMISSION_REQUEST_CODE)
            //已经授权
        } else {
```

图 21-3　拨打电话实例运行界面

```
            Log.i(TAG, " 已经授权...")
            //调用初始化函数
            initPage()
        }
    }
    //初始化页面
    private fun initPage() {
        val buttonDial = findViewById<Button>(R.id.buttonDial)
        buttonDial.setOnClickListener {                                        ①
            Log.i(TAG, " 调出拨打电话界面 ... ")
            val telUri: Uri = Uri.parse("tel:100861")
            val it = Intent(Intent.ACTION_DIAL, telUri)                        ②
            startActivity(it)
        }

        val buttonCall = findViewById<Button>(R.id.buttonCall)
        buttonCall.setOnClickListener {                                        ③

            Log.i(TAG, " 直接呼叫电话号码 ... ")
            val callUri: Uri = Uri.parse("tel:100861")
            val it = Intent(Intent.ACTION_CALL, callUri)                       ④
            startActivity(it)
        }
    }
    override fun onRequestPermissionsResult(
        requestCode: Int,
        permissions: Array<String>, grantResults: IntArray
    ) {


        if (requestCode == PERMISSION_REQUEST_CODE) {     //判断请求 Code
            //包含授权成功权限
            if (!grantResults.contains(PackageManager.PERMISSION_GRANTED)) {
                Log.i(TAG, " 授权失败...")
            } else {
                Log.i(TAG, " 授权成功...")
                //调用初始化函数
                initPage()
            }
        }
    }
}
```

代码第①行是用户点击"调出拨打电话界面"按钮触发事件,这里的处理很简单,只需要通过代码第②行设置意图活动为 Intent.ACTION_DIAL,通过该意图启动活动即可。

代码第③行是用户点击"直接呼叫电话号码"按钮触发事件,这里的处理就比较麻烦了,需要通过代码第④行设置意图动作为 Intent.ACTION_CALL,然后通过该意图启动活动。

21.2 访问电话呼入状态功能

21.2.1 呼入电话状态

电话功能的很多应用是与呼入电话状态有关的,例如可以监听呼入的电话号码,判断该电话是否是黑名单中的电话,如果是,则手机不振铃。

以上电话应用开发涉及以下几个问题。

1. 获得电话服务

在 Android 中很多 API 都是基于系统服务的,如定位服务、音频服务等。获得电话服务参考以下代码:

```
mTelephonyManager = getSystemService(TELEPHONY_SERVICE) as TelephonyManager
```

与定位服务用法很相似,区别在于 getSystemService 函数的参数是 Context.TELEPHONY_SERVICE。TelephonyManager 是电话服务器。

2. 设置相关权限

与定位服务一样需要清单文件 AndroidManifest.xml 开放相应的权限,在电话服务中相关权限很多,开放什么样的权限要看是什么应用,例如只是读取电话状态,需要开放以下权限:

```
<uses-permission android:name="android.permission.ACCESS_FINE_LOCATION" />      ①
<uses-permission android:name="android.permission.READ_PHONE_STATE" />          ②
<uses-permission android:name="android.permission.READ_CALL_LOG" />             ③
<uses-permission android:name="android.permission.ACCESS_NOTIFICATION_POLICY" /> ④
```

代码第①行的 ACCESS_FINE_LOCATION 权限是定位服务时需要的权限,读取电话状态也需要该状态。代码第②行是读取电话状态权限。代码第③行 READ_CALL_LOG 是获取来电时需要读取电话时要的权限。代码第④行 ACCESS_NOTIFICATION_POLICY 是设置电话通知策略时需要的权限。例如设置电话静音状态(勿打扰模式)时需要该权限。

以上两个权限都是运行时权限,需要运行时授权,或者是在系统设置中授权。

3. 创建监听器

监听器对象需要实现 PhoneStateListener 的接口:mPhoneStateListener 实现了 PhoneStateListener 接口。示例代码如下:

```kotlin
//创建电话状态监听器对象
private val mPhoneStateListener = object : PhoneStateListener() {
    override fun onCallStateChanged(state: Int, incomingNumber: String) {
        when (state) {
            TelephonyManager.CALL_STATE_RINGING -> {
                Log.i(TAG, " -> 来电状态... $incomingNumber")
            }
            TelephonyManager.CALL_STATE_IDLE -> {
                Log.i(TAG, " -> 空闲状态...")
            }
            TelephonyManager.CALL_STATE_OFFHOOK -> {
```

```
            Log.i(TAG, " -> 占线状态...")
        }
        else -> {
            Log.i(TAG, " -> 默认状态...")
        }
    }
}

override fun onDataActivity(direction: Int) {}
override fun onDataConnectionStateChanged(state: Int) {}
override fun onMessageWaitingIndicatorChanged(mwi: Boolean) {}
override fun onServiceStateChanged(serviceState: ServiceState) {}
```

}

上述代码采用对象表达式实现 PhoneStateListener 接口。PhoneStateListener 接口需要实现的函数有很多，但是其中重点是 onCallStateChanged 函数，它是电话状态变化时的回调函数，其中第一个参数是电话状态，第二个参数是呼入的电话号码，是字符串类型。

4. 设定监听状态

TelephonyManager 对象有一个 listen 函数可以监听电话状态。Android 电话监听状态参考代码如下：

```
val listenedState = (PhoneStateListener.LISTEN_CALL_FORWARDING_INDICATOR        ①
    or PhoneStateListener.LISTEN_CALL_STATE
    or PhoneStateListener.LISTEN_CELL_LOCATION
    or PhoneStateListener.LISTEN_DATA_ACTIVITY
    or PhoneStateListener.LISTEN_DATA_CONNECTION_STATE
    or PhoneStateListener.LISTEN_MESSAGE_WAITING_INDICATOR
    or PhoneStateListener.LISTEN_SERVICE_STATE)                                  ②

mTelephonyManager!!.listen(mPhoneStateListener, listenedState)
```

代码第①、②行是设置电话监听器状态。PhoneStateListener 类提供了很多状态常量，这些常量包括电话状态（振铃、挂断等）、位置变化、数据传输（语音邮箱等）、服务状态和服务信号强弱，它们都是十六进制的整数，可以进行位或（or）运算，运算的结果是监听的状态。例如，下面代码就是监听电话状态和电话基站位置变化。

```
PhoneStateListener.LISTEN_CALL_STATE or PhoneStateListener.LISTEN_CELL_LOCATION
```

5. 注册监听器

注册监听器代码如下：

```
mTelephonyManager!!.listen(mPhoneStateListener, listenedState)
```

21.2.2 实例：电话黑名单（Blacklist）

下面通过一个实例介绍如何监听电话呼入状态，即电话黑名单实例，如图 21-4 所示，用户可以点击界面中的按钮开启或停止监听，在开始状态下，如果有电话呼入，应用判断电话号码是否在黑名单中，如果在黑名单中，则将振铃状态设置为静音。

图 21-4 电话黑名单（Blacklist）实例

实例活动 MainActivity.kt 代码如下：

```
//测试的黑名单电话列表
private val list = listOf("123", "567", "980")                                    ①

class MainActivity : AppCompatActivity() {
    private var mAudioManager: AudioManager? = null
    private var mTelephonyManager: TelephonyManager? = null
    private var mNotificationManager: NotificationManager? = null

    public override fun onCreate(savedInstanceState: Bundle?) {
        super.onCreate(savedInstanceState)
        setContentView(R.layout.activity_main)

        mAudioManager = getSystemService(AUDIO_SERVICE) as AudioManager            ②
        mNotificationManager = getSystemService(NOTIFICATION_SERVICE) as
NotificationManager                                                               ③
        mTelephonyManager = getSystemService(TELEPHONY_SERVICE) as TelephonyManager

        //核对权限
        ...

        //检查【勿打扰模式】是否授权
        if (mNotificationManager!!.isNotificationPolicyAccessGranted) {           ④
        } else {
            //未授权跳转到设置界面设置
            val intent = Intent(Settings.ACTION_NOTIFICATION_POLICY_ACCESS_
SETTINGS)                                                                         ⑤
            startActivityForResult(intent, 0)                                     ⑥
        }
```

```kotlin
            //调用初始化函数
            initPage()

        }
    }

    //初始化页面
    private fun initPage() {

…

        button.setOnClickListener {
            if (button.isChecked) {
                Log.i(TAG, " 黑名单开启...")
                mTelephonyManager!!
                    .listen(mPhoneStateListener, listenedState)            ⑦
            } else {
                //没有监听
                Log.i(TAG, "黑名单关闭...")
                mTelephonyManager!!
                    .listen(mPhoneStateListener, PhoneStateListener.LISTEN_NONE) ⑧
            }
        }
    }

    //创建电话状态监听器对象
    private val mPhoneStateListener = object : PhoneStateListener() {
        override fun onCallStateChanged(state: Int, incomingNumber: String) {
            when (state) {
                TelephonyManager.CALL_STATE_RINGING -> {
                    Log.i(TAG, " -> 来电状态... $incomingNumber")
                    //判断拨入的电话是否在黑名单列表中
                    if (list.contains(incomingNumber)) {
                        //设置静音模式
                        mAudioManager!!.ringerMode = AudioManager.RINGER_MODE_SILENT ⑨
                    } else {
                        //设置默认模式
                        mAudioManager!!.ringerMode = AudioManager.RINGER_MODE_NORMAL ⑩
                    }
                }
                TelephonyManager.CALL_STATE_IDLE -> {
                    Log.i(TAG, " -> 空闲状态...")
                }
                TelephonyManager.CALL_STATE_OFFHOOK -> {
                    Log.i(TAG, " -> 占线状态...")
                }
                else -> {
                    Log.i(TAG, " -> 默认状态...")
                }
            }
        }
    }
```

```
            override fun onDataActivity(direction: Int) {}
            override fun onDataConnectionStateChanged(state: Int) {}
            override fun onMessageWaitingIndicatorChanged(mwi: Boolean) {}
            override fun onServiceStateChanged(serviceState: ServiceState) {}

        }
        ...
    }
}
```

代码第①行声明黑名单列表对象。代码第②行获得音频服务管理 AudioManager 对象，音频服务管理对象可以管理控制音频，还可以调整音量大小、设定振铃模式等。其中的振铃模式有以下三种。

（1）AudioManager.RINGER_MODE_NORMAL。设置为正常振铃模式。

（2）AudioManager.RINGER_MODE_VIBRATE。设置为震动模式。

（3）AudioManager.RINGER_MODE_SILENT。设置为静音模式。

代码第③行获得通知服务管理 NotificationManager 对象，通过该服务管理对象可以设置电话状态，例如设置电话静音状态（勿打扰模式），需要权限。代码第④行判断用户是否对该应用设置了"勿打扰模式"。如果没有设置，则通过代码第⑤行的意图并通过代码第⑥行的 startActivityForResult 函数跳转到如图 21-5（a）所示的设置界面，用户可以点击应用名（如电话黑名单），设置开启还是关闭黑名单，如图 21-5（b）所示。

代码第⑦行开始监听电话状态。代码第⑧行是不再监听状态。代码第⑨行设置静音模式。而代码第⑩行设置默认模式。

（a）设置界面　　　　　　　　　　（b）设置开启或关闭黑名单

图 21-5　勿打扰模式设置界面

注意：本例中需要注意黑名单数据库，目前本例中没有黑名单数据库，只是硬编码几个黑名单号码作测试使用。但对于一个完整的应用而言，应该有一个数据库，而且还要有相应的维护功能（增加、删除和修改等），这些数据有可能来源于 Android 的联系人，也可能是用户自己输入的，然后在电话呼入时查询这个黑名单数据库。

21.3 本章总结

本章介绍了 Android 平台的手机电话功能开发，包括拨打电话、访问电话呼入状态等功能。

实 战 篇

第 22 章 项目实战——"我的备忘录"云服务版

第 22 章 项目实战——"我的备忘录"云服务版

CHAPTER 22

本章通过一个实际的应用——我的备忘录，介绍 App 从设计到开发的过程，使读者能够将前面讲过的知识点串联起来，了解 Android 应用开发的一般流程。

22.1 应用分析与设计

第 12 章已经学习了"我的备忘录"应用，但是数据是与应用一块放在本地的。本章将介绍如何使用云服务重构该应用。根据如图 12-7 所示的实例运行界面可知"我的备忘录"应用具有以下功能。

1. 查询备忘录

应用启动后进入如图 22-1（a）所示的列表界面，列表数据是从云服务请求返回的。数据返回成功后会在界面中通过 Toast 提示用户加载数据完成，用户还可以下拉列表，系统会重新刷新界面，并在界面中显示活动指示器，如图 22-1（b）所示。

（a）列表界面　　　　　　　　　　（b）显示活动指示器

图 22-1 "我的备忘录"列表界面

2. 增加备忘录

用户在列表界面中点击操作栏中的"+"按钮，跳转到增加备忘录界面。如图 22-2 所示，用户在增加备忘录界面中，输入备忘录信息，完成后点击"确定"按钮后将数据提交给云服务器，数据会插入云服务器，同时界面会返回列表界面；如果用户不想增加备忘录数据，则点击"取消"按钮，也会返回列表界面。

3. 删除备忘录

用户在列表界面长按选中的备忘录项目，弹出如图 22-3 所示"确认删除数据"对话框。用户点击"确定"按钮则删除选中的数据；如果不想删除数据，则可以点击"取消"按钮关闭对话框，数据不会删除。

图 22-2　增加备忘录界面

图 22-3　删除备忘录界面

22.2　编码实现过程

22.2.1　用 Android Studio 创建项目

首先使用 Android Studio 工具创建一个项目，项目名为 MyNotes（我的备忘录），方法为选择 Android Studio 菜单栏的 File→New→New Project 命令，创建一个空的项目，具体步骤请参考 4.1 节。项目创建完成后需要添加其他库或框架依赖关系。

打开 App 模块的 build.gradle 文件，添加 OkHttp3 框架，内容如下：

```
plugins {
…
}

dependencies {
    implementation "androidx.swiperefreshlayout:swiperefreshlayout:1.1.0"    ①
    implementation("com.squareup.okhttp3:okhttp:4.9.0")                      ②
    implementation 'org.jetbrains.kotlinx:kotlinx-coroutines-android:1.4.2'
    implementation "org.jetbrains.kotlin:kotlin-stdlib:$kotlin_version"
```

```
    implementation 'androidx.core:core-ktx:1.2.0'
    implementation 'androidx.appcompat:appcompat:1.1.0'
    implementation 'com.google.android.material:material:1.1.0'
    implementation 'androidx.constraintlayout:constraintlayout:1.1.3'
    testImplementation 'junit:junit:4.+'
    androidTestImplementation 'androidx.test.ext:junit:1.1.1'
    androidTestImplementation 'androidx.test.espresso:espresso-core:3.2.0'
}
```

代码第①和②行是添加的项目中使用的库,其中 okhttp 库用于网络请求。代码第①行是 SwipeRefreshLayout 库,该库是谷歌公司提供的下拉控件 SwipeRefreshLayout。当用户下拉列表时会请求服务器,界面中出现活动指示器,如图 22-1(b)所示。

22.2.2 查询备忘录功能

查询备忘录功能涉及 MainActivity 活动。

1. 界面布局

备忘录列表界面就是一个 ListView 视图,布局 activity_main.xml 文件代码如下:

```
<androidx.swiperefreshlayout.widget.SwipeRefreshLayout                              ①
    xmlns:android="http://schemas.android.com/apk/res/android"
    android:id="@+id/swiperefresh"
    android:layout_width="match_parent"
    android:layout_height="match_parent">
    <ListView
        android:id="@+id/listview"
        android:layout_width="match_parent"
        android:layout_height="match_parent" />

</androidx.swiperefreshlayout.widget.SwipeRefreshLayout>                            ②
```

代码第①、②行声明 SwipeRefreshLayout 控件,该控件也是一个布局容器,其中包括一个 ListView 控件。ListView 中每一个列表项也需要布局,布局文件 listitem.xml 代码如下:

```
<?xml version="1.0" encoding="utf-8"?>
<LinearLayout xmlns:android="http://schemas.android.com/apk/res/android"
    android:layout_width="match_parent"
    android:layout_height="wrap_content"
    android:orientation="vertical">

    <TextView
        android:id="@+id/mydate"
        android:layout_width="fill_parent"
        android:layout_height="wrap_content"
        android:layout_marginStart="10dp"
        android:layout_marginTop="10dp"
        android:textSize="20sp" />

    <GridLayout
        android:layout_width="match_parent"
```

```xml
        android:layout_height="match_parent"
        android:layout_margin="10dp"
        android:columnCount="1"
        android:orientation="horizontal"
        android:rowCount="1">

        <TextView
            android:id="@+id/mycontent"
            android:layout_width="wrap_content"
            android:layout_height="wrap_content"
            android:layout_marginStart="10dp" />
    </GridLayout>
</LinearLayout>
```

2. 创建MainActivity

查询和删除备忘录数据都在MainActivity中实现，因此首先需要创建MainActivity。MainActivity.kt文件相关代码如下：

```kotlin
//服务器端口
const val SER_HOST_PORT = 8080                                                    ①
//服务器端口
const val SER_HOST_IP = "192.168.0.189"                                           ②

//设置实例标签
const val TAG = "MyNotes"

const val KEY_DATE = "CDate"
const val KEY_ID = "ID"
const val KEY_CONTEN = "Content"

class MainActivity : AppCompatActivity() {
    private var mListView: ListView? = null
    private var mSwiperefresh: SwipeRefreshLayout? = null                         ③

    //添加备忘录菜单项
    val ADD_MENU_ID: Int = Menu.FIRST                                             ④

...

    override fun onCreateOptionsMenu(menu: Menu): Boolean {
        super.onCreateOptionsMenu(menu)
        menu.add(0, ADD_MENU_ID, 1, R.string.add).setIcon(
            android.R.drawable.ic_menu_add
        ).setShowAsAction(MenuItem.SHOW_AS_ACTION_ALWAYS)
        return true
    }

    override fun onOptionsItemSelected(item: MenuItem): Boolean {
        when (item.itemId) {
            ADD_MENU_ID -> {
                val it = Intent(this, ModAddActivity::class.java)
```

```kotlin
                startActivity(it)
            }
        }
        return super.onOptionsItemSelected(item)
    }

    override fun onResume() {
        super.onResume()
        //查询所有数据
        findAll()                                                                    ⑤
    }
    ...
}
```

代码第①行、第②行定义服务器 IP 地址和端口常量。在此定义常量便于用户修改,因为开发人员会根据实际情况进行配置。代码第③行声明 SwipeRefreshLayout 控件。代码第④行添加备忘录菜单项 ID。代码第⑤行是查询所有数据,注意查询所有数据是在 onResume 函数中进行的,该函数是活动的生命周期中的函数,该函数会在活动出现时回调的函数。

3. 查询备忘录功能编码实现

查询备忘录功能编码主要是在 MainActivity 的 findAll 函数中实现的。实现过程比较复杂,下面分几个步骤介绍。

(1) 发送查询请求。在 findAll 函数中发送查询请求,主要代码如下:

```kotlin
...
class MainActivity : AppCompatActivity() {
    private var mListView: ListView? = null
    private var mSwiperefresh: SwipeRefreshLayout? = null
    //添加备忘录菜单项
    val ADD_MENU_ID: Int = Menu.FIRST
    //创建 List 对象用来保存返回的数据
    private val mListData = mutableListOf<Map<String, String>>()                     ①
    override fun onCreate(savedInstanceState: Bundle?) {
        super.onCreate(savedInstanceState)
        setContentView(R.layout.activity_main)
        mSwiperefresh = findViewById(R.id.swiperefresh)
        mListView = findViewById(R.id.listview)

        mSwiperefresh!!.setOnRefreshListener {                                       ②
            //查询并绑定数据
            findAll()                                                                ③
        }
    ...
    override fun onResume() {                                                        ④
        super.onResume()
        //查询所有数据
        findAll()
    }
```

```kotlin
//查询所有数据函数
    private fun findAll() {                                                    ⑤
        val urlFormat = "http://%s:%s/NoteWebService/note.do?action=query"    ⑥
        val strUrl = String.format(urlFormat, SER_HOST_IP, SER_HOST_PORT)    ⑦
        val reqURL = URL(strUrl)

        val client = OkHttpClient()
        val request = Request.Builder()
            .url(reqURL)
            .build()

        //IO 调度器
        val bgDispatcher: CoroutineDispatcher = Dispatchers.IO
        //启动协程
        GlobalScope.launch(bgDispatcher) {
    try {
        client.newCall(request).execute().use { response ->              ⑧
            val resultString = response.body!!.string()

            ...

        }
    }
        //绑定数据
        bindData()
    } catch (e: Exception) {
        GlobalScope.launch(Dispatchers.Main) {
            makeText(applicationContext, "服务器发生异常!", LENGTH_LONG).show()    ⑨
        }
    }
}
    ...
}
```

代码第①行声明成员属性 mListData，该属性用来保存从服务器返回的列表数据。代码第②行是为控件 SwipeRefreshLayout 注册下拉刷新事件，当用户下拉 ListView 控件时调用代码第③行 findAll 函数，通过该函数进行网络请求。代码第④行重写 onResume 函数，该函数是在活动显示时调用。所以在活动显示时也会调用 findAll 函数查询数据。代码第⑤行查询所有数据。代码第⑥行查询所有数据的 Web 服务 NoteWebService 网址。注意其中%s 是字符串中要替换的参数，其中有两个要替换的参数。代码第⑦行使用字符串 String 类的 format 函数替换 urlFormat 中%s 参数。

代码第⑧行 execute 函数是发送请求。注意该请求过程是在协程的 IO 调度器中进行的。由于该请求可能发送异常，因此需要使用 try 语句捕获异常，然后通过代码第⑨行给用户提示。

提示：搭建 Web 服务参考 18.1.5 节。NoteWebService 具体使用参考图 18-3，从图中可知查询所有数据的网址如下，其中，?后面内容是向服务器发送的参数，其中?action=query 是一对参数，action 是参数名，该参数是告知服务器 NoteWebService 所要进行的操作是什么，query 是参数的值，表示要进行查询操作。

```
http://localhost:8080/NoteWebService/note.do
```

或

```
http://localhost:8080/NoteWebService/note.do?action=query
```

（2）返回数据处理。查询所有数据请求发出后，服务器处理完成后会把数据应答给客户端。读者需要解析返回的数据，相关代码如下：

```
...
            client.newCall(request).execute().use { response ->              ①
                if (!response.isSuccessful) throw IOException("发生异常! code $response")  ②
                val resultString = response.body!!.string()                  ③
                mSwiperefresh!!.isRefreshing = false                         ④

                //日志输出
                Log.i(TAG, resultString)
                //解码JSON数据
                val jsonObject = JSONObject(resultString)                    ⑤
                //取出Record键对应的JSON数组对象
                val jsonArray: JSONArray = jsonObject.getJSONArray("Record") ⑥

                //先清空所有数据
                mListData.clear()
                for (i in 0 until jsonArray.length()) {                      ⑦
                    val row = jsonArray[i] as JSONObject                     ⑧
                    val CDate = row.getString(KEY_DATE)
                    val Content = row.getString(KEY_CONTEN)
                    val ID = row.getString(KEY_ID)

                    val note = mutableMapOf<String, String>()                ⑨
                    note[KEY_DATE] = CDate
                    note[KEY_CONTEN] = Content
                    note[KEY_ID] = ID
                    mListData.add(note)                                      ⑩
                }
            }
            // 绑定数据
            bindData()
        }
...
```

代码第①~⑩行返回数据的处理。其中response是对象应答，代码第②行response.isSuccessful判断是否请求成功。代码第③行response.body可以获得从服务器应答的数据。由于服务器端返回的是JSON字符串，所以表达式response.body!!.string()可以获得从服务器返回的JSON字符串。代码如下：

```
{
    "Record": [{
        "CDate": "2020-12-23", "Content": "Java从小白到大牛第1章完成","ID": "1"
    },
    ...
    }, {
        "CDate": "2020-05-03","Content": "开始录制Java从小白到大牛配套视频3","ID": "21"
    }, {
        "CDate": "2020-05-08","Content": "开始录制Java从小白到大牛配套视频4","ID": "22"
```

```
        }],
        "ResultCode": 0
}
```

从返回的字符串可见，Record 键返回对应的 JSON 数组，JSON 数组中每一个元素都是 JSON 对象。ResultCode 键返回编码，即从服务器返回的编码，0 表示操作成功，其他的编码含义参考如图 18-3 所示的说明部分。

请求结束之后需要将下拉刷新状态设置为 false，这样会停止活动指示器。代码第⑤行是对返回的 JSON 字符串进行解析，如果成功，则返回 JSON 对象。代码第⑥行通过 Record 键返回对应的 JSON 数组，JSON 数组中每一个元素都是 JSON 对象，代码如下：

```
{
        "CDate": "2020-05-08","Content": "开始录制 Java 从小白到大牛配套视频 4","ID": "22"
}
```

代码第⑦~⑩行循环遍历 JSON 数组，然后将数组重新放到一个 mListData 对象中。需要注意的是，mListData 对象需要多次使用，因此在重新添加数据到 mListData 对象之前，需要使用 mListData.clear()语句先清空 mListData 对象。代码第⑧行从 JSON 数组中取出 JSON 对象。代码第⑨行创建可变的 Map 对象，用来保存 JSON 对象。

（3）绑定数据。处理完成请求返回的数据后，需要调用 bindData 函数绑定数据到 ListView 控件。bindData 函数代码如下：

```
//绑定数据函数
private fun bindData() {
    //创建保存控件 id 数组
    val to = intArrayOf(R.id.mydate, R.id.mycontent)
    //创建保存数据键数组
    val from = arrayOf(KEY_DATE, KEY_CONTEN)
    //创建 SimpleAdapter 对象
    val simpleAdapter = SimpleAdapter(this, mListData, R.layout.listitem, from, to)

    val uiDispatcher = Dispatchers.Main
    GlobalScope.launch(uiDispatcher) {                                         ①

        simpleAdapter.notifyDataSetChanged()                                   ②
        //设置适配器
        mListView?.adapter = simpleAdapter                                     ③

        makeText(applicationContext, "加载数据完成！！", LENGTH_SHORT).show()
    }
}
...
```

代码第①~③行是为 ListView 设置适配器，注意需要将协程执行调度到 UI 线程执行。代码第②行为适配器注册数据变化观察者。

22.2.3 增加备忘录功能

增加备忘录功能涉及 ModAddActivity 活动。

1. 界面布局

增加备忘录布局文件是 add_mod.xml,代码如下:

```xml
<?xml version="1.0" encoding="utf-8"?>

<LinearLayout xmlns:android="http://schemas.android.com/apk/res/android"
    android:layout_width="match_parent"
    android:layout_height="match_parent"
    android:orientation="vertical">

    <EditText                                                                    ①
        android:id="@+id/incontent"
        android:layout_width="match_parent"
        android:layout_height="100dp"
        android:hint="@string/inputcontent" />

    <LinearLayout
        android:layout_width="wrap_content"
        android:layout_height="wrap_content"
        android:layout_gravity="center_horizontal">

        <Button
            android:id="@+id/btnok"                                              ②
            android:layout_width="wrap_content"
            android:layout_height="wrap_content"
            android:layout_marginRight="10dp"
            android:text="@string/ok" />

        <Button
            android:id="@+id/btncancel"                                          ③
            android:layout_width="wrap_content"
            android:layout_height="wrap_content"
            android:layout_marginLeft="10dp"
            android:text="@string/cancel" />
    </LinearLayout>

</LinearLayout>
```

增加备忘录数据界面比较简单,其中有一个 EditText 控件用来输入备忘录信息,见代码第①行。另外,还有两个按钮,其中代码第②行是"确定"按钮,代码第③行是"取消"按钮。进入增加备忘录界面是在列表界面中点击"+"按钮实现。MainActivity 中相关代码如下:

```kotlin
...
    override fun onCreateOptionsMenu(menu: Menu): Boolean {
        super.onCreateOptionsMenu(menu)
        menu.add(0, ADD_MENU_ID, 1, R.string.add).setIcon(
            android.R.drawable.ic_menu_add
        ).setShowAsAction(MenuItem.SHOW_AS_ACTION_ALWAYS)
        return true
    }
```

```kotlin
    override fun onOptionsItemSelected(item: MenuItem): Boolean {
        when (item.itemId) {
            ADD_MENU_ID -> {                                                    ①

                val it = Intent(this, ModAddActivity::class.java)               ②
                startActivity(it)
            }                                                                   ③
        }
        return super.onOptionsItemSelected(item)
    }
...
```

代码第①~③行是点击"+"按钮处理。代码第②行是指定要跳转的活动。

2. 增加备忘录功能编码实现

ModAddActivity 中添加备忘录数据代码如下：

```kotlin
class ModAddActivity : AppCompatActivity() {

    override fun onCreate(savedInstanceState: Bundle?) {
        super.onCreate(savedInstanceState)
        setContentView(R.layout.add_mod)

        val btnOk = findViewById<Button>(R.id.btnok)
        val btnCancel = findViewById<Button>(R.id.btncancel)

        //点击"确定"按钮插入数据
        btnOk.setOnClickListener {

            addData()
            finish()
        }
        //点击"取消"按钮返回列表界面
        btnCancel.setOnClickListener {
            this.finish()
        }
    }

    //增加数据函数
    private fun addData() {                                                     ①

        //准备数据
        val txtInput = findViewById<EditText>(R.id.incontent)
        val content = txtInput.text.toString()

        val urlFormat = "http://%s:%s/NoteWebService/note.do?action=add&content=%s"  ②

        val strUrl = String.format(urlFormat, SER_HOST_IP, SER_HOST_PORT, content)   ③
        val reqURL = URL(strUrl)

        val client = OkHttpClient()
```

```kotlin
        val request = Request.Builder()
            .url(reqURL)
            .build()

        //IO 调度器
        val bgDispatcher: CoroutineDispatcher = Dispatchers.IO
        //启动协程
        GlobalScope.launch(bgDispatcher) {
    try {
            client.newCall(request).execute().use { response ->              ④
                if (!response.isSuccessful) throw IOException("发生异常! code $response")
                val resultString = response.body!!.string()
                //日志输出
                Log.i(TAG, resultString)
                //解码 JSON 数据
                val jsonObject = JSONObject(resultString)                    ⑤
                //取出 Record 键对应的 JSON 数组对象
                val resultCode = jsonObject.getInt("ResultCode")             ⑥

                if (resultCode == 0) {                                       ⑦
                    val message = "增加数据成功！"
                    Log.i(TAG, message)
                } else {
                    val message = "增加数据失败！"
                    Log.i(TAG, message)
                }
            }
        } catch (e: Exception) {
            GlobalScope.launch(Dispatchers.Main) {
                Toast.makeText(applicationContext, "服务器发生异常! ", Toast.LENGTH_LONG).show()
            }
        }
    }

    }
}
```

代码第①行声明增加数据函数，增加数据请求是在该函数中完成的。代码第②行是增加数据的 Web 服务 NoteWebService 网址。其中参数 action 设置为 add，表明为增加数据的操作。content 参数是要增加的备忘录数据。代码第③行格式化字符串。将参数传递给字符串。准备好增加数据的 URL 网址。代码第④行发送网络请求。代码第⑤行解析返回的 JSON 字符串，JSON 字符串如下：

{"CDate":"2021-03-14","ID":"24","Content":"今天是二月初二，龙抬头","ResultCode":0}

在返回的 JSON 字符串中 ResultCode 是返回编码，0 表示请求返回成功。CDate 是增加的备忘录时间，该时间是服务器当前的系统时间，因此，开发人员不需要提交该数据给服务器，只需要提交添加的备忘录内容，即 Content 对应的数据。

代码第⑥行从 JSON 对象中取出返回编码。代码第⑦行判断返回编码是否为 0，如果为 0，则表示增加数据成功；否则增加数据失败。

数据增加成功之后会返回到备忘录列表界面；另外，用户点击"取消"按钮也会返回备忘录列表界面，实现代码不再赘述。

22.2.4 删除备忘录功能

删除备忘录功能涉及 MainActivity 活动与备忘录列表的共用。

1. 界面布局

删除备忘录布局文件也是与备忘录列表共用的，在此不再赘述。

2. 删除备忘录功能编码实现

删除备忘录功能编码也是在 MainActivity 活动中实现的。下面分几个步骤进行介绍。

（1）发送删除请求，删除数据请求主要是在 removeData 函数中完成的，相关代码如下：

```
...
    override fun onCreate(savedInstanceState: Bundle?) {
        super.onCreate(savedInstanceState)
...
        mListView?.setOnItemLongClickListener { parent, view, position, id ->    ①
            val dialog = AlertDialog.Builder(this)
                .setIcon(R.mipmap.ic_launcher)          //设置对话框图标
                .setTitle(
                    R.string.info
                )//设置对话框标题
                .setMessage(
                    R.string.message1
                ) //设置对话框显示文本信息
                .setPositiveButton(                                               ②
                    R.string.ok
                ) { dialog, which ->
                    //删除数据
                    removeData(position)                                          ③
                }
                .setNegativeButton(
                    R.string.cancel
                ) { dialog, which ->
                }
                .create()
            dialog.show()
            true
        }
    }
...
    //删除数据函数
    private fun removeData(position: Int) {                                       ④
        //选择数据行，数据类型是 Map
        val row = mListData[position]                                             ⑤
        //取出 ID
        val ID = row[KEY_ID]!!                                                    ⑥
        val urlFormat = "http://%s:%s/NoteWebService/note.do?action=remove&ID=%s" ⑦
```

```kotlin
        val strUrl = String.format(urlFormat, SER_HOST_IP, SER_HOST_PORT, ID)     ⑧
        val reqURL = URL(strUrl)

        val client = OkHttpClient()
        val request = Request.Builder()
            .url(reqURL)
            .build()

        //IO 调度器
        val bgDispatcher: CoroutineDispatcher = Dispatchers.IO
        //启动协程
        GlobalScope.launch(bgDispatcher) {
            try {
                client.newCall(request).execute().use { response ->                ⑨
                }
    }
  }
  …
}
```

代码第①行注册 ListView 列表项目长按事件，其中，position 参数用于设置选中的列表项目位置。代码第②行是用户点击对话框中"确定"按钮的事件处理。代码第③行是调用 removeData 函数实现数据删除，参数 position 是选择的项目位置。

代码第④行是 removeData 函数。代码第⑤行是从 mListData 列表对象中取出选中数据，由于 mListData 中每一个元素是 Map 类型，所以 row 是 Map 类型对象。代码第⑥行通过键取出 ID 数据。这个 ID 非常重要，删除数据就是根据该 ID 删除的。代码第⑦行是准备删除数据的 URL 网址，其中 action=remove 参数说明进行的操作是删除数据。代码第⑧行是格式化 URL 字符串。代码第⑨行是发送删除数据请求。

（2）返回数据处理。返回数据处理代码如下：

```kotlin
...
            client.newCall(request).execute().use { response ->
                if (!response.isSuccessful) throw IOException("发生异常！ code $response")
                val resultString = response.body!!.string()
                //日志输出
                Log.i(TAG, resultString)
                //解码 JSON 数据
                val jsonObject = JSONObject(resultString)                          ①
                //取出 Record 键对应的 JSON 数组对象
                val resultCode = jsonObject.getInt("ResultCode")                   ②
                    val message = if (resultCode != 0) {                           ③
                        "ID: ${ID}数据删除成功！"
                    } else "ID: ${ID}数据删除失败！"

                    Log.i(TAG, message)
                    GlobalScope.launch(Dispatchers.Main) {
                        makeText(applicationContext, message, LENGTH_LONG).show()
                    }
                }
            } catch (e: Exception) {
                GlobalScope.launch(Dispatchers.Main) {
```

```
                    makeText(applicationContext, "服务器发生异常！", LENGTH_LONG).show()
                }
            }
            //重新查询所有数据
            findAll()                                                                    ④
        }
    }
}
```

代码第①行解析从服务器返回的 JSON 字符串。JSON 字符串如下所示：

`{"CDate":"2021-03-14","ID":"24","Content":"今天是二月初二，龙抬头","ResultCode":0}`

在返回的 JSON 字符串中，ResultCode 是返回编码，0 表示请求返回成功。代码第③行判断返回编码是否为 0，如果为 0，则表示删除数据成功；否则表示删除数据失败。删除成功后还需要调用 findAll 函数重新查询所有数据，见代码第④行。

至此，"我的备忘录" App 功能基本实现。

22.3　Android 设备测试

作为 Android 程序员，最不幸的是 Android 设备碎片化很严重，有许多不同的硬件设备和系统版本，但是应用或游戏开发完成，至少要拿 Android 真实的设备测试要发布的应用或游戏，因为模拟器无论如何也无法替代真实的设备。也有第三方机构提供 Android 等多种不同设备的测试环境，开发者如果需要，可以购买该种服务。

设备测试需要在设备上开启调试功能，进入设备设置，找到开发者选项，如图 22-4（a）所示。开启开发者选项开关，同时还要开启 USB 调试开关，如图 22-4（b）所示。开启后如图 22-4（c）所示。

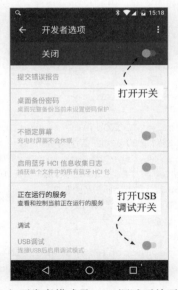

（a）找到开发者选项　　　（b）开发者模式及 USB 调试开关开启　　　（c）开启后界面

图 22-4　开启设备调试功能

开启之后，用 USB 数据线将设备与计算机连接起来。然后在 Android Studio 工具栏中找到设备选择按钮，点击该按钮会出现可以选择设备的下拉菜单，如图 22-5 所示，选择设备或模拟器，点击"运行"按钮就可以运行了。

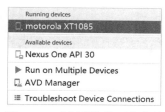

图 22-5　选择设备的下拉菜单

22.4　还有"最后一公里"

设备测试完成后，在发布应用之前，还有"最后一公里"的事情要做，即添加图标、生成数字签名文件和应用程序发布打包。

22.4.1　添加图标

用户第一眼看到的就是应用图标。图标是应用的"着装"，给人很好的第一印象，非常重要。"着装"应该大方得体，图标设计也是如此，但图标设计已经超出了本书的讨论范围，这里只介绍 Android 图标的设计规格。

考虑到多种设备适配，开发者应该提供 3、4 种 Android 应用规格图片。

（1）48×48 像素。对应中分辨率，放在 mipmap-mdpi 目录下。
（2）72×72 像素。对应高分辨率，放在 mipmap-hdpi 目录下。
（3）96×96 像素。对应 720p 高清分辨率，放在\res\mipmap-xhdpi 目录下。
（4）144×144 像素。对应 1080p 高清分辨率，放在\res\mipmap-xxhdpi 目录下。
（5）192×192 像素。对应 4K 高清分辨率，放在\res\mipmap-xxxhdpi 目录下。

这些文件命名要统一，本例中统一命名为 ic_launcher.png，另外，如果提供的是圆角图片规格，命名为 ic_launcher_round.png。

22.4.2　生成数字签名文件

Android 应用程序调试还是发布都需要打包，打包则需要一个数字签名文件。当调试时则 Android SDK 生成一个用于调试的数字签名文件，开发人员不需要关心，而发布打包则必须要开发者自己创建数字签名文件。

生成数字签名文件可以使用 JDK 提供的 keytool 工具，在终端窗口中运行 keytool 命令实现创建数字签名文件，一些基于 Java 的 IDE（如 Eclipse 和 Android Studio）提供了图形界面工具。本节介绍如何在终端窗口中通过 keytool 工具创建。

在终端窗口中输入以下命令：

```
keytool -genkey -alias android.keystore -keyalg RSA -validity 20000 -keystore android.keystore
```

keytool 文件位于 JDK 的 bin 目录下，要想在任何目录下使用 keytool 命令，则需要将 JDK 的 bin 目录添加到环境变量 PATH 中，否则需要在终端窗口中切换到 JDK 的 bin 目录下。另外，-genkey 是产生密钥；-alias 是别名，记住别名后面还要使用；–keyalg 是采用加密方式；–validity 是有效期；–keystore 是数字签名的文件名。

keytool 是一个命令工具，在执行过程中需要询问一些更加详细的信息，如图 22-6 所示。

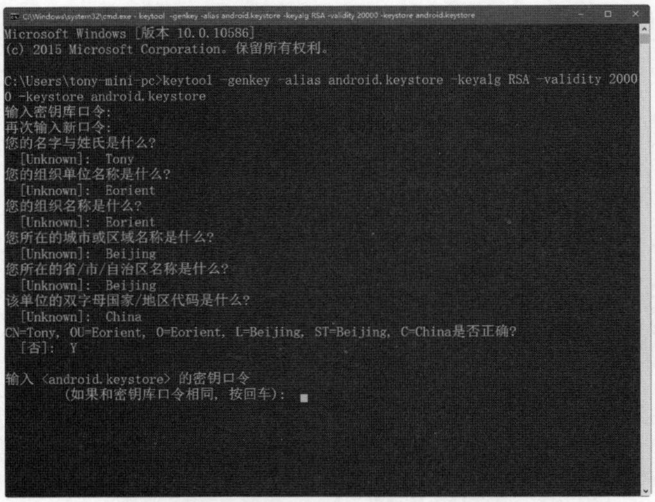

图 22-6　生成数字签名文件

如果生成数字签名文件成功，则在当前目录下生成一个 android.keystore 文件。

另外，生成的数字证书文件要保管好，记住刚刚设置的别名和密码，以后所有应用都可以使用该文件进行数字签名。

22.4.3　发布打包

为了在应用商店发布，开发人员需要将应用打包成应用商店能够接受的 APK 包。打包可以通过开发工具（Android Studio 等）完成，打包过程需要 22.4.2 节生成的数字证书文件。

具体打包过程如下：

首先在 Android Studio 工具菜单中选择 Build → Generate Signed APK 命令，打开如图 22-7 所示对话框，选中 APK 类型，然后单击 Next 按钮，进入如图 22-8 所示对话框。开发人员可以通过单击 Choose existing 按钮选择 22.4.2 节创建的 android.keystore 文件。如果没有创建数字签名文件，可以单击 Create new 按钮新创建一个，如图 22-9 所示，输入各项目内容，单击 OK 按钮就创建了数字签名文件。

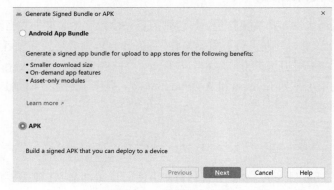

图 22-7　选择打包类型

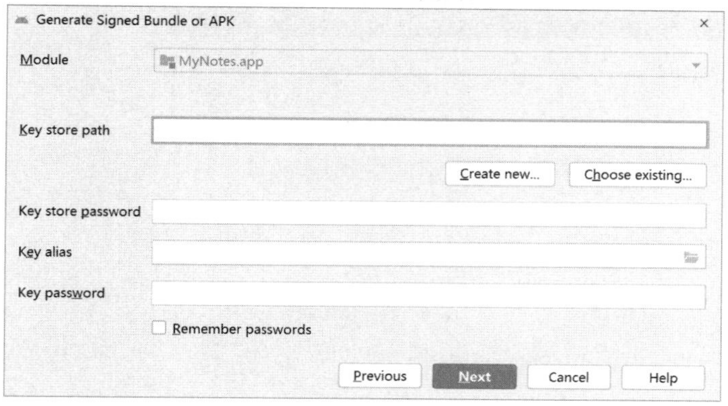

图 22-8 打开生成 APK 对话框

图 22-9 新建数字签名文件

在图 22-10 所示对话框中输入相应的内容，其中密码是在创建数字证书时设置的密码，在 Key alias 中选择之前创建的数字证书，输入完成，如图 22-10 所示，单击 Next 按钮进入如图 22-11 所示的对话框，其中 Destination Folder 是输出 APK 文件的位置，选择打包类型为 release，然后选择 V2 签名类型。最后单击 Finish 按钮开始打包。

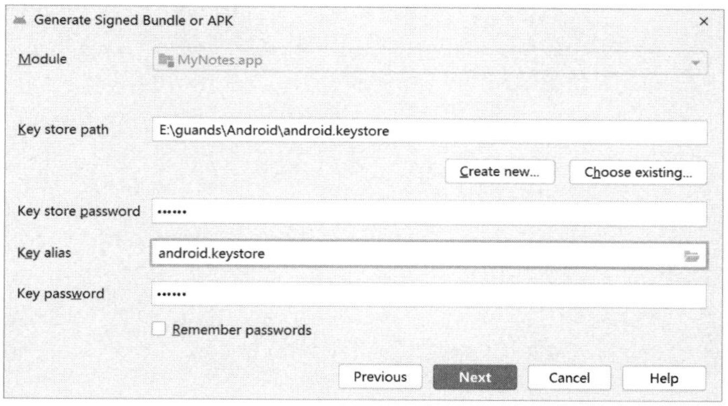

图 22-10 输入打包内容

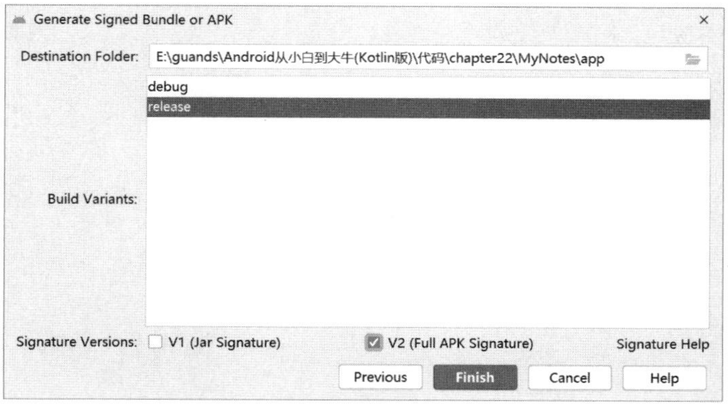

图 22-11 签名打包

打包成功会在项目的 app 目录下生成一个 APK 文件，例如，如图 22-12 所示的 app-release.apk 文件。默认位置是在当前项目的\app\release 目录。程序打包后，就可以在各应用商店发布了。

图 22-12　生成 APK 文件